U0271175

“信息化与工业化两化融合研究与应用”丛书编委会

信息化与工业化两化融合研究与应用

工业控制系统性能评估

苏宏业　谢　磊　著

科学出版社
北　京

内 容 简 介

本书第1章综述了工业控制系统性能评估理论与技术的发展现状和未来趋势。第2章介绍了从跟踪性能角度进行控制回路性能评估的基本方法。第3章~第4章主要介绍了基础控制回路中单回路系统的抗扰控制性能评估方法，特别针对工业中广泛使用的PID控制器，讨论了基准控制器的序列凸优化求解方法。第5章~第7章分别从时滞信息矩阵、线性二次高斯控制以及数据驱动方法讨论了多变量与多回路控制系统的抗扰性能评估方法。第8章~第12章分别从预测控制系统的经济性能评估、模型失配的检测方法、基于迭代学习控制的预测控制系统经济性能改进等角度讨论了先进控制系统的经济性能评估、诊断与优化问题。

本书可作为自动控制专业研究生的教学参考书，同时对从事自动化系统开发与维护的广大工程技术人员也具有一定的参考价值。

图书在版编目(CIP)数据

工业控制系统性能评估/苏宏业，谢磊著. —北京：科学出版社, 2016
(信息化与工业化两化融合研究与应用)

ISBN 978-7-03-048866-4

Ⅰ. ①工… Ⅱ. ①苏… ②谢… Ⅲ. ①工业控制系统-系统性能-评估
Ⅳ. ①TP273

中国版本图书馆CIP数据核字 (2016) 第136623号

责任编辑：姚庆爽／责任校对：桂伟利
责任印制：张 倩／封面设计：黄华斌

科学出版社 出版
北京东黄城根北街16号
邮政编码: 100717
http://www.sciencep.com

新科印刷有限公司 印刷
科学出版社发行 各地新华书店经销
*
2016年6月第 一 版 开本: 720 × 1000 1/16
2016年6月第一次印刷 印张: 14 1/2
字数: 300 000

定价: 88.00 元
(如有印装质量问题, 我社负责调换)

“信息化与工业化两化融合研究与应用”丛书序

传统的工业化道路，在发展生产力的同时付出了过量消耗资源的代价：产业革命 200 多年以来，占全球人口不到 15%的英国、德国、美国等 40 多个国家相继完成了工业化，在此进程中消耗了全球已探明能源的 70%和其他矿产资源的 60%。

发达国家是在完成工业化以后实行信息化的，而我国则是在工业化过程中就出现了信息化问题。回顾我国工业化和信息化的发展历程，从中国共产党的十五大提出“改造和提高传统产业，发展新兴产业和高技术产业，推进国民经济信息化”，到党的十六大提出“以信息化带动工业化，以工业化促进信息化”，再到党的十七大明确提出“坚持走中国特色新型工业化道路，大力推进信息化与工业化融合”，充分体现了我国对信息化与工业化关系的认识在不断深化。

工业信息化是“两化融合”的主要内容，它主要包括生产设备、过程、装置、企业的信息化，产品的信息化和产品设计、制造、管理、销售等过程的信息化。其目的是建立起资源节约型产业技术和生产体系，大幅度降低资源消耗；在保持经济高速增长和社会发展过程中，有效地解决发展与生态环境之间的矛盾，积极发展循环经济。这对我国科学技术的发展提出了十分迫切的战略需求，特别是对控制科学与工程学科提出了十分急需的殷切期望。

“两化融合”将是今后一个历史时期里，实现经济发展方式转变和产业结构优化升级的必由之路，也是中国特色新型工业化道路的一个基本特征。为此，中国自动化学会与科学出版社共同策划出版“信息化与工业化两化融合研究与应用”丛书，旨在展示两化融合领域的最新研究成果，促进多学科多领域的交叉融合，推动国际间的学术交流与合作，提升控制科学与工程学科的学术水平。丛书内容既可以是新的研究方向，也可以是至今仍然活跃的传统方向；既注意横向的共性技术的应用研究，又注意纵向的行业技术的应用研究；既重视“两化融合”的软件技术，也关注相关的硬件技术；特别强调那些有助于将科学技术转化为生产力以及对国民经济建设有重大作用和应用前景的著作。

我们相信，有广大专家、学者的积极参与和大力支持，以及丛书编委会的共同努力，本丛书将为繁荣我国“两化融合”的科学技术事业、增强自主创新能力、建设创新型国家做出应有的贡献。

最后，衷心感谢所有关心本丛书并为其出版提供帮助的专家，感谢科学出版社及有关学术机构的大力支持和资助，感谢广大读者对本丛书的厚爱。

中国工程院院士

2010 年 11 月

前言

随着工业生产规模的不断扩大，控制系统日益成为保障过程运行安全、平稳、高效不可或缺的手段。目前，常规的单回路、多回路等基础控制策略已经难以满足现代工业生产对节能、减排、高效的需求，因此包括预测控制、自适应控制、鲁棒控制和智能控制等在内的先进控制理论与技术日益引起人们的重视，特别是预测控制近些年来已在石油化工等工业过程中获得了广泛应用，帮助企业在 PID 控制的基础上进一步提升竞争力，提升企业的经济效益。

作为工业生产过程的大脑与神经系统，不论是传统的 PID 控制，还是预测控制等先进控制策略，随着时间的推移，过程特性会发生变化，导致控制性能退化、产品质量下降，直接影响了经济效益。国际著名自动化解决方案供应商 Honeywell 公司曾针对流程工业中 26000 个控制回路进行调查，结果显示有 60% 左右的控制回路都存在着较严重的控制性能不良的问题，从而直接导致了能源使用率的大幅度降低，带来了巨大的损耗和浪费。在这种背景下，对控制系统进行自动性能评估与诊断，对于提升控制性能，提高企业的经济效益意义重大。

性能评估的概念源于商业管理与决策，之后被相关学者引入工程领域，目前控制系统性能评估的理论与技术已成为控制科学与工程领域的研究热点。控制性能评估的关键是对过程中可能发生的性能衰退或故障进行实时监控与诊断的技术。自从 Harris 于 1989 年提出利用最小方差控制 (minimum variance control，MVC) 思想评价控制回路性能以来，性能评估研究已从最基本的回路级发展到过程级乃至全厂级。纵观控制系统性能评估研究近二十年的发展，呈现两方面趋势：一方面是待评估对象的规模不断增大，从底层单回路调节控制的评估向多变量系统乃至厂级控制系统经济指标的评估发展；另一方面是评估的针对性越来越强，对特定控制系统的评估越来越准确客观。

无论评价何种控制系统，都离不开基准的选择。基准通常能代表被控对象实现的最优性能，从历史数据得出的经验值，或是根据优化计算得到的理想值都可作为基准。基准的设计与建立需要根据相应的控制目标，求取待评估系统的最佳可实现效果。在工业控制系统基础控制 + 先进控制的分层结构中，基础控制层的输出方差和跟踪误差累积量反映了控制系统的基本控制性能，基本控制性能与产品产量、合格率、能耗等经济因素结合，构成了反映先进控制系统经济性能的经济性能指标。基本控制性能是经济性能的实现基础，经济性能对基本控制性能具有重要的指导意义。针对二者的评估是相辅相成、不可割裂的。

本书凝练了作者长期从事工业控制系统性能评估研究的最新成果。第 1 章综述了工业控制系统性能评估理论与技术的发展现状和未来趋势。第 2 章介绍了从跟踪性能角度进行控制回路性能评估的基本方法。第 3 章、第 4 章主要介绍了基础控制回路中单回路系统的抗扰控制性能评估方法，特别针对工业中广泛使用的 PID 控制器，讨论了基准控制器的序列凸优化求解方法。第 5 章 ~ 第 7 章分别从时滞信息矩阵、线性二次高斯控制以及数据驱动方法讨论了多变量与多回路控制系统的抗扰性能评估方法。第 8 章 ~ 第 12 章分别从预测控制系统的经济性能评估、模型失配的检测方法、基于迭代学习控制的预测控制系统经济性能改进等角度讨论了先进控制系统的经济性能评估、诊断与优化问题。

本书涉及的研究成果得到了国家自然科学基金重点项目 (61134007)“多层结构过程控制系统性能实时监控、评估与优化”，面上项目 (61374121)“双层结构预测控制系统全流程协调与经济性能优化研究”的支持，特此致谢。

由于水平所限，尽管作了很大努力，书中可能还会存在不妥之处，望广大读者给予批评指正，谢谢!

作　者

2015 年 12 月于杭州

目　录

第 1 章　工业控制系统性能评估概述

1.1　引　　言

长期以来，传统的 PID 控制策略在流程工业过程控制中得到了充分应用。与此同时，自动控制工作者致力于各种条件下工业过程控制策略的研究，提出了多种多样的先进、复杂控制算法，如自适应控制、鲁棒控制和智能控制等，将控制理论研究不断推向前进。而以预测控制为代表的先进控制技术，近些年来已在流程工业过程获得广泛应用，成为企业在 PID 控制基础上进一步提升竞争力，实现高效、优质、安全生产和获得更大经济效益的重要手段。同时人们也普遍认识到，预测控制等先进控制策略在运行初期具有比传统控制更优的控制效果，但是随着时间的推移，控制性能会很快退化，导致产品质量下降、资源浪费，使企业蒙受损失，甚至不得不切换到传统 PID 控制。国际著名自动化整体解决方案供应商 Honeywell 公司曾针对流程工业中 26000 个控制回路进行调查，统计分析结果显示有 60% 左右的控制回路都存在着较严重的控制性能不良的问题，从而直接导致了能源使用率的大幅度降低，带来了巨大的损耗和浪费。在这种背景下，实时监控并评估控制系统的性能，使其保持较好的控制水平对企业的发展意义重大。

然而，随着复杂工业过程系统的规模日益庞大，传统的人工方法已无法监控成百上千条控制回路的性能，而这些控制回路的性能变化对产品质量、资源消耗和经济效益具有重大影响。因此，如何在控制系统运行时获知有关控制器的性能信息，从而识别、诊断过程控制性能的状况和存在的问题并加以处理，成为企业和控制工程师普遍关注的问题。

控制系统性能评估与监控 (control performance assessment & monitoring, CPA&M) 技术作为当今过程控制界最受关注的研究方向之一，涉及控制理论、系统辨识、计算机技术、信号处理和概率统计等学科。其中 CPA 是指对能够反映系统控制性能的统计值进行实时估计和计算，CPM 是指对能够反映系统控制性能的统计值随着时间的变化而变化的趋势和状态进行监控。但一般而言这两个术语并没有明确的区分，常常混淆在一起使用。其他类似的术语还有回路监控 (loop auditing) 与控制回路管理 (control loop management) 等。CPA&M 技术可追溯到 20 世纪六七十年代 Åström 的工作，但直到 1989 年 Harris 发表了利用最小方差控制 (minimum variance control, MVC) 进行 SISO 系统方差性能的评估后，CPA&M 技术才吸引了大批学者进行研究，获得快速发展，每年有许多重要国际会议都将其

列为专门议题 (如美国 ACC 会议、化工过程控制会议、欧洲控制会议、IFAC 大会等)，迅速成为控制领域研究的一个热点。

CPA&M 的一般过程是：针对工业过程系统待评估的控制性能，利用过程数据和模型辨识等技术，寻找一个可供实际控制器参照的最佳性能控制器基准，然后利用过程数据测量实际控制器的性能参数，将其和基准控制器的性能进行比较，给出实际控制器的性能优劣的评价，如果控制性能下降或恶化，可进一步分析诊断性能异常/恶化的原因，提供其性能提高的可能途径和建议。根据不同的评估目标，选择、设计评估基准是 CPA&M 的关键，考虑流程工业控制对象动力学机理的复杂性，通常要求性能基准客观、简单，容易通过分析过程运行数据自动获得，尽可能少地依赖于被控对象的模型信息。其中，控制性能基准的选择和设计、由执行机构 (如控制阀异常或故障) 等引起的过程振荡性能的监控诊断，是 CPA&M 技术的关键环节，也是当前研究的核心和成果最为集中的内容。

作为新兴的监控和评估工业过程控制性能的有效手段，控制系统性能评估与监控技术能在线检测系统控制性能的变化，诊断性能下降的根源，使其保持在较优的控制水平，已成为维护现代流程工业自动化系统运行性能的主要技术。目前，国际上，该领域的主要研究成果已运用于石油化工、造纸、冶炼以及水处理等多个流程工业领域的跨国企业，带来的效益非常可观，深受企业和控制工程师的密切关注。

二十年来，理论界和工程界的学者专家已经提出了很多控制器性能评估的方法，下面简要介绍性能评估领域中一些主要的研究方法及其发展现状。在介绍具体的性能评估方法之前，先阐述一般形式的控制性能指标 (control performance index，CPI)。

控制器的性能是指其处理被控变量同期望设定值之间偏差的能力。如果干扰是确定性扰动，可以采用传统的性能指标，如上升时间、调节时间、超调量、静态误差、误差积分等；在工业过程控制中，干扰往往是随机性扰动，所以在性能评估领域中，最广泛采用的控制性能指标是输出方差，这是因为输出方差与产品的质量以及利润有着非常直接的关系。如果被控变量的方差超过了设定标准，就会对产品质量乃至利润造成很大的影响，给企业带来损失。在性能评估中，一般采用如下的性能指标形式：

$$\eta = \frac{J_{\mathrm{des}}}{J_{\mathrm{act}}} \tag{1.1}$$

其中 J_{des} 是一个理想，最优的或者期望的性能基准；而 J_{act} 是从控制回路输入输出数据中计算得到的实际性能。

Harris 首先提出用最小方差控制来评价单回路系统控制性能的思想，即以最小方差控制器作用下的输出方差作为单变量控制器性能下限，将实际系统的输出方差与这个最小方差进行比较，得到评价控制系统性能的 Harris 指标。该指标的范围为 [0, 1]，越接近于 1，表示系统的控制性能越好，反之性能越差。最小方差基准不需要附加试验，只需要知道过程时滞参数，就可以从日常的闭环操作数据中估计出来。

在 Harris 工作的基础上，众多学者将 MVC 基准的评估方法推广到各种控制结构及系统。Desborouogh、Harris、Stanfeljet 基于最小方差基准对前馈反馈控制系统进行了研究，得知在前馈作用下的最小方差有两部分组成，为可测干扰和不可测干扰所引起的最小方差，进而能够区分出系统输出的方差主要是由前馈还是反馈造成的。Tyler 和 Morari 用最小方差基准对非最小相位的单变量系统进行了评估。Ko 和 Edgar 对 Harris 指标进行了改进，使它将内回路设定点的改变也考虑在内，对串级控制问题进行了研究。Huang、Olaleye、Huang、Tamayo 对时变过程用最小方差基准进行了评估，建立起了线性时变系统性能评估的框架。Harris、Huang、Shah、Kwok 将单变量最小方差基准引入到多变量过程中。在单变量系统中，时滞是控制系统性能评估重要的因素，对于多变量系统，单变量系统中的标量形式的过程时滞被推广为关联矩阵。关联矩阵的构造需要利用时滞有关知识，从闭环数据中估计，算法较为复杂。Huang、Shah、Fujiii 完整地给出了估计关联矩阵的方法。在知道关联矩阵的情况下，可以得到多变量系统的最小方差性能下限。之后 Huang 提出了一种有效稳定的滤波与相关性分析算法 (filtering and correlation analysis algorithm，FCOR) 用于估计最小方差基准，并将其推广到多变量过程。Huang 和 Shah 把最小方差控制基准扩展到前馈加反馈的多变量系统性能评估中。

要获得多变量最小方差基准，需要得到过程的关联矩阵，但是为了避免计算关联矩阵的复杂性，McNabb 和 Qin 研究了在状态空间框架下的最小方差控制基准。Ko 和 Edgar 利用过程的 Markov 参数和闭环运行数据，给出了基于 MVC 基准的性能评估方法，只需要获得过程的时滞阶次信息。Shah、Patwardhan、Huang 提出一个多变量脉冲响应曲线法来评估多变量系统性能，只需要过程的 Markov 参数，无需关联矩阵，从曲线上可以得到系统的调节时间，衰减率等信息，弥补了 MVC 基准只评估随机性能的不足，不过获知过程的 Markov 参数本质上与过程的关联矩阵是相同的。Huang、Ding、Thornhill 提出一个基于预测误差的多变量性能评估方法，该方法只需要关联矩阵的阶次，而不必构造出关联矩阵，给出一个实用的次优多变量 MVC 控制基准，但基于预测误差的方法本质上仍然等同于最小方差的性能指标。

最近几年，很多专家学者从工程应用实际出发，提出许多基于数据驱动的统计性能评估方法。例如，McNabb 和 Qin 提出协方差监控及广义特征值分析来区分出性能显著变差或变好的方向和子空间，建立了性能评估与统计的故障分析之间的联系。Yu 和 Qin 在此基础上作进一步的研究，用历史协方差基准对多变量控制器进行统计性能监控。Zhang 和 Li 提出了一种基于主元分析 (principal component analysis，PCA) 模型基准的控制器性能评估方法，实质是基于历史数据建立 PCA 模型基准。AlGhazzawl 和 Lennox 研究了用多变量统计过程控制技术来监控工业 MPC 控制系统，给出了一种基于 PCA 和 PLS 模型的多变量统计量指标图的控制系统性能监控方法。这种方法的优点是只需要来自于生产过程的日常操作数据，不需更多的先验知识。

纵观控制系统性能评估研究近二十年的发展，呈现两方面发展趋势：从底层单回路调节控制的评估向上层经济指标的优化发展；模型更细化，针对性越来越强，评估越来越准确。尽管不少性能评估算法和指标已在工业现场得到有效应用，不仅辅助了过程监测，还指导了控制系统整定和维护。然而，更深入的研究仍然值得关注。

近几年来，非线性与时变系统的性能评估研究比较活跃。Harris 和 Yu 利用 NARMAX 模型对一类非线性动态随机系统建立了性能基准；鉴于神经网络与数据挖掘等人工智能方法处理非线性问题的优势，Majecki 和 Grimble 将广义最小方差评估理论推广到非线性系统。以上方法仍有待发展，以解决非线性系统的设定值跟踪评估与前馈控制性能评估等问题。时变系统尤其是扰动时变的系统在过程工业中极为常见。对于受分段时变扰动影响的系统，性能评估基准的建立转化为寻找改进最优 LTI 控制器的问题，通过求解线性矩阵不等式得到控制性能的极值。

各类性能评估算法由于利用的控制系统模型不同，鲁棒性也不同。实际对象与模型的匹配程度，会严重影响评价指标的准确程度。如何在模型精度要求不高的情况下，得出真实客观的评估结果? 另外，控制结构敏感性与自由度的分析也是最近得到重视的分支，Iino 提出的敏感性、控制自由度等概念，能衡量分层 MPC 监督控制结构下。系统特征参数的微小改变对回路最优操作点的影响大小，以及 MIMO 控制系统变量配对的合理性。

1.2 控制器性能评估流程

控制器性能评估与监控已成为保证过程控制有效的必要措施，是工厂经济高效运行的一项重要技术。评估是指在一个确定时间点上估计出表示控制器性能的统计量。监控是指时刻监视反映控制器性能的统计量的变化情况。控制器性能评估与监控包括如下三个方面：

(1) 确定系统的控制能力；

(2) 定义一个性能基准，然后将系统的性能与基准性能相比，给出控制器性能进一步提高的可能性及裕度；

(3) 对反映控制器性能的统计量不断进行监控，发现控制系统性能变化。

简单化的控制器性能评估问题描述如图 1.1 所示。控制器性能评估提出了如下几个问题：控制器运行良好吗？它的工作情况是否令人满意？如果不好，导致性能低下的原因是什么？如何在不影响控制回路正常运行的情况下，寻找一个能够计算出性能改进潜在能力的性能基准？如何从工业现场大量可用的运行数据中挖掘出控制回路运行情况的信息？

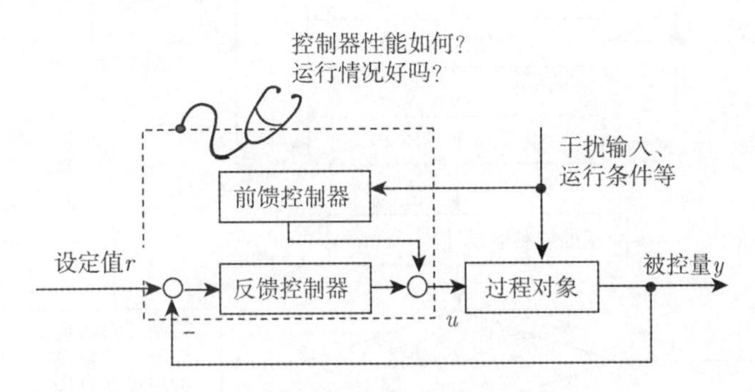

图 1.1　控制器性能评估问题的简单描述

有文献指出，实际工业中有 60% 的控制器存在性能方面的问题。导致这些控制回路性能不佳的原因可归结为以下几点：①控制器整定不佳且缺少维护导致这种情况的原因包括控制器未被整定或者是基于失配模型的整定，也可能是控制器类型使用不当。最常见的导致控制回路性能不佳的原因是控制器缺少维护。经过多年的运行，执行器和被控对象的动态特性可能由于磨损等原因发生变化，若不能得到及时的维护，控制回路性能将会下降。维护人员数量上的不足和缺乏对控制回路性能不佳的准确原因的认识都会导致这一情况的出现。工业过程自动控制系统中 90% 以上的控制器是 PID 控制器，即使某些情况下使用其他控制器也许能得到更好的性能。这也限制了控制回路性能的提高。②设备故障或结构设计不合理、控制回路性能不佳可能是由于传感器或执行器的故障 (如过度的摩擦) 引起的。如果装置或组件设计不合理，则问题可能更严重。这些问题无法通过重新整定控制器得到有效的解决。③缺少前馈或前馈补偿不足若处理不得当，外部扰动会使回路的性能恶化。因此当扰动可测时，建议使用前馈控制对扰动进行补偿。④控制结构设计不合理、不合适的输入/输出配对、忽略系统变量间的相互耦合、竞赛控制器、自由度不足、过程强非线性，缺乏对大时延的补偿等都可能导致控制结构问题。

控制器性能评估就是判断控制器运行在什么状态，是良好的状态还是恶化的状态。主要是通过寻找一个客观的控制器性能基准，利用在线运行数据的自动检测技术，对运行数据进行处理得出实际性能，将之与基准性能相比较，给出实际控制器是否处于满意的性能以及它的性能还有多少改进的能力，还可以给出性能改进的方法或方向。

一般的，评估和监控控制器性能的过程应该包括以下几个步骤，具体流程如图 1.2 所示。

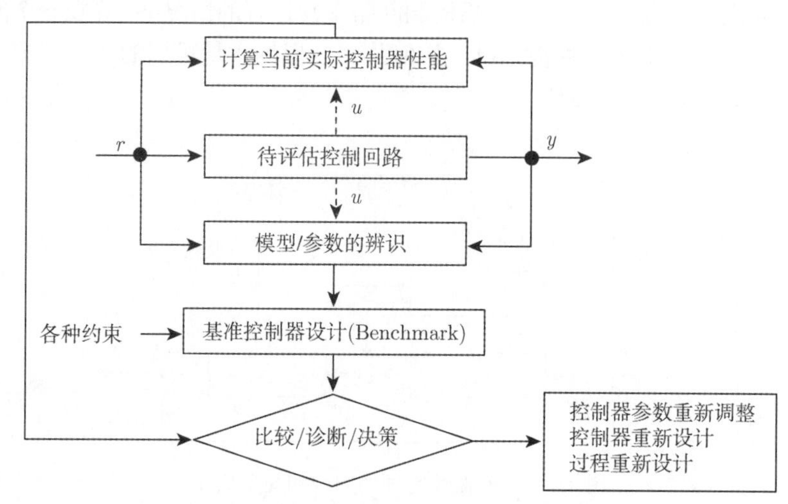

图 1.2　控制器性能评估与监控的基本过程

r 为系统输入，y 为系统输出，u 为控制输出

(1) 确定当前控制系统的能力。

包括当前控制性能的量化，对系统的动态运行数据进行检测分析，并计算出当前控制系统的一些性能指标 (如输出方差)。

(2) 选择设计性能评估的基准。

这个阶段的任务就是确定一个基准，用来评估当前控制器性能。这个基准可以是最小方差 (MV) 基准或者其他用户自定义的基准，它表示被控对象和控制装置所能达到的期望性能。这一部分是控制器性能评估与监控技术的关键所在，也是目前大部分研究的核心内容。

(3) 对控制回路的性能进行评估和监控。

这一步需要检测当前控制性能与所选择基准之间的偏差，由此发现当前控制回路性能存在的改进潜力。由于大多数工业过程中至少有成百上千个控制回路，并且分布在不同的阶层。因此在性能评估过程中，需要决定是采用自顶向下 (从上层的监控控制回路到基本的控制回路) 的策略还是自底向上 (从基本的控制回路到上层的监控回路) 的策略。当前工程界一般采取自顶向下的策略，因为监督级的控制与经济目标 (产品质量、安全性、工厂效益等) 直接相关，而生产运行企业只关注对经济目标有影响的控制回路。当控制回路性能使经济指标得到完全满足时，就不必再对过程和控制器进行分析。只有在控制回路无法满足控制目标且存在性能改进空间的情况下，才需要对回路性能作进一步分析。

(4) 诊断影响控制器性能的原因。

如果相关分析表明，当前控制器的性能明显偏离了期望性能，那么就需要诊断相应的原因。这也是控制器性能评估与监控中最难的阶段，当前对控制器性能下降的因素的诊断的研究成果还不是很多。在大部分场合，仍然需要现场工程师根据以往经验来完成故障诊断的具体工作。Thornhill、Hagglund 和 Schafer、Cinar 对性能下降的原因进行了分析探讨。

(5) 提出改进控制器性能的措施。

分离出控制器性能变差的原因后，就需要采取改进措施使控制系统的性能恢复到不错的状态。大多数情况下，运行效果不佳的控制器可以通过重新调整控制器参数来改善控制回路性能。如果性能评估结果表明，在当前的控制结构和控制对象特性条件下无法达到期望的性能，就需要对控制器及被控过程作深入分析，重新设计控制器结构或重新设计被控过程来提高控制回路的性能。

1.3　控制器性能评估方法与技术

控制器最初的设计是在近似的过程模型、估计的干扰模型及假定的工作条件的基础上进行的。用这些不确定信息设计的控制算法和控制器参数会导致控制系统的性能偏离预期设计的要求。即使在运行初期控制器达到了预定目标，如果没有定期的维护，随着时间的推移，由于装置的改造或维修等突变因素以及过程中一些渐变因素 (如换热器结垢、催化剂活性老化、精馏塔塔板效率下降、季节变化)，会导致控制器性能逐渐恶化，从而与预期设计的目标产生很大差距。只有那些得到良好设计且定期维护的控制系统才能真正为生产带来稳定的效益，所以控制工程师试图从日常生产过程的操作数据中获取有关控制器性能的信息来识别、诊断过程控制中的问题，控制器性能评估与监控问题应运而生。

1.3.1　最小方差控制基准与 Harris 评估技术

控制器性能评估与监控问题的核心是建立性能评估基准。如果没有一个基准用来作比较，仅根据输出数据的方差，很难真正了解当前控制系统的运行状况是好是坏。Harris[1] 在随机性能监控的开创性工作中提出了最小方差基准。这个基准在最小方差控制下可以达到，用这个基准可以评估控制回路的性能，并且可以得到当前控制回路性能可改进的潜力。由于最小方差基准是基于数据驱动型的，不需要过多的先验知识，同时在计算上相对简单，得到了广泛应用。最小方差基准是控制回路所能达到的方差下限，一般的控制器无法达到这个基准，如果直接用这个基准对预测控制进行一次性评估会造成对控制系统性能的低估。

最小方差基准是一个输出方差的最低限，只有在采用最小方差控制器时才能达到，其他控制器都无法达到。然而由于最小方差控制器的侵略性 (控制作用过大)，对执行机构有很高的要求，会对系统造成破坏，以及对过程特性的敏感性，工业实践并不采用最小方差控制器。在实践中，如果把最小方差作为基准，可能会造成对控制系统性能的低估，也就是说即使一个控制器相对于最小方差基准评估结果很差，这个控制器的实际性能并不一定很差。如果控制器相对于最小方差控制来说显示出好的性能，就没有必要对控制器进行调整，如果控制器相对于最小方差基准是差的，那么需要进行高一级别的性能评估才能做出结论。但是最小方差基准为我们提供了一个全局的最低参考点，并且也给出了当前控制器可改善的潜质，所以最小方差基准常用作于第一级 (初级) 的评估基准。

1) 单变量过程

Harris[1] 提出了一种只用日常闭环操作数据来评估控制回路性能的有效方法。该方法的控制目标是最小化过程的输出方差，从此最小方差控制被用来作为评估当前控制回路性能的基准。对于一个时滞为 d 的单变量系统，输出方差的反馈不变量 (最小方差项) 可以从日常操作数据中估计出来。为了分离出这个不变项，需要用闭环输出数据建立一个滑动平均 (moving average，MA) 模型，如下：

$$y_t = \underbrace{f_0 a_t + f_1 a_{t-1} + \cdots + f_{d-1} a_{t-(d-1)}}_{e_t} + f_d a_{t-d} + f_{d+1} a_{t-d-1} + \cdots \tag{1.2}$$

其中 a_t 是白噪声序列；e_t 是不受反馈控制影响的最小方差控制输出部分。这个最小方差项可以通过对日常操作数据的时间序列分析估计出来，是输出方差的绝对理论下限，被用作评估控制回路性能的基准。考虑一个在常规控制下的单输入单输出过程，如图 1.3 所示。

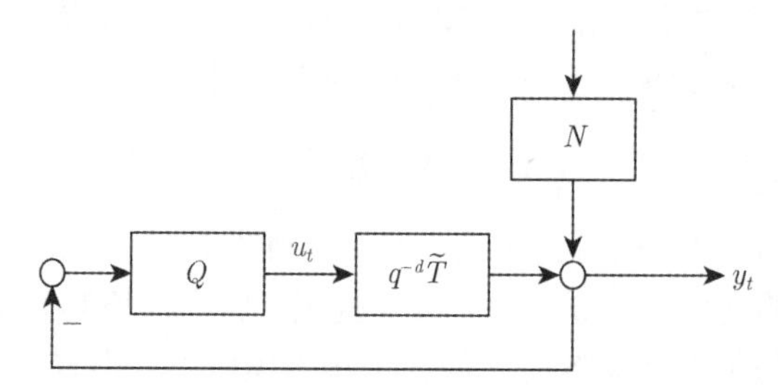

图 1.3　反馈控制下单输入单输出过程的结构框图

其中 d 是过程时滞；$\tilde{T}$ 是无时滞的过程传递函数；N 是干扰传递函数；a_t 是零均值的白噪声序列；Q 是控制器传递函数。其中 N 用 Diophantine 等式表示：

$$N = \underbrace{f_0 + f_1 q^{-1} + \cdots + f_{d-1} q^{-d+1}}_{F} + Rq^{-d} \tag{1.3}$$

即 f_i 为 N 脉冲响应的前 d 项。此时可以定义单变量过程的 Harris 指标为

$$\eta_{\text{Harris}} = \frac{\sigma_{\text{MV}}^2}{\sigma_y^2} = \frac{\sum\limits_{i=0}^{d-1} f_i^2}{\sum\limits_{i=0}^{\infty} f_i^2} \tag{1.4}$$

其中 σ_{MV}^2 为最小方差控制器作用下系统输出误差的方差；σ_y^2 为实际控制器作用下系统输出误差的方差。η_{Harris} 的取值为 0~1，当实际系统的输出方差越接近最小方差控制作用下系统的输出方差时，η_{Harris} 越接近 1，表示回路的性能越好。

利用日常操作数据对控制回路进行性能评估的步骤如下。

(1) 估计获得过程的时滞 (估计方法见文献 [2])。

(2) 建立从扰动到输出时间序列模型，并得到估计的白噪声序列。若设定值不为零，则应为实际输出减去设定值 (时间序列分析方法见文献 [3])。

(3) 估计过程输出的最小方差。

(4) 利用实际输出数据计算出实际输出方差。

(5) 将 σ_{MV}^2 与 σ_y^2 相比较，得到 Harris 指标用于评估控制回路性能。

2) 多变量过程

单变量系统的性能评估中，时滞是影响系统性能的最重要的一个因素。在多变量系统性能评估中，过程时滞的概念被推广为交互矩阵，而交互矩阵需要通过模型或者部分 Markov 参数确定。

对于一个标准的 MIMO 过程模型

$$\boldsymbol{y}_t = \boldsymbol{T}\boldsymbol{u}_t + \boldsymbol{N}\boldsymbol{a}_t \tag{1.5}$$

其中 $\boldsymbol{T}$ 和 $\boldsymbol{N}$ 分别是 $n \times m$ 维传递函数矩阵和 $n \times n$ 维扰动传递函数矩阵，它们是滞后因子 q^{-1} 有理矩阵。$\boldsymbol{y}_t$ ，$\boldsymbol{u}_t$ 和 $\boldsymbol{a}_t$ 分别是输出、输入和噪声向量，$\boldsymbol{a}_t$ 是具有零均值，协方差为 Σ_a 的白噪声。

对于任意 $n \times m$ 维正则，有理多项式传递函数矩阵 $\boldsymbol{T}$ ，存在唯一的 $n \times n$ 维非奇异下三角多项式矩阵 $\boldsymbol{D}$ ，$|\boldsymbol{D}| = q^{\tau}$ ，并且

$$\lim_{q^{-1}\to 0} \boldsymbol{D}\boldsymbol{T} = \lim_{q^{-1}\to 0} \tilde{\boldsymbol{T}} = \boldsymbol{K} \tag{1.6}$$

其中 $\boldsymbol{K}$ 是一个满秩常矩阵；整数 r 是 $\boldsymbol{T}$ 的无穷大零点的个数；$\tilde{\boldsymbol{T}}$ 是 $\boldsymbol{T}$ 的无延迟传递函数矩阵。矩阵 $\boldsymbol{D}$ 定义为交互矩阵

$$\boldsymbol{D} = \boldsymbol{D}_0 q^d + \boldsymbol{D}_1 q^{d-1} + \cdots + \boldsymbol{D}_{d-1} q \tag{1.7}$$

其中 d 是交互矩阵阶次，并且对于一个给定的传递函数矩阵，d 是唯一的，$\boldsymbol{D}_i$ 是系数矩阵。如果上述定义的交互矩阵满足 $\boldsymbol{D}^{\mathrm{T}}\left(q^{-1}\right)\boldsymbol{D}(q)=\boldsymbol{E}$ ，那么该交互矩阵为单位交互矩阵。

交互矩阵 $\boldsymbol{D}$ 可以定义为以下三种形式：

(1) 简单的交互矩阵：即 $\boldsymbol{D}=q^d\boldsymbol{I}$ ；

(2) 对角交互矩阵：$\boldsymbol{D}$ 为对角矩阵；

(3) 普通交互矩阵：除以上两种情况以外，$\boldsymbol{T}$ 所具有的其他形式交互矩阵，可以是三角矩阵或是满矩阵。

Huang、Shah、Fujii 完整地给出了单位交互矩阵的估计方法，包括交互矩阵阶次的确定，单位交互矩阵的计算方法及在闭环条件下交互矩阵的估计。但是交互矩阵的计算需要一个完整的过程模型或是部分 Markov 参数，对过程先验知识的要求过高。过程模型的辨识成为了多变量性能评估技术在工业应用中的难点。

在获得了交互矩阵之后，我们可以用于计算多变量过程的最小方差不变项，对于过程 (1.5)：

$$q^{-d}\boldsymbol{D}\boldsymbol{N}=\boldsymbol{F}_0+\cdots+\boldsymbol{F}_{d-1}q^{-(d-1)}+q^{-d}\boldsymbol{R} \tag{1.8}$$

$$q^{-d}\boldsymbol{D}\,\boldsymbol{y}_t|_{\mathrm{mv}}=e_t=\boldsymbol{F}_0\boldsymbol{a}_t+\cdots+\boldsymbol{F}_{d-1}\boldsymbol{a}_{t-d+1} \tag{1.9}$$

等式两边同乘以 $q^d\boldsymbol{D}^{-1}$ 得

$$\begin{aligned}\boldsymbol{y}_t|_{\mathrm{mv}}&=\left(\boldsymbol{D}_0^{\mathrm{T}}+\cdots+\boldsymbol{D}_{d-1}^{\mathrm{T}}q^{d-1}\right)\left(\boldsymbol{F}_0+\cdots+\boldsymbol{F}_{d-1}q^{-(d-1)}\right)\boldsymbol{a}_t\\&\overset{\mathrm{def}}{=}\left(\boldsymbol{E}_0+\cdots+\boldsymbol{E}_{d-1}q^{-d+1}\right)\boldsymbol{a}_t\end{aligned} \tag{1.10}$$

其中

$$\begin{aligned}\boldsymbol{E}&=[\boldsymbol{E}_0,\boldsymbol{E}_1,\cdots,\boldsymbol{E}_{d-1}]\\&=[\boldsymbol{D}_0^{\mathrm{T}},\boldsymbol{D}_1^{\mathrm{T}},\cdots,\boldsymbol{D}_{d-1}^{\mathrm{T}}]\begin{pmatrix}\boldsymbol{F}_0 & \boldsymbol{F}_1 & \cdots & \boldsymbol{F}_{d-1}\\ \boldsymbol{F}_1 & \boldsymbol{F}_2 & \cdots & \\ \vdots & \vdots & & \\ \vdots & \boldsymbol{F}_{d-1} & & \\ \boldsymbol{F}_{d-1} & & & \end{pmatrix}\end{aligned} \tag{1.11}$$

多变量性能指标定义如下：

$$\eta(d)=\frac{\text{最小方差}}{\text{实际方差}}=\frac{\boldsymbol{E}\left[\boldsymbol{y}_t^{\mathrm{T}}\boldsymbol{y}_t\right]_{\min}}{\boldsymbol{E}\left[\boldsymbol{y}_t^{\mathrm{T}}\boldsymbol{y}_t\right]}=\frac{\mathrm{tr}\left(\boldsymbol{E}^{\mathrm{T}}\boldsymbol{E}\right)}{\mathrm{tr}\left(\varSigma_y\right)} \tag{1.12}$$

其中过程实际输出方差 $\mathrm{tr}\left(\varSigma_y\right)$ 可以通过闭环系统模型 W 的 H_2 范数来获得，即 $\|W\|_2^2$。

最小方差基准表征了输出方差的理论最低限，只能在实施最小方差控制的情况才能达到，其他控制器 (包括 PID、LQ、史密斯预估器、模型预测控制) 都无法达到。由于最小方差控制的鲁棒性很差，并且对执行器的要求很高，使得最小方差控制无法应用。如果将最小方差基准用于实际系统的性能评估，可能会使得评估结果趋于保守。因为即使控制器的性能相对于最小方差基准是很差的，并不意味着这个控制器性能就一定很差。

尽管存在着一定的局限性，最小方差基准提供了最优性能的理论参考值。如果控制器的性能相对于最小方差性能基准不错，那么它一定是很好的控制器。如果控制器性能相对于最小方差性能基准效果不佳，那就需要用更深层次的性能基准对控制器性能做进一步评估。对预测控制性能评估而言，首先将最小方差基准作为性能评估的第一级基准，对预测控制系统进行预评估，考察当前性能与最小方差基准性能的差距，得知当前系统性能的改进潜力。

1.3.2 LQG 控制性能评估方法

在 LQ、MPC 的性能目标函数中可以看出控制器对控制作用进行了抑制。控制作用的抑制对最小方差存在影响，为此，Huang 和 Shah 提出线性二次型高斯 (linear quadratic Gaussian，LQG) 基准，将控制量作用加入性能基准里面。通过解决 LQG 问题可以得到在一定输入方差的前提下的最小输出方差性能限。控制量方差的加权系数要根据实际应用做出合适选择，这样就可以在一定的控制量方差的条件下评估出输出方差改进空间。还可以通过解决 LQG 问题获得的性能曲线来对控制系统性能进行评估。在 $[0,\infty]$ 不断改变目标函数中的权重，获得一系列的输入方差和输出方差，将输入方差作为横坐标，对应的输出方差作为纵坐标，从而得到一条 LQG 性能曲线。性能曲线提供了关于控制器更多的性能信息，如执行器磨损情况。获得 LQG 基准需要精确的过程和干扰模型，并且 LQG 求解问题计算复杂度比较大。为此，文献 [4] 提出通过无限时域广义预测控制 (generalized predictive control，GPC) 方法来求解。下面对 LQG 控制性能评估方法做一个基本的介绍。

基于最小方差的评估基准一般以被控关键变量的波动方差最小作为性能指标。但在实际工业过程中，最小方差值仅是理想化的理论值，由于其并未将控制作用的约束以及执行器调节限制考虑在内，通常需要过大的控制器动作，得到的评估结果往往过于理想化，经济优化设定值与实际可行值存在偏差，鲁棒性欠佳，导致控制不稳定。因此为确保工业过程经济性能评估的切实可行，将控制作用引入评估基准，即将关于控制方差/标准差与输出方差/标准差关系的 LQG 基准 $\sigma_Y = f(\sigma_U)$ 作为优化命题的非线性等式约束条件。

对于一个 $m \times p$ 的多变量控制系统，定义 LQG 二次最优性能指标为

$$J(\lambda) = E[\boldsymbol{Y}^{\mathrm{T}}\boldsymbol{W}\boldsymbol{Y}] + \lambda E[\boldsymbol{U}^{\mathrm{T}}\boldsymbol{R}\boldsymbol{U}] \tag{1.13}$$

即控制优化的目标是最小化输出与控制的加权方差。式中，E 表示数学期望；λ 为控制输入方差加权系数；$\boldsymbol{W}$ 和 $\boldsymbol{R}$ 分别表示输出与控制加权矩阵。通过改变矩阵 $\lambda\boldsymbol{R}$ 中对角元素的值，可以得到一个 $m+p$ 维的 Pareto 最优曲面，对于二维空间即为 LQG 性能曲线，如图 1.4 所示。当 $\lambda = 0$ 时即为最小方差控制，表示系统输出能够达到的方差最小极限；$\lambda = \infty$ 时为最小能量控制，表示控制器最小动作量的控制性能。

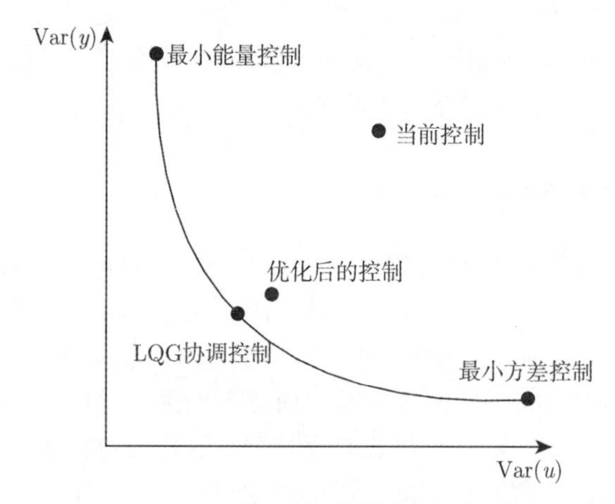

图 1.4　二维 LQG 性能曲线/多维 Pareto 最优曲面

LQG 性能曲线/Pareto 最优曲面表示了控制和输出的方差下限，也即控制器能够达到的性能上限。操作点只有可能出现在曲面的上方。理想状况下，操作点将停留在 Pareto 曲面。由于噪声等不确定因素的影响，系统当前控制将偏离 Pareto 最优曲面，若控制器性能欠佳，当前工作点将远离最优曲面。通过对控制器的性能评估与优化，可以给出系统可能的性能提高空间，以改变当前工作点靠近 Pareto 最优曲面，提高经济效益。

根据式 (1.13) 描述的二次型性能指标，LQG 最优性能基准可以通过求解如下 LQG 最优状态反馈控制问题得到。

设该 $m \times p$ 多变量离散控制系统状态空间方程表示为

$$\boldsymbol{X}(k+1) = \boldsymbol{A}\boldsymbol{X}(k) + \boldsymbol{B}\boldsymbol{U}(k) + \boldsymbol{H}\alpha(k) \tag{1.14}$$

$$\boldsymbol{Y}(k) = \boldsymbol{C}\boldsymbol{X}(k) + \alpha(k) \tag{1.15}$$

其中系统噪声 $\alpha(k)$ 取为高斯白噪声，$\boldsymbol{H}$ 为 Kalman 滤波增益矩阵。最优状态反馈控制律为

$$\hat{\boldsymbol{X}}(k+1)=(\boldsymbol{A}-\boldsymbol{HC}-\boldsymbol{BL})\hat{\boldsymbol{X}}(k)+\boldsymbol{HY}(k) \tag{1.16}$$

$$\boldsymbol{U}(k)=-\boldsymbol{L}\hat{\boldsymbol{X}}(k) \tag{1.17}$$

其中

$$\boldsymbol{L}=(\boldsymbol{B}^{\mathrm{T}}\boldsymbol{SB}+\boldsymbol{R})^{-1}(\boldsymbol{B}^{\mathrm{T}}\boldsymbol{SA}+\boldsymbol{N}^{\mathrm{T}}) \tag{1.18}$$

为状态反馈增益矩阵，$\boldsymbol{S}$ 由求解代数 Riccati 方程

$$\boldsymbol{A}^{\mathrm{T}}\boldsymbol{SA}-\boldsymbol{S}-(\boldsymbol{A}^{\mathrm{T}}\boldsymbol{SB}+\boldsymbol{N})(\boldsymbol{B}^{\mathrm{T}}\boldsymbol{SB}+\boldsymbol{R})^{-1}(\boldsymbol{B}^{\mathrm{T}}\boldsymbol{SA}+\boldsymbol{N}^{\mathrm{T}})+\boldsymbol{Q}=\boldsymbol{0} \tag{1.19}$$

得到，$\boldsymbol{Q}=\boldsymbol{C}^{\mathrm{T}}\boldsymbol{WC}$ 为二次型状态加权矩阵；$\boldsymbol{N}$ 为状态与控制加权矩阵，通常取 $\boldsymbol{N}=\boldsymbol{0}$。$\boldsymbol{L}$ 可由 MATLAB 中 LQG 控制工具箱求解。将 Kalman 滤波器和最优状态反馈综合可得

$$\begin{bmatrix}\boldsymbol{X}(k+1)\\ \hat{\boldsymbol{X}}(k+1)\end{bmatrix}=\begin{bmatrix}\boldsymbol{A} & -\boldsymbol{BL}\\ \boldsymbol{HC} & \boldsymbol{A}-\boldsymbol{HC}-\boldsymbol{BL}\end{bmatrix}\begin{bmatrix}\boldsymbol{X}(k)\\ \hat{\boldsymbol{X}}(k)\end{bmatrix}+\begin{bmatrix}\boldsymbol{H}\\ \boldsymbol{H}\end{bmatrix}\alpha(k) \tag{1.20}$$

可表示为

$$\tilde{\boldsymbol{X}}(k+1)=\boldsymbol{A}_{cl}\tilde{\boldsymbol{X}}(k)+\boldsymbol{B}_{cl}\alpha(k) \tag{1.21}$$

从而即可得到对象模型的控制方差与输出方差分别为

$$\mathrm{Var}(\boldsymbol{U})=[\ \boldsymbol{0}\quad -\boldsymbol{L}\ ]\mathrm{Var}(\tilde{\boldsymbol{X}})\begin{bmatrix}\boldsymbol{0}\\ -\boldsymbol{L}^{\mathrm{T}}\end{bmatrix} \tag{1.22}$$

$$\mathrm{Var}(\boldsymbol{Y})=[\ \boldsymbol{C}\quad \boldsymbol{0}\ ]\mathrm{Var}(\tilde{\boldsymbol{X}})\begin{bmatrix}\boldsymbol{C}^{\mathrm{T}}\\ \boldsymbol{0}\end{bmatrix}+\mathrm{Var}(\alpha) \tag{1.23}$$

由于无法得到控制方差与输出方差关系的显式描述，因此需要改变式 (1.13) 中加权矩阵 $\lambda\boldsymbol{R}$ 对角元素的值，得到一系列离散的 LQG 基准点。

以上的 LQG 问题求解是通过状态空间模型来求取的，这种方法要求知道准确的过程参数模型。然而，在实际的工业过程中，精辨识系统参数模型需要很大的计算量，并且系统模型可靠性较差。以下介绍使用子空间的方法直接求取 LQG 问题的性能基准，并不需要辨识出模型参数，避免了辨识过程中产生的截断误差。

子空间（SMI）算法直接由给定的输入输出数据辨识系统的状态空间模型。考虑如下的离散时间线性时不变状态空间模型：

$$\boldsymbol{x}_{k+1}=\boldsymbol{Ax}_k+\boldsymbol{Bu}_k+\boldsymbol{w}_k \tag{1.24}$$

$$\boldsymbol{y}_k = \boldsymbol{C}\boldsymbol{x}_k + \boldsymbol{D}\boldsymbol{u}_k + \boldsymbol{v}_k \tag{1.25}$$

满足

$$\boldsymbol{E}\left[\begin{pmatrix} \boldsymbol{w}_p \\ \boldsymbol{v}_p \end{pmatrix}\begin{pmatrix} \boldsymbol{w}_q^{\mathrm{T}} & \boldsymbol{v}_q^{\mathrm{T}} \end{pmatrix}\right] = \begin{pmatrix} \boldsymbol{Q} & \boldsymbol{S} \\ \boldsymbol{S}^{\mathrm{T}} & \boldsymbol{R} \end{pmatrix}\delta_{pq} \geqslant 0 \tag{1.26}$$

其中 $\boldsymbol{x}_k \in R_n$，$\boldsymbol{u}_k \in R_m$ 和 $\boldsymbol{y}_k \in R_l$ 分别是过程在 k 时刻的状态向量，输入观测向量和输出观测向量；$\boldsymbol{v}_k \in R_l$ 和 $\boldsymbol{w}_k \in R_n$ 分别是系统的输出测量噪声和过程噪声；各矩阵具有相应的维数。

子空间辨识算法起始于过程的输入输出数据，$\boldsymbol{u}_k$ ，$\boldsymbol{y}_k$，$\boldsymbol{k} \in \{0,1,\cdots,2i+j-2\}$。大量的输入输出数据被转变为 Hankel 矩阵。

由输入输出数据块构成的 Hankel 矩阵是子空间辨识算法中的关键因素，定义如下：

$$\boldsymbol{U}_{\mathrm{p}} = \begin{pmatrix} u_0 & u_1 & u_2 & \cdots & u_{j-1} \\ u_1 & u_2 & u_3 & \cdots & u_j \\ \vdots & \vdots & \vdots & & \vdots \\ u_{i-1} & u_i & u_{i+1} & \cdots & u_{i+j-2} \end{pmatrix} \tag{1.27}$$

$$\boldsymbol{U}_{\mathrm{f}} = \begin{pmatrix} u_i & u_{i+1} & u_{i+2} & \cdots & u_{i+j-1} \\ u_{i+1} & u_{i+2} & u_{i+3} & \cdots & u_{i+j} \\ \vdots & \vdots & \vdots & & \vdots \\ u_{2i-1} & u_{2i} & u_{2i+1} & \cdots & u_{2i+j-2} \end{pmatrix} \tag{1.28}$$

$$\boldsymbol{Y}_{\mathrm{p}} = \begin{pmatrix} y_0 & y_1 & y_2 & \cdots & y_{j-1} \\ y_1 & y_2 & y_3 & \cdots & y_j \\ \vdots & \vdots & \vdots & & \vdots \\ y_{i-1} & y_i & y_{i+1} & \cdots & y_{i+j-2} \end{pmatrix} \tag{1.29}$$

$$\boldsymbol{Y}_{\mathrm{f}} = \begin{pmatrix} y_i & y_{i+1} & y_{i+2} & \cdots & y_{i+j-1} \\ y_{i+1} & y_{i+2} & y_{i+3} & \cdots & y_{i+j} \\ \vdots & \vdots & \vdots & & \vdots \\ y_{2i-1} & y_{2i} & y_{2i+1} & \cdots & y_{2i+j-2} \end{pmatrix} \tag{1.30}$$

这里，块矩阵的行数 i 需要由用户指定，而且要足够大，至少要大于状态控制模型的阶次。块矩的列数 j 通常等于 $s-2i+1$，s 即为采样点的个数。为了保证算法的有效性，要求 j 要远远大于 $2i+1$。其中，Hankel 矩阵中的每个元素都是列向

量，即

$$\boldsymbol{u}_i = \begin{bmatrix} u_{i1} \\ u_{i2} \\ \vdots \\ u_{il} \end{bmatrix}, \quad \boldsymbol{y}_i = \begin{bmatrix} y_{i1} \\ y_{i2} \\ \vdots \\ y_{im} \end{bmatrix} \tag{1.31}$$

状态矩阵 $\boldsymbol{X}_{\mathrm{p}}$ 和 $\boldsymbol{X}_{\mathrm{f}}$ 也做类似定义：

$$\boldsymbol{X}_{\mathrm{p}} = \begin{bmatrix} x_0 & x_1 & \cdots & x_{j-1} \end{bmatrix} \tag{1.32}$$

$$\boldsymbol{X}_{\mathrm{f}} = \begin{bmatrix} x_i & x_{i+1} & \cdots & x_{i+j-1} \end{bmatrix} \tag{1.33}$$

则广义数据输入输出矩阵等式可写成下述形式：

$$\boldsymbol{X}_{\mathrm{f}} = \boldsymbol{A}^i \boldsymbol{X}_{\mathrm{p}} + \boldsymbol{\Delta}_i \boldsymbol{U}_{\mathrm{p}} + \boldsymbol{\Delta}_i^s \boldsymbol{E}_{\mathrm{f}} \tag{1.34}$$

$$\boldsymbol{Y}_{\mathrm{p}} = \boldsymbol{\Gamma}_i \boldsymbol{X}_{\mathrm{p}} + \boldsymbol{H}_i \boldsymbol{U}_{\mathrm{p}} + \boldsymbol{H}_i{}^s \boldsymbol{E}_{\mathrm{p}} \tag{1.35}$$

$$\boldsymbol{Y}_{\mathrm{f}} = \boldsymbol{\Gamma}_i \boldsymbol{X}_{\mathrm{f}} + \boldsymbol{H}_i \boldsymbol{U}_{\mathrm{f}} + \boldsymbol{H}_i{}^s \boldsymbol{E}_{\mathrm{f}} \tag{1.36}$$

其中涉及的矩阵定义如下：

广义能观性矩阵 $\boldsymbol{\Gamma}_i$

$$\boldsymbol{\Gamma}_i = \begin{bmatrix} \boldsymbol{C} \\ \boldsymbol{CA} \\ \boldsymbol{CA}^2 \\ \vdots \\ \boldsymbol{CA}^i \end{bmatrix}$$

确定低维分块三角 Toeplitz 矩阵 $\boldsymbol{H}_i$

$$\boldsymbol{H}_i = \begin{bmatrix} \boldsymbol{D} & & & \\ \boldsymbol{CB} & \boldsymbol{D} & & \\ \vdots & \ddots & \ddots & \\ \boldsymbol{C}^{i-2}\boldsymbol{B} & \boldsymbol{C}^{i-1}\boldsymbol{B} & \cdots & \boldsymbol{D} \end{bmatrix}$$

低维分块三角 Toeplitz 矩阵 $\boldsymbol{H}_j^s$

$$\boldsymbol{H}_j^s = \begin{bmatrix} \boldsymbol{0} & & & \\ \boldsymbol{C} & \boldsymbol{0} & & \\ \vdots & \ddots & \ddots & \\ \boldsymbol{CA}^{j-2} & \cdots & \boldsymbol{C} & \boldsymbol{0} \end{bmatrix}$$

$\{\boldsymbol{A}, \boldsymbol{B}\}$ 的逆广义能观性矩阵 $\boldsymbol{\Delta}_i^s$

$$\boldsymbol{\Delta}_i^s = \begin{bmatrix} \boldsymbol{A}^{i-1}\boldsymbol{K} & \boldsymbol{A}^{i-2}\boldsymbol{K} & \cdots & \boldsymbol{K} \end{bmatrix}$$

$$\boldsymbol{X}_{\mathrm{f}} = \{\boldsymbol{A}^i\boldsymbol{\Gamma}_i{}^{\dagger}(\boldsymbol{\Delta}_i - \boldsymbol{A}^i\boldsymbol{\Gamma}_i{}^{\dagger}\boldsymbol{H}_N)(\boldsymbol{\Delta}_i^s - \boldsymbol{A}^i\boldsymbol{\Gamma}_i{}^{\dagger}\boldsymbol{H}_N{}^s)\} \begin{bmatrix} \boldsymbol{Y}_{\mathrm{p}} \\ \boldsymbol{U}_{\mathrm{p}} \\ \boldsymbol{E}_{\mathrm{p}} \end{bmatrix} \tag{1.37}$$

将式 (1.37) 代入式 (1.36) 得

$$\hat{\boldsymbol{Y}}_{\mathrm{f}} = \boldsymbol{L}_w\boldsymbol{W}_{\mathrm{p}} + \boldsymbol{L}_u\boldsymbol{U}_{\mathrm{f}} + \boldsymbol{L}_e\boldsymbol{E}_{\mathrm{f}} \tag{1.38}$$

即当前状态可以由过去的输入输出数据描述，其中 $\boldsymbol{L}_w$ 为状态子空间矩阵，$\boldsymbol{L}_u$ 为确定性输入的子空间矩阵，$\boldsymbol{L}_e$ 为随机输入的子空间矩阵。

矩阵 $\boldsymbol{W}_{\mathrm{p}}$ 由 $\boldsymbol{Y}_{\mathrm{p}}$ 和 $\boldsymbol{U}_{\mathrm{p}}$ 构成

$$\boldsymbol{W}_{\mathrm{p}}^{\mathrm{T}} = \begin{bmatrix} \boldsymbol{Y}_{\mathrm{p}}^{\mathrm{T}} & \boldsymbol{U}_{\mathrm{p}}^{\mathrm{T}} \end{bmatrix}^{\mathrm{T}} \tag{1.39}$$

使用线性回归方法可以从 Hankel 数据矩阵中辨识得到子空间矩阵 $\boldsymbol{L}_w$，$\boldsymbol{L}_u$，其中最简单的方法就是最小二乘方法。

使用线性回归方法求解上述问题，需要输入输出测量值满足如下要求：

(1) 输入 $\boldsymbol{u}(\boldsymbol{k})$ 和 $\boldsymbol{e}(\boldsymbol{k})$ 不相关；

(2) $\boldsymbol{u}(\boldsymbol{k})$ 满足 $2N$ 阶次持续激励条件；

(3) 采样数目足够大，即 $j \to \infty$。

这一问题的解是从列空间 $\boldsymbol{Y}_{\mathrm{f}}$ 到 $\boldsymbol{W}_{\mathrm{p}}$ 和 $\boldsymbol{U}_{\mathrm{f}}$ 的列空间的正交映射，这一映射的数值实现可通过 QR 分解得到：

$$\begin{pmatrix} \boldsymbol{W}_{\mathrm{p}} \\ \boldsymbol{U}_{\mathrm{f}} \\ \boldsymbol{Y}_{\mathrm{f}} \end{pmatrix} = \begin{pmatrix} \boldsymbol{R}_{11} & \boldsymbol{0} & \boldsymbol{0} \\ \boldsymbol{R}_{21} & \boldsymbol{R}_{22} & \boldsymbol{0} \\ \boldsymbol{R}_{31} & \boldsymbol{R}_{32} & \boldsymbol{R}_{33} \end{pmatrix} \begin{pmatrix} \boldsymbol{Q}_1^{\mathrm{T}} \\ \boldsymbol{Q}_2^{\mathrm{T}} \\ \boldsymbol{Q}_3^{\mathrm{T}} \end{pmatrix} \tag{1.40}$$

则有

$$\boldsymbol{L} = \begin{pmatrix} \boldsymbol{R}_{31} & \boldsymbol{R}_{32} \end{pmatrix} \begin{pmatrix} \boldsymbol{R}_{11} & \boldsymbol{0} \\ \boldsymbol{R}_{21} & \boldsymbol{R}_{22} \end{pmatrix}^{\dagger} \tag{1.41}$$

其中矩阵的伪逆可通过 SVD 分解求解。

在获得对应的子空间矩阵之后，即可计算 LQG 权衡曲线：

定义

$$\begin{pmatrix} \psi_0 \\ \psi_0 \\ \vdots \\ \psi_{N-1} \end{pmatrix} = -\left(\boldsymbol{L}_u^{\mathrm{T}}\boldsymbol{L}_u + \lambda\boldsymbol{I}\right)^{-1}\boldsymbol{L}_u{}^{\mathrm{T}}\boldsymbol{L}_{e,1} \tag{1.42}$$

$$\begin{pmatrix} \gamma_0 \\ \gamma_0 \\ \vdots \\ \gamma_{N-1} \end{pmatrix} = \left[\boldsymbol{I} - \boldsymbol{L}_u\left(\boldsymbol{L}_u^{\mathrm{T}}\boldsymbol{L}_u + \lambda\boldsymbol{I}\right)^{-1}\boldsymbol{L}_u^{\mathrm{T}}\right]\boldsymbol{L}_{e,1} \tag{1.43}$$

$\boldsymbol{L}_{e,1}$ 为 $\boldsymbol{L}_e$ 的第 1 列。我们可以获得理想控制为

$$\boldsymbol{u}_t^{\mathrm{opt}} = \sum_{i=0}^{N-1}\boldsymbol{\psi}_i\boldsymbol{e}_{t-i} \tag{1.44}$$

$$\boldsymbol{y}_t^{\mathrm{opt}} = \sum_{i=0}^{N-1}\boldsymbol{\gamma}_i\boldsymbol{e}_{t-i} \tag{1.45}$$

LQG 权衡曲线可以由以下关系得到:

$$\mathrm{Var}\left[\boldsymbol{u}_t\right] = \sum_{i=0}^{N-1}\boldsymbol{\psi}_i\mathrm{Var}\left[\boldsymbol{e}_t\right]\boldsymbol{\psi}_i{}^{\mathrm{T}} \tag{1.46}$$

$$\mathrm{Var}\left[\boldsymbol{y}_t\right] = \sum_{i=0}^{N-1}\boldsymbol{\gamma}_i\mathrm{Var}\left[\boldsymbol{e}_t\right]\boldsymbol{\gamma}_i{}^{\mathrm{T}} \tag{1.47}$$

1.3.3　用户自定义与基于历史数据的评估技术

1) 基于用户自定义基准性能评估方法

除了考虑控制作用外，还可以考虑其他因素，例如，希望将具有期望的调节时间，超调量的闭环动态特性作为基准，然后看实际的闭环动态特性是否接近于期望动态特性。文献 [5] 中将经过一阶滤波器滤波后的最小方差控制的响应作为性能基准。文献 [6] 中根据用户自定义的闭环极点 (也可以是调节时间或上升时间) 计算出改进的性能指标。文献 [7] 从工程应用出发，对一些实际工业实例，选取控制系统历史上运行最好的一段时间的数据，用这一时间段内的历史数据计算的历史最好性能目标函数 $J_{\mathrm{his}}(k)$ 作为历史性能基准，再根据日常操作数据计算出 $J_{\mathrm{his}}(k)$。则历史性能指标定义为

$$\eta_h = \frac{J_{\mathrm{his}}(k)}{J_{\mathrm{act}}(k)} \tag{1.48}$$

这种方法对过程进行评估是最容易进行的，但它缺乏客观性，对工程实际系统性能的依赖较强，如果系统运行历史上的最好性能不是最优的，则对性能评估的结果有很大影响。这个方法也属于用户自定义的基准。这些用户自定义的基准要比最小方差性能基准更灵活些，产生更实际的性能指标，但这些基准主观性比较强。

2) 基于历史数据性能基准的预测控制性能监控

模型预测控制的设计是使目标函数最小来得到系统的控制输出，性能目标函数一般是二次型形式：

$$J_{\mathrm{des}}=\sum_{j=1}^{P}\left[r_{t+j}-\hat{y}\left(t+j|\,t\right)\right]^{\mathrm{T}}\boldsymbol{Q}\left(r_{t+j}-\hat{y}\left(t+j|\,t\right)\right)+\sum_{j=1}^{M}\Delta\boldsymbol{u}_{t+j-1}^{\mathrm{T}}\boldsymbol{R}\Delta\boldsymbol{u}_{t+j-1} \tag{1.49}$$

$\hat{y}(t)$，$r(t)$ ，$\Delta u(t)$ 分别为时刻 t 的预测输出、参考轨迹和控制作用增量值；$\boldsymbol{Q}$ 和 $\boldsymbol{R}$ 分别为误差加权矩阵和控制作用加权矩阵；P 和 M 分别是预测时域和控制时域。

监控 MPC 的性能可以通过比较实际达到的性能与设计的性能目标来进行。实际的性能目标函数可以通过输入输出数据计算得到：

$$J_{\mathrm{act}}=\sum_{j=1}^{P}\left[r_{t+j}-y_{t+j}\right]^{\mathrm{T}}\boldsymbol{Q}\left(r_{t+j}-y_{t+j}\right)+\sum_{j=1}^{M}\Delta\boldsymbol{u}_{t+j-1}^{\mathrm{T}}\boldsymbol{R}\Delta\boldsymbol{u}_{t+j-1} \tag{1.50}$$

定义一个期望性能指标：

$$\eta_{\mathrm{des}}=\frac{J_{\mathrm{des}}\left(k\right)}{J_{\mathrm{act}}\left(k\right)} \tag{1.51}$$

实际过程在 k 时刻达到的目标函数：

$$J\left(k\right)=\boldsymbol{\varepsilon}_{k}^{\mathrm{T}}\boldsymbol{Q}\boldsymbol{\varepsilon}_{k}+\Delta\boldsymbol{u}_{k}^{\mathrm{T}}\boldsymbol{R}\Delta\boldsymbol{u}_{k} \tag{1.52}$$

其中 $\boldsymbol{\varepsilon}_k$，$\Delta\boldsymbol{u}_k$ 分别是误差向量和控制作用增量向量。

设计的性能目标 J_{des} 的计算需要完备的过程模型，为了避免建模问题，J_{des} 可以用一组可接受性能的历史数据计算的 J_{act} 作为估计值，就是历史性能基准。根据一些专家的经验，选择一个系统良好运行的阶段，例如，可以是控制系统整定完成后刚投入运行的阶段，将之称为基准阶段。用基准阶段中的数据计算出系统所达到的统计性能作为历史性能基准：

$$J_{\mathrm{hist}}=\frac{1}{n}\sum_{i=1}^{n}J\left(i\right) \tag{1.53}$$

n 是基准阶段中目标函数的组数。将系统运行中实际达到的性能与这个基准的比值作为监控系统性能的指标即历史性能指标，其定义为

$$r\left(k\right)=\frac{J_{\mathrm{hist}}}{J\left(k\right)} \tag{1.54}$$

式 (1.54) 的性能指标只是一个瞬间的指标，会受到不可测扰动的干扰。为了获得一个更好的总体性能评估，我们采用平均形式的性能指标：

$$\alpha\left(k\right)=\frac{NJ_{\mathrm{hist}}}{\displaystyle\sum_{i=k-N+1}^{k}J\left(i\right)} \tag{1.55}$$

N 为求平均的目标函数个数，由式 (1.55) 可知，$\alpha(k)$ 越小，系统性能越差，反之，则系统性能越好。

$\alpha(k)$ 是一个随机变量，需要用统计过程监控方法来检测系统性能变化，从式 (1.55) 中可以看出 $\alpha(k)$ 是高度自相关的，采用传统的统计过程监控会得出错误的结论。这里采用的方法是，针对自相关的数据建立时序模型，然后对此模型的预测值和实际测量值之间的残差进行监控。如果时序模型是准确的，残差就近似于零均值常方差的独立正态分布。这样，传统的统计控制图 (如 $\bar{x}$ 图、累积和图、指数加权移动平均控制图) 就可以应用于残差监控。

用一个自回归 (AR) 模型来表示 $\alpha(k)$：

$$\boldsymbol{A}\left(q^{-1}\right)\alpha(k)=\xi(k) \tag{1.56}$$

$\xi(k)$ 是零均值不相关的高斯噪声，$\boldsymbol{A}\left(q^{-1}\right)$ 是首一多项式，其系数为 a_i。用时间序列的 AR 模型辨识方法和系统在良好运行状态下的运行数据可以得出 $\boldsymbol{A}\left(q^{-1}\right)$ 然后就可以对 $\alpha(k)$ 进行预测，预测值为 $\hat{\alpha}(k)$，则残差记为

$$\boldsymbol{e}(k)=\alpha(k)-\hat{\alpha}(k) \tag{1.57}$$

将 $\boldsymbol{e}(k)$ 的标准差记为 σ_e，采用 $\bar{x}$ 控制图，控制限设为 $\pm 3\sigma_e$，若出现在一个阶段 $\boldsymbol{e}(k)$ 持续偏离控制限，则意味着由基准阶段数据建立的时序模型不能够描述目前的过程行为，也就意味着控制系统性能发生了显著的变化。

1.3.4　先进控制系统经济性能评估

经济性能评估的首要任务是根据厂级优化调度确立经济性能指标 (economic performance index，EPI)，其形式一般表示为

$$J=E[\vartheta]=\int_{y_j}\vartheta(y_j)f(y_j,\mu,\sigma)\mathrm{d}y_j \tag{1.58}$$

其中 y_j 表示系统输出，将其选为过程关键变量以连接上层经济性能评估与下层动态控制；μ 和 σ 分别表示系统输出的数学期望和标准差；$\vartheta(y_j)$ 表示经济性能函数 (economic performance function，EPF)，$f(y_j,\mu,\sigma)$ 为在该经济性能函数取值下的概率密度函数 (probability density function，PDF)，即控制系统经济性能指标为经济性能函数与当前概率密度函数乘积的积分。在大多数工业过程中，过程关键变量的概率密度函数服从正态分布，即

$$f(y_j,\mu,\sigma)=\frac{1}{\sqrt{2\pi}\sigma}\cdot\exp\left\{-\frac{(y_j-\mu)^2}{2\sigma^2}\right\} \tag{1.59}$$

经济性能函数 $\vartheta(y_j)$ 通过过程关键变量连接经济性能指标和控制过程，它定义了被控关键变量改变带来的利润增大或损失。典型的经济性能函数形式有：带约束

的线性函数，CLIFFTENT 函数和二次型函数。带约束的线性函数表示在约束范围内经济效益随关键变量的增大而线性增加，超出约束范围后效益降为零，如产品不合格。CLIFFTENT 性能函数由 Latour 提出，和带约束的线性性能函数相比，其效益在约束之外急剧降低后呈线性下降。二次型性能函数表示经济效益以二次型增加，到达顶点后反向二次降低。三种典型经济性能函数如图 1.5 所示。

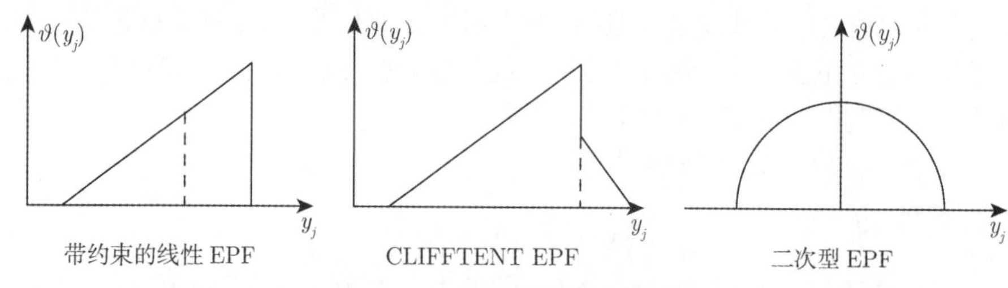

图 1.5　三种典型经济性能函数

经济性能函数的确定是经济性能评估与优化的重要环节，其特征具有多样性，目前仍没有一套系统的标准确定其形式。除上述三种常见性能函数外，需要对具体工业过程做评估分析，结合工程经验，以确定其具体描述。

根据企业生产要求，通常对于经济性能指标做如下选择：

(1) 成本 (能耗、原料消耗、运输成本、储存成本等) 最小作为经济性能指标：

线性

$$\begin{aligned} J &= \sum_{i=1}^{m} C_u^{(i)} u_i \\ &= F_1(u_i, y_j)D + n[F_2(u_i, y_j) + F_3(u_i, y_j)D] \end{aligned} \tag{1.60}$$

非线性

$$\begin{aligned} J &= \sum_{i=1}^{m} C_u^{(i)} u_i \\ &= F_1(u_i, y_j)D + n[F_2(u_i, y_j) + F_4(u_i, y_j)D^q] \end{aligned} \tag{1.61}$$

其中 D 表示产品数量；n 表示生产次数；$F_l(u_i, y_j)$ 为控制作用 u_i 与输出 y_j 的函数；q 为 D 的非线性指数。式中 $F_1(u_i, y_j)D$ 表示运输及库存成本，$n[F_2(u_i, y_j) + F_4(u_i, y_j)D^q]$ 表示生产加工成本。

(2) 产量 (利润) 最大化作为经济性能指标：

$$J = \sum_{j=1}^{p} C_y^{(j)} y_j \tag{1.62}$$

(3) 两者结合，使产量最高，成本最低：

$$J = \sum_{j=1}^{p} C_y^{(j)} y_j - \sum_{i=1}^{m} C_u^{(i)} u_i \tag{1.63}$$

(4) 多目标经济性能指标：

多种目标加权综合，如利润最大、污染最低、不合格率最低、高附加值产品产率最高、资源利用率最优等。

无论哪一种经济性能指标形式，均需要建立其与关键被控变量 y_j 的显式关系 $J = f(y_j)$，引入优化命题，作为稳态优化的目标函数。计算得到的关键变量 y_j 值即为动态优化控制层的最优设定值。

多层次厂级控制系统通常自下而上分为：调节回路层、设定值优化层、约束监控层。约束监控层将装置负载能力、安全生产额度作为约束，企业经济指标作为优化目标，将优化结果作为设定值传递给 MPC 计算出控制信号，再由调节回路与执行机构根据控制信号控制生产过程。目前性能评估研究主要仍着眼于调节回路层，即不考虑设定值合理与否，仅仅期望对象输出最靠近设定值。若设定值不是最优的，即使调节回路层的性能良好，企业经济效益的全局最优值依旧无法达到。因此，基于经济指标的多层次优化控制性能评估研究值得关注。Grimble 和 Uduehi 指出要从全局经济效益出发，建立控制性能评估的基准，但并没有给出具体的贯穿上层与下层的优化、评估框架。而经济性能监听 (economic auditing) 的研究重点在于根据对全厂利润影响的大小对操作单元排序，挑选重要的回路做评估。但该方法依赖生产过程的先验知识，且从本质上来说还是只对一个层次的控制实现了最优。调节回路的输出方差反映了系统的动态性能，经济性能指标反映了系统的稳态性能，能否将动态和稳态性能的评估结合，建立一种全局的、针对多层次控制系统的性能评估策略，尚需深入研究。

1.4　控制器性能评估工业应用

1.4.1　控制器性能评估工业实施步骤

对于性能监测和诊断来说，每一种统计学上的标准都有各自的优点和局限性，所以依赖某一种标准将是不那么有效，有时甚至危险的。最好的方法是从那些从不同方面来反映控制性能的标准中来获得的。根据 Jelali 的经验，对于钢铁自动化过程，使用以下系统化的性能评估的过程是强烈推荐的。

1) 准备步骤

步骤 1

数据再加工：

使用在恰当采样周期下获得的原始数据。必须避免对原始数据进行滤波/平滑，或是压缩。在进行分析之前花时间对数据进行再次加工是非常重要的。异常值和“坏”的数据点的移除，将均值置零，归一化处理这些工序是比较推荐的。

步骤 2

当处理一个 MIMO 系统时，找出有相互作用的控制回路：

多变量控制性能评估只在回路强烈耦合的时候才需要。通过采用标准的交互作用测量方式，如简单计算的相对增益的数组，可以找出那些有耦合的回路。互相关分析也是评估回路耦合的有效手段。甚至在有强烈交互关系的情况下，应该使用那些不需要过程交互矩阵的性能评估方法。

步骤 3

估计时间滞后：

在许多应用中，时间滞后可以直接或是间接地估计。当时间滞后变化的时候，根据输入输出测量，应该持续更新获得的时滞。当时滞完全不知道或是时滞估计的代价过高时，非常推荐使用延长预报时域的方法。

2) 特定故障的检测

步骤 4

计算相关函数和谱函数：

在进行性能评估时，控制误差的相关性分析是第一步。测量扰动和控制误差的互相关函数可以用于 FFC 的定性评估。闭环响应的谱分析可以在过程中很方便地检测振荡、超调、非线性、测量噪声。

步骤 5

使用 NLD 测试：应用一个或多个用于检测非线性的测试来计算闭环回路的非线性程度，Choundhury 于 2004 年提出的 NLI 在某些测试中获得了良好的效用。

步骤 6

检测振荡回路：以文献 [8] 提出的方法为指导，用谱分析的方法来检测表明有振荡的信号，把因为激进的整定，非线性的存在，或是回路相互作用造成振荡的回路标示出来。文献 [9] 提出的方法被认为是特别简单易用。

步骤 7

检测稳态误差，控制迟滞，非平稳状况：闭环回路中许多不被期望和可以简单地被检测出的特性应该在施行性能评估之前被检测。同时，当积分环节丢失，或者执行器大部分时间工作在其极限附近，可能造成过程方差下降但输出偏离设定点，确定这个控制回路的性能就不那么困难了。

3) 计算控制性能的水平

步骤 8

应用最小方差基准：这是一个公认的指标。恰当地选择模型的阶数 (典型的模型阶数大于 10τ)，那么为了得到可信的结果就需要最小长度的数据 (典型的采样点数大于 150τ)。如果用最小方差指标进行评估之后发现回路的性能良好，那么进一步的评估则是不必要也是无益的。如果根据最小方差指标，回路的性能被检测出是差的时候，表示回路的性能还有进一步提升的空间，但并不意味着能够通过重新整定控制器来获得提升。

步骤 9

使用用户指定的或者先进控制性能评估基准：基准线和阈值 (历史的性能值) 可以使用那些性能好的控制器的数据获得，或者是特定控制器下的数据，如基于 IMC 的 PID 控制器。在那些控制器性能不能通过重新整定控制器来提升的情况下，使用更为先进的基准，如 LQG/GMV 基准，将会是一个很好的选择。如果想知道如何来重新整定或是设计控制器来得到理想的性能，那么推荐使用那些限定结构的性能基准，如基于 IMC 的 PID 控制器。

4) 控制性能的提升

步骤 10

重新整定控制回路：调整那些性能不佳的控制回路的参数。步骤 9 中使用限定结构的性能基准后，就可以进行重新整定。当重新整定不必要或者不能提高控制性能的时候，并且当前产品质量的波动幅度被认为是不可接受的，就需要对仪器、控制系统结构或者过程本身进行修改。

步骤 11

修改控制结构：当重新整定不再提升控制性能的时候，采用一些不同结构的控制手段。有些情况下，这将意味着完全重新设计控制回路。观察由其他指示器协助的控制性能指标，如梯度，在许多操作的领域中，将有助于发现一些增益调整或是自适应控制的机会。

步骤 12

修理或是重新设计系统：在一些情况下，需要采取检查和维护的手段。其他的修改可能会是改变反馈时间常数，通过改变过程流量来减小过程时滞，增加一个旁路，改变传感器的位置等。此外，干扰源应该被排除，或者增加一些传感器。

以上描述的步骤中，许多参数需要由使用者谨慎地选择。Thornhill 于 1999 年提出的如何确定性能评估中一些初始参数的方法，在不同类别的精炼控制回路中证明是有效的，也可以被用于一般化情况中参数的确定。这项工作实质上降低了基于性能评估的监测的大规模应用的障碍。实际应用中，花时间选择不同的参数来进行仔细的测试，检查，比较性能评估结果是十分必要的。通常来说，每一个回路都有其合适的参数。

1.4.2　工程化软件简介

很多学者根据自己提出的方法开发了性能评估的工具或是软件包，下面将介绍部分工具。

目前控制器性能评估与监控已经在流程工业有了成功的应用，特别是在炼油和石油化工行业。据统计，采用最小方差基准的控制器性能评估方法占到实际工业应用中的 60%，这说明基于最小方差基准的方法已经发展得较为成熟，有 25% 的软件用到了各种系统振荡的检测方法，说明控制系统回路振荡检测技术正受到理论与工程界的重视。另外近些年，由于先进控制在工业过程中的应用以及工业上层监控级回路的性能评估与监控日益受到重视，约有 10% 的软件用到其他基于模型的性能基准。

大量文献对包括炼油，石化，化工，造纸等领域的控制器性能评估案例进行了报道。如文献 [10] 报导了整个造纸厂的控制器性能评估与监控的应用。文献 [11] 研究了对一个造纸厂中 19 个控制回路 (包括流量、温度、液位控制回路) 用扩展的预测时域性能指标 (extended horizon performance index，EHPI) 进行性能评估。文献 [12] 对一个催化裂化装置中的几个常规控制回路 (流量、压力、温度、液位) 用最小方差基准进行了评估。文献 [13] 对一个化学反应装置中的 9 个控制回路用振荡检测的方法进行了性能评估与监控。此外许多专家学者基于前面所述的方法开发出一系列 CPA 系统、软件工具。美国 Eastman 化学工业公司开发的基于 web 的大规模性能评估系统，可以对全球 9 个节点的 40 个工厂的 14000 多个 PID 回路进行评估。名为 QCLiP(Queen's/QUNO Control Loop Performance Monitoring) 的性能评估系统使用了最小方差基准和由 Jofriet 等提出的闭环过程数据分析方法。这项工具需要用户指定每个回路的时间滞后。为了确定这一参数，推荐对每一个控制器作开环的测试和分析。Miller，Timmons，Desborough 描述了由 Honeywell Hi-Spec Solutions 开发的控制性能评估综合系统。DuPont 开发了名为 Performance SurveyorTM 的控制性能评估软件包，这一软件包可以用于监视大量的控制回路，并产生可靠的性能度量和报告，检测过程状况、过程设备、测量仪器、控制设备性能的下降。Jamsa-Jounela 讨论了在浮选槽控制回路中用于计算性能指标的一项监测工具。2003 年，先进控制技术 (advanced control technology，ACT) 实验室开发出他们自己的非在线控制回路基准工具，称为 PROBE，这个工具让控制回路的性能同一系列的性能基准相比较，这些基准包括 MV、GMV(generalized minimum variance)、LQG 基准等，这项工具只对那些 ACT 俱乐部的成员公司开放。同时美国的杜邦公司开发出自己的 CPA 软件包，它监控大量的控制回路，产生有价值的性能基准和报告，用于检测过程设备，仪器及控制器的性能是否恶化。欧盟的科研项目 AUTOCHECK 开发出离线的性能评估软件包 Control Supervisor (基于 MATLAB 环境) 和面对钢铁过程工业的在线性能监控工具 CONTROLCHECK(基于 LABView 环境)。MATLAB 环境下的测试和控制性能评估部分可以参见图 1.6，其主要重点在于控制系统的性能评估、监视、分析，例如，对于钢铁条的厚度、平坦度、温度、镀锌层厚度等的监测。这些控制系统是高度动态、多回路、非线性的，并且很容易变时延、变约束、变扰动。

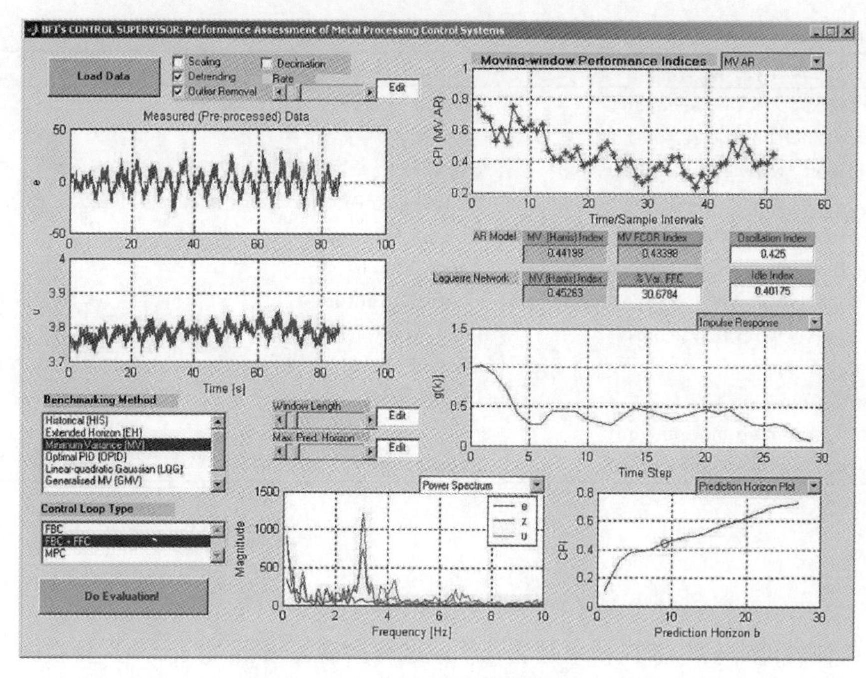

图 1.6　MATLAB 测试环境下的钢铁过程性能评估软件

由于认识到控制性能评估工具的重要性，一些过程装备供应商相继开发出具有商业应用价值的控制性能评估与调整产品，如 ABB 公司的 Optimize Loop Performance Manager(LPM)，Honeywell 公司用于互联网服务的工业过程性能监控软件包 Loop Scout，Emerson Process 开发的 En Tech Toolkit，AspenTech 公司开发的用于监控公司自己设计的 DMCplus 控制器性能的 AspenWatch 软件包，英国的 Invensys 公司开发的 Loop Analyst 软件工具。这些商业化软件和产品主要基于最小方差基准或过程模型基准等策略，尽管在功能方面可以适用于多种控制策略的控制系统，实际上大多是为自己公司开发的控制器进行评估与监控，很难对第三方设计的控制系统进行评估，并且性能评估技术的具体实现方法均未公开。

表 1.1 列出了一些实际工业生产中获得应用的性能评估软件。

表 1.1　商业上可行的性能评估和整定产品

公司 (网站)	产品名称 (缩写)
Matrikon (www.matrikon.com)	ProcessDoctor
ExperTune (www.expertune.com)	PlantTriage
ProControl Technology (www.pctworld.com)	PCT Loop Optimizer Suite (PCT LOS)
ABB (www.abb.com)	Optimize Loop Performance Manager (LPM)
Honeywell (www.acs.honeywell.com)	Loop Scout

续表

公司 (网站)	产品名称 (缩写)
Emerson Process Management (www.emersonprocess.com)	EnTech Toolkit, DeltaV Inspect
ControlSoft (www.controlsoftinc.com)	INTUNE
KCL (www.kcl.fi)	KCL-Control-Performance Analysis (KCL-CoPA)
OSIsoft (www.osisoft.com)	PI ControlMonitor
AspenTech (www.aspentech.com)	Aspen Watch
Control Arts Inc.(www.controlartsinc.com)	Control Monitor
Invensys (www.invensys.com)	Loop Analyst
PAS (www.pas.com)	ControlWizard
Metso Automation (www.metsoautomation.com)	LoopBrowser
PAPRICAN (www.paprican.ca)	LoopMD

1.5 结　论

控制性能评估与监控技术是流程工业过程控制领域新兴的一项重要技术，它能实时评估并监视系统控制性能的变化，诊断性能下降的原因，提出改善控制性能的策略，使其保持在较优的控制水平，对增加企业经济效益、减少资源消耗、节能减排、提升市场竞争力具有非常重要的意义。这一技术涉及多种学科，覆盖多个工业应用领域，目前已取得了丰富的理论与应用成果，在国际上已经被多个跨国企业应用于工程实践。但在国内，该技术的理论研究尚属起步阶段，工业应用还是空白。同时，纵观该技术的发展现状，它在一些关键问题和技术上还有很大的研究空间，许多问题亟待解决。

性能评估的最终目的是为了发掘控制系统的潜能，实现生产过程的最大效用。研究控制性能评估不能只满足于得到一个评价结论，更希望能从评价结果中分析出改进的方向，为系统整定、故障诊断、容错控制提供有效信息。性能评估的综合化有两种研究思路，一是根据性能指标的实际值与理想值的差距，得出控制系统性能的提升潜能有多大，哪些控制条件的改变，及改变量的多少能带来性能的多大提升。常见的可变控制条件包括设定值的改变、输出方差的减小以及约束的放宽等。反之，如果给定希望的性能增量。分析如何改变控制条件来实现，在理论上和工业实际上都具有重要意义。第二是构造特定性能指标，有针对性地指示某些特定情形(如系统非线性、振荡等)，再做诊断分析。

现有的各种控制性能评估方法在细节上不尽相同，但它们中的大多数都是从基于最小方差的性能评估方法修改或扩展而来。应用中的大部分是用在常规控制回路中，先进控制系统的性能评估没有获得应有的重视。在先进控制领域，基于

LQG/GMV 的性能评估方法，提供了更为可靠的性能指标，应该获得更多的重视。

在实际应用中，用控制性能评估算法来给出当前控制器的运行性能状况是远不够的。更重要的是要给出如何提升控制回路的性能到理想的性能。因此，需要结合不同的控制性能基准和评估手段，提出系统化的步骤，来解决连续的控制性能评估和优化的问题。根据这些步骤，欧盟的科研项目 AUTOCHECK 开发了控制性能评估的软件包来解决钢铁过程控制系统的性能评估问题。

控制性能评估领域已经日趋成熟，有多种的商业化算法和产品来进行性能监测。但这些产品当中并没有能够直接根据数据就自动估计时间滞后，往往需要用户来输入过程的时间之后估计。同样，合适的变时延系统性能评估算法也是未来发展的一个方向。

对于控制器的整定或是重新整定，一些厂商推荐特定的控制器重整定算法并提供相应的软件包，但只有少数产品能够当控制系统性能变差时自动进行调整。确实，结合连续的控制性能评估、自动分析、控制器自适应是一项复杂的工作，特别是在实际的应用当中，会有许多问题出现，所以这也将是未来的一个重要方向。

尽管现在已经有了很多关于单回路和特定振荡问题的分析和检测的研究，但很少有工作尝试着解决全流程中的检测和振荡问题，未来还需要做很多工作。

在控制性能评估中，虽然不应该过高估计闭环模型辨识的作用，但是这仍然是确定导致性能不好的原因的重要手段，并且也是控制性能评估系统运行环节中最为耗时的一部分。因此，需要更为有效的 (多变量) 闭环辨识方法，基于子空间的辨识和 ASYM 辨识方法是两项有前途的方法。

Qin 等利用输出协方差寻找性能最差的方向，进行过程性能的评估、监测及分析，是综合性能评估与故障诊断的新探索。性能评估方法如何智能化也是一个需要研究的问题。是否有可能设计出新的性能评估方法，不要过于依赖先验知识，整个建模—评估—分析过程自动完成？目前比较有效的方法是基于贝叶斯方法的回路诊断。能综合各回路及各评估方法的指标，智能地推理出故障可能性最大的来源。

第 2 章　控制系统跟踪性能评估

在过程工业中，系统通常至少需要一个作用于系统过程的随机源，并在一个常量操作点进行长时间或批次操作。对于大多数系统，减少输出方差可以改进产品质量，减少能源/材料消耗，从而得到更高的效率和生产率。因此，对于这样的系统，考虑 MV 和相应的基准是相当自然而且有效的。

然而，在其他工业领域，例如动力和伺服工业，机器人方向，系统中的显示引用和扰动是确定而不是随机的。在这种情况下，因为频繁的参考变化以及输出水平，过程需要操作频繁。例如，发电厂每天必须跟踪加载已固化的与典型负荷需求和能源市场需求相关的程序 [14]。因此，这样的系统需要确定的评估技术。

本章提出了三种针对确定性系统的控制性能评价的方法：从设定值相应数据中获得的稳定时间和 IAE 指数（2.2 节），从缓慢控制检测中获得的闲置指标（2.3 节），以及评估确定的负荷扰动抑制性性能的面积指标（2.4 节）。通过使用仿真例子，这些技术都在 2.4.3 节进行了对比和讨论。

2.1　性能度量

在传统控制工程（PID）中，我们一般通过在设定点上的阶跃响应或负载扰动判断系统控制性能。在进行设定值相应分析时，常用于描述过程如何响应变化的指标包括上升时间、稳定时间、衰减比、超调量和稳态误差（图 2.1、表 2.1）。

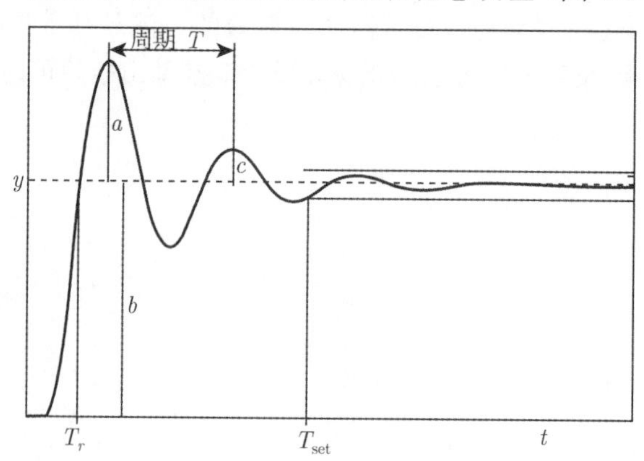

图 2.1　设定点响应特征

表 2.1　典型设定点相应指标

指标	定义与说明
上升时间 T_r	阶跃响应的最大斜率的逆或者阶跃响应变化从 10% 到 90% 稳态值所用的时间。缓慢控制器会造成较大的上升时间
稳定时间 T_{set}	阶跃响应至维持在稳态值的 p%（通常 p=1,2 或 5）内所用的时间。需求水平之外所花的时间与不良产品产出有关。因此，需要寻求较短的稳定时间
衰减比 $d = c/a$	两个相邻误差极大值之间的比值。过度的控制器会导致较大的衰减比，在设定点响应上会产生可见振荡。衰减比越小，振荡抑制越快。一般使用振幅阻尼的 1/4。然而，这个值往往过高
超调量 $\alpha = 100a/b$	第一个峰值与设定点响应稳态值之差与稳态值之间的比率。过度的控制器会增加设定值变化产生的超调。通常，超调在 8%～10%。然而，在很多情况下，希望在过阻尼响应下无超调
稳态误差	稳态控制误差。对于积分控制器为零

这些指标可以规范控制回路调试优化，以及记录因控制器或工艺参数调整引起的变化。通常，设计者选择以上指标之一，然后将调谐达到最小标准定义为最优控制。

上面解释的设定值响应指标基于一个响应曲线的单点。其他闭环性能指标包括偏离设定值的误差积分标准，可以描述整个闭环响应曲线，通常，我们使用一些控制误差的某种特性，一般是极值（如最大误差、最大误差发生时间、渐近线、区域），如表 2.2 所示。因为两个方向上的误差大小和长度是与流失的收入成正比的，Ray[15] 表示 IAE 指数是一种良好的经济的性能测量参数。

表 2.2　典型积分误差指标

指标	公式	注释
平方误差积分（ISE）	$\int_0^\infty e^2(t)\,\mathrm{d}t$	过度的指标，因为对于大误差，平方误差项提供了更大的惩罚
绝对误差积分（IAE）	$\int_0^\infty \lvert e(t)\rvert\,\mathrm{d}t$	往往会产生在 ITAE 和 ISE 指标之间的控制器设置
时间加权绝对误差积分（ITAE）	$\int_0^\infty t\lvert e(t)\rvert\,\mathrm{d}t$	最保守的误差指标：乘以时间是在误差上加上较大的权重，可以维持更长一段时间
时间乘绝对误差积分（ITNAE）	$\int_0^\infty t^n\lvert e(t)\rvert\,\mathrm{d}t$	最保守的误差指标：乘以时间是在误差上加上较大的权重，可以维持更长一段时间
平方误差（QE）	$\int_0^\infty \left[e^2(t)+\rho u^2(t)\right]\mathrm{d}t$	标准指标用于最优控制设计 ρ 是权重因子

2.2 基于设定值相应数据的控制器评估

Swanda 和 Seborg[16, 17] 已经发展了基于设定值数据的性能指标，用于描述 PID 反馈控制回路的性能。对于不同控制目标，指标用于表示对不同的从满意控制到不满意控制的过渡点。下文将列出该方法。

2.2.1 标准指标

如 2.1 节中提出的，两种传统的性能指标分别是稳定时间 T_{set} 和绝对误差积分 IAE。然而，T_{set} 和 IAE 的绝对值与控制回路的动力学性能没有关系。Swanda 和 Seborg 方法的基本原理是比较遵循 IMC 规则的 PI 控制器与 FOPTD 过程模型实现的性能：

$$G(s)=\frac{K_p\mathrm{e}^{-T_a s}}{Ts+1} \tag{2.1}$$

其中 K_p 表示静态过程增量；T_a 是明显的时间延迟；T 是时间常量或滞后。在本章中，两个重要的性能指标，即正常版本的稳定时间 T_{set} 和 IAE 分别为

$$T_{\text{set}}^*=\frac{T_{\text{set}}}{T_a} \tag{2.2}$$

$$\mathrm{IAE}_d=\frac{\mathrm{IAE}}{|\Delta r|\,T_a} \tag{2.3}$$

当 Δr 是设定点变化的大小。两个指标之间的关系 [17]：

$$\mathrm{IAE}_d\approx\frac{T_{\text{set}}^*}{2.30}+0.565,\quad T_{\text{set}}^*\geqslant 3.30 \tag{2.4}$$

在这样的条件下，相应的增益裕度 A_m 和相位裕度 φ_m 可以表达为 T_{set}^* 的函数：

$$A_m=\frac{\pi}{2}\mathrm{IAE}_d=\frac{\pi}{2}\left(\frac{T_{\text{set}}^*}{2.30}+0.565\right) \tag{2.5}$$

$$\varphi_m=\frac{\pi}{2}-\frac{1}{\mathrm{IAE}_d}=\frac{\pi}{2}-\frac{1}{\dfrac{T_{\text{set}}^*}{2.30}+0.565} \tag{2.6}$$

通过拟合参数，这些关系用于解决不同 IMC-PI 控制器模型和稳定时间 $y=0.9\Delta r$ 的问题。Swanda 和 Seborg[17] 声称它们足够准确，适用于其他过程模型。给定 T_{set}^*(式 (2.5) 和式 (2.6)) 可以用于测试控制系统的性能和鲁棒性。这些方程表明，如果 T_{set}^* 很大，增益和相位裕度很大，可以在低性能下有更好的鲁棒性。

2.2.2 评估方法

对于不同代表性的模型，Swanda 和 Seborg[17] 确定了最优 T^*_{set} 和 IAE_d 值，并将它们作为控制系统性能指标。使用 MATLAB 最优化工具箱可以确定最小化 T^*_{set} 和 IAE_d 的控制器参数。

表 2.3 给出不同的性能类别用于量化 PI 控制器达到最优性能的距离和识别低性能控制回路。对于特定的类别，应满足表 2.3 中两个条件。然而，如果一个性能包含另一个，这个条件可以放宽至仅满足一个限制 [17] 。评估策略如下解释：

表 2.3　Swanda 和 Seborg 对于 PI 控制的性能类别

类别	无量纲的稳定时间 T^*_{set}	超调 α/%
高性能	$T^*_{\text{set}} \leqslant 4.6$	—
普通/可接受性能	$4.6 < T^*_{\text{set}} \leqslant 13.3$	—
过于缓慢	$T^*_{\text{set}} > 13.3$	$\leqslant 10$
过度/振荡	$T^*_{\text{set}} > 13.3$	> 10

(1) 一个 10% 的超调用于区分过于缓慢和次整定控制器。未整定的控制器很少或没有超调。没有超调也是缓慢控制的明确特性。因此，如果 $\alpha > 10\%$ 并且 T^*_{set} 和 IAE_d 超出上限，控制器就是次整定的。事实上，忽视标准性能指标的值，$\alpha \leqslant 10\%$ 边界都可以使用。

(2) 如果可以达到最好的可行的 PI 控制性能，控制器应该可以调整高性能类别超出的计算指标。此外，确定控制器是否具有最好可实现性能是很有用的。如果理想化限制不符合制造规范，重新调整的 PI 控制器也不能解决问题。在这种情况下，我们需要考虑一个像模型预测控制器这样的更先进的控制器。

此外，式 (2.5) 和式 (2.6) 内的近似关系可以用于确定当前性能水平的鲁棒性基准。例如，如果 $T^*_{\text{set}} = 5$，相应的基准值 A_m 和 φ_m 分别为 4.3 和 69°。如果确定的 A_m 和 φ_m 值明显低于基准值，那么控制器应当有一个低鲁棒性的权衡和控制器需要重新整定。这里描述的评估过程会在以下过程中进行总结。

基于无量纲稳定时间的性能评估：

(1) 在闭环内执行设定点阶跃实验；

(2) 从采集的输出数据中确定时间延迟 T_a，稳定时间 T_{set} 和超调 α；

(3) 计算归一化稳定时间 T^*_{set} ；

(4) 使用表 2.3 评估控制性能；

(5) 分别算相应增量裕度 A_m 和相位裕度 φ_m(式 (2.5) 和式 (2.6)) 并评估性能–鲁棒性权衡。

2.2.3 阶跃响应时延的确定

在基于无量纲过渡过程时间的性能评估中的一个关键点就是可见时延 τ_a 的确定。对于这个目的，阶跃响应由一个依赖阻尼行为的 FOPTD(式 (2.1)) 或者一个二阶纯滞后（SOPTD）模型来近似。

$$G(s) = \frac{K_p e^{-T_a s}}{\dfrac{s^2}{\omega_0^2} + \dfrac{2D}{\omega_0} + 1} \tag{2.7}$$

如果从实际出发，我们可以首先尝试一个 SOPTD 近似。如果阻尼系数的值大于 1，则一个 FOPTD 模型可能已经足够了。

1. FOPTD 近似

当系统响应是过阻尼的时候，采用 FOPTD 进行近似已经足够了。这里有很多方法来产生这种近似。切线法作为首选办法中的一种，由 Ziegler 和 Nichols[18] 进行描述，用于本质上是单调阶跃响应的系统，详见图 2.2。

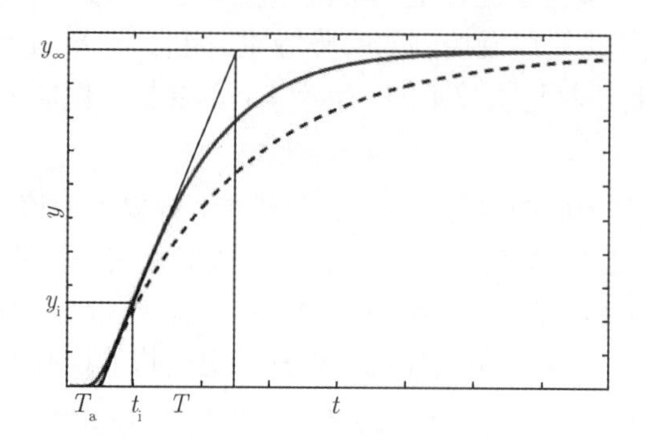

图 2.2　利用切线方法的阶跃响应近似

对于只使用一个点来估计时间常数的情况，切线法用于获得时间常数。若使用响应的几个点可能会提供一个更好的估计。Strejc[19] 提出使用在响应曲线上的两个数据 $A(t_1, y_1)$ 点和 $B(t_2, y_2)$ ，如 $A(t_{20\%}, y_{20\%})$ 和 $B(t_{85\%}, y_{85\%})$ 来给出模型的参数:

$$\hat{T} = \frac{t_2 - t_1}{\ln\left(\dfrac{y_\infty - y_1}{y_\infty - y_2}\right)} \tag{2.8}$$

$$\hat{T}_a = t_1 + \hat{T}\ln\left(1 - \frac{y_1}{y_\infty}\right) \quad 或 \quad \hat{T}_a = t_2 + \hat{T}\ln\left(1 - \frac{y_2}{y_\infty}\right) \tag{2.9}$$

2. SOPTD 近似

当欠阻尼的时候，这个方法是一个正确的选项。在文献里面有许多可行的方法来实现这种近似，如文献 [20]、[21]。这种技术属于那些包含允许 $y(t)$ 和它的模型估计值在两到五个点相交，其中包括了由图 2.3 所示的转折点 (t_i, y_i) 以及第一个峰值点 (t_{p1}, y_{p1}) 。在基于给定响应数据的控制器评估的背景下，我们发现 Rangaiah 和 Krishnaswamy[21] 提出的三点近似法是最可靠的方法。

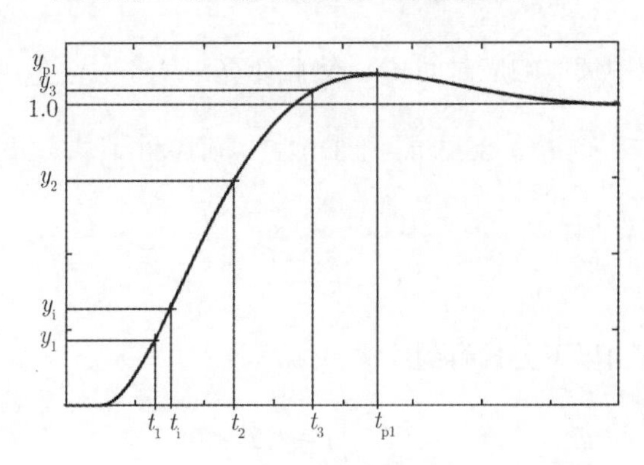

图 2.3　用来近似欠阻尼二阶加纯滞后过程的典型阶跃响应数据点

最大值点被用于计算最大超调量 M_{p1} 以及阻尼系数 D（由 Huang 和 Chou[22] 在 1994 提出）：

$$M_{p1} = \frac{y_{p1} - y_{\infty}}{y_{\infty}}, \quad \hat{D} = \sqrt{\frac{\ln^2 M_{p1}}{\pi^2 + \ln^2 M_{p1}}} \tag{2.10}$$

既然已经得到阻尼系数 D 的估计值，我们的任务就缩减为一个估计 τ_a 和 T 的双参数问题以便得到获得一个好的模型匹配。为了这个目的，阶跃响应被正常化为增益为 1（$y^*(t)$）以及和时间 T 相关，如 $t^* = (t - T_a)/T$ 。三点法（Rangaiah 和 Krishnaswamy[21]）需要 (t^*_{p1}, y^*_{p1})，(t^*_i, y^*_i) 和 (t^*_2, y^*_2) 的值以及需要执行下面的程序。

使用 Rangaiah 和 Krishnaswamy[21] 提出的三点法估计二阶加纯滞后参数。

(1) 在测量到的系统响应中定位第一个峰值点 (t_{p1}, y_{p1}) 以及使用式 (2.10) 估计阻尼比

(2) 利用由 Huang 和 Clements[23] 导出的分析表达式计算 y^*_i

$$y^*_i = 1 - \frac{1}{\sqrt{1-\hat{D}^2}} \exp\left(-\frac{\hat{D}}{\sqrt{1-\hat{D}^2}} \arctan\frac{\sqrt{1-\hat{D}^2}}{\hat{D}}\right) \sin\left(2\arctan\frac{\sqrt{1-\hat{D}^2}}{\hat{D}}\right) \tag{2.11}$$

由测量的系统响应中读取响应时间 t_i，然后计算：

$$t_i^* = \frac{1}{\sqrt{1-\hat{D}^2}} \arctan \frac{\sqrt{1-\hat{D}^2}}{\hat{D}} \tag{2.12}$$

(3) 由经验公式估 y_2^*

$$y_2^* = 1.8277 - 1.7652\hat{D} + 0.6188\hat{D}^2 \tag{2.13}$$

由测量的系统响应中读取响应时间 t_2 ，然后计算：

$$t_2^* = 3.4752 - 1.3702\hat{D} + 0.1930\hat{D}^2 \tag{2.14}$$

(4) 由以下公式估计 $\hat{T}$

$$\hat{T} = \frac{t_2 - t_i}{t_2^* - t_i^*} \tag{2.15}$$

时延的一个估计值由以下公式得到：

$$\hat{T}_a = t_i - t_i^* \hat{T} \tag{2.16}$$

注意这个近似方法特别适合于欠阻尼过程，如 $0.4 < D < 0.8$。对于超出这个范围以外的，可以使用以下的方法：①对于 $D < 0.4$，例如，当振荡值得注意的时候，由 Yuwana 和 Seborg[20] 提出的办法可以执行；②对于 $0.8 < D$，例如，当响应反应缓慢的时候，由 Rangaiah 和 Krishnaswamy[24] 提出的方法可以考虑。

3. 基于最优化的近似

大多数 FOPTD 和 SOPTD 近似方法在应用中遇到的主要问题是这些方法在测量输出信号的时候对噪声的高灵敏度。同样的，如果阶跃响应是不完整的，这些技术就会失效，例如，没有稳态或者系统输入不是一个理想的阶跃输入信号，如一个陡坡输入。不管噪声是否存在，一个可行办法是为基于一种优化算法的响应数据匹配一个 FOPTD 或者 SOPTD，例如，NelderMead 的最小值法使用了 MATLAB 优化工具箱里面的程序“fminsearch”。这个意味着为了确定一个 FOPTD 或者 SOPTD 模型中的参数，我们需要最小化以下的目标函数：

$$V(\Theta) = \sum_{k=1}^{N} \left[y(k) - \hat{y}(k|\Theta) \right]^2 \tag{2.17}$$

对于 FOPTD，$\Theta = [K_p, T, T_a]^{\mathrm{T}}$ 和对于 SOPTD，$\Theta = [K_p, T, D, T_a]^{\mathrm{T}}$ 。紧接着我们会提出使用估计的响应数据来计算过渡过程时间以及超调量，而不是考虑测量的（噪声）响应数据。

2.2.4　应用例子

1. 仿真例子

我们考虑了一个由如下模型描述的过程（$T=1\text{s}$）：

$$y(s)=\frac{5\mathrm{e}^{-9s}}{(10s+1)(s+1)}u(s)+\frac{1}{(10s+1)(s+1)}\varepsilon(s) \tag{2.18}$$

这个模型由 $K_c=0.144$ 和 $T_I=6\text{s}$ 的 PI 控制器所控制。如表 2.4 所示，一些近似方法被用来给出 SOPTD 模型的参数。总的来说，基于优化的方法看起来要逊色于最佳近似（图 2.4）。这个方法会一直被考虑作为优先办法。注意我们得到的模型近似的是闭环行为同时我们不应该将其和式 (2.18) 提出的参数过程模型混淆。

无论是什么优化算法被使用了，这个结果都明确表明了振荡的/积极的控制器调整（参考表 2.4）。这个响应增益以及相位裕量大概分别是 $A_M\approx 16$ 和 $\varphi_M\approx 85°$，这些都表明了高鲁棒性。

表 2.4　设定点响应近似以及仿真示例的评估结果

近似办法	SOPTD 参数估计				评估结果		
	K_p	ω_0	D	T_a	T^*_{set}	IAE_d	α
Yuwana 和 Segbrog[20]	1.0	0.13	0.11	11.0	25.7	11.5	67.5
Rangaiah 和 Krishnaswamy[21]	1.0	0.18	0.09	13.0	20.5	9.3	74.7
基于优化	1.0	0.11	0.12	6.6	23.1	10.4	69.5

2. 工业例子

这个给定值评估技术被用于表 2.5 所示的数据，这些数据都是来自于纸浆厂的一个流体控制回路。设定值逐步地改变，当 PI 控制器的增益 K_C 在 840 s 的时候从 0.2 改变为 0.04，在 1690 s 的时候改变为 0.35。在所有情况里面都有积分时间 $T_I=9\text{s}$。

从回路可以知道时延的改变非常多，FOPTD 模型由优化函数 fminsearch 所估计，同时估计的阶跃响应（图 2.5）被用于计算过渡过程时间和超调量。在约束条件下，在 2.2.3 节第 1 部分（FOPTD 近似）中提出的优化方法失败了，因为阶跃响应包含太多的噪声了。对于不同数据部分的不同控制器设定值，它们的性能评估结果（过程 2.1）被总结在了表 2.5 中。这个评估结果很好地吻合了我们关于控制回路的认识。

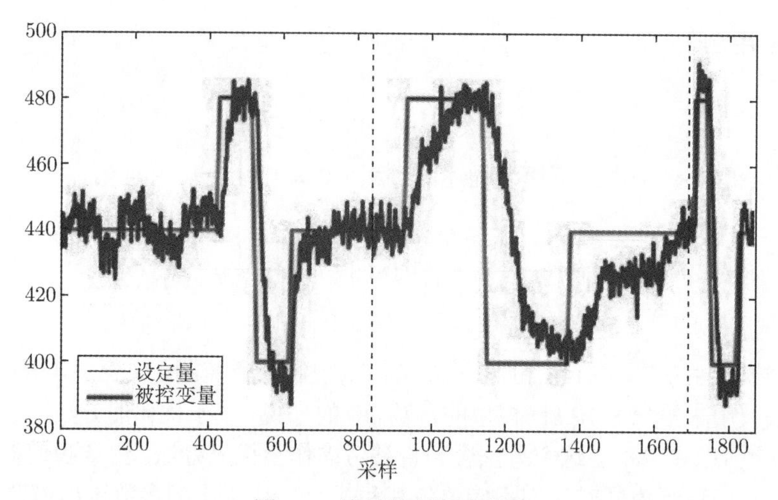

图 2.4　流量控制回路数据

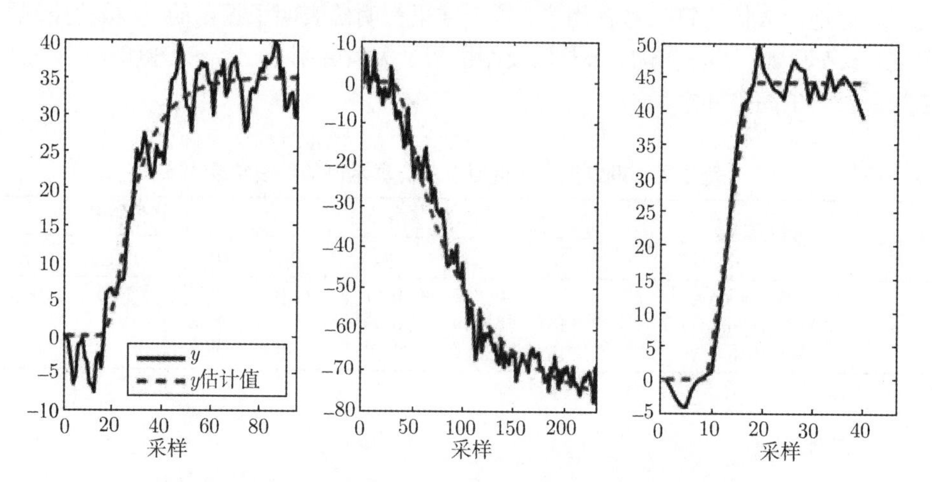

图 2.5　流量控制回路性能评估的测量以及估计的阶跃响应

表 2.5　基于设定点响应的流量控制回路评估结果

序号	T_a	T_{set}^*	IAE_d	α	评估
1	14.8	3.0	2.1	0	高性能
2	26.7	6.0	3.3	0	一般
3	7.8	2.8	2.0	0	高性能

2.3　闲置指标检测缓慢控制

在工业过程中，应为在试车的控制系统中缺乏实践优化控制器，通常带有固定的控制器设置的整定是保守的。当操作条件改变，就会导致控制缓慢，因此就会产生不必要的相对于设定点的偏移。相比较而言，这样的偏移更大，持续时间更长。因此，在控制回路中利用定制的方法检测迟滞控制回路很有效。本节主要回顾由 Hägglund[25] 提出的闲置指标技术以及讨论该方法应用到真实世界中的某些关键方面。

2.3.1　控制迟滞的特征描述

图 2.6 展现过程输入端阶跃变化的两个响应。其中一个响应经历一个小的超调很快恢复，然而第二个响应非常地缓慢。这两个响应有相同的初始相位，但是朝向相反的方向，如 $\Delta u \Delta y < 0$。这里 Δu 和 Δy 相应是控制信号 u 以及过程输出 y 的增量。迟滞响应的特征就是在初始相位之后，有一段非常长的时间的两信号增量之间的正关联。

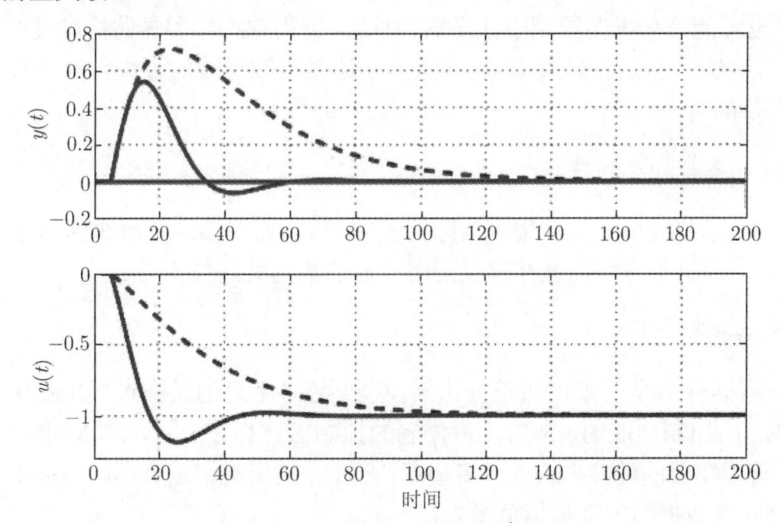

图 2.6　负载扰动的非缓慢控制（实线），缓慢控制（虚线）

2.3.2　闲置指标

Hägglund[25, 26] 提出了利用所谓的闲置指标的方法来检测控制回路中的迟滞。该方法分析一个回路需要从一个阶跃扰动恢复的时间，描述控制信号增量 Δu 和过程输出 Δy 增量之间的正负关联的次数。闲置指标（I_i）定义如下：

$$I_i = \frac{t_{\text{pos}} - t_{\text{neg}}}{t_{\text{pos}} + t_{\text{neg}}} \tag{2.19}$$

针对正增益的回路，以及

$$I_i = \frac{-t_{\text{pos}} + t_{\text{neg}}}{t_{\text{pos}} + t_{\text{neg}}} \tag{2.20}$$

针对负增益的回路。

为了构成该指标，需要先分别计算信号增量关联的正负情况。以下数量在每次采样时间都会更新

$$t_{\text{pos}} = \begin{cases} t_{\text{pos}} + T, & \Delta u \Delta y > 0 \\ t_{\text{pos}}, & \Delta u \Delta y \leqslant 0 \end{cases}$$
$$t_{\text{neg}} = \begin{cases} t_{\text{neg}} + T, & \Delta u \Delta y < 0 \\ t_{\text{neg}}, & \Delta u \Delta y \geqslant 0 \end{cases} \tag{2.21}$$

在这里 T_s 是采样时间。

I_i 的约束为 $[-1,1]$。如果一个正的 I_i 靠近 1 就意味着控制迟滞了。当数值靠近 0 的时候表明控制器的整定是不错的。如果数值靠近 -1，就表明控制整定得很好，但是也可能是从振荡控制中获得的。因此，把闲置指标和振荡检测过程结合起来执行正确的决定很有必要。闲置指标工具还需要知道设定点来排除由设定点变化引起振荡的阶段。

2.3.3　操作条件和参数选择

当 2.3.2 节描述的方法应用到实际例子中，就会有许多有待解决的问题。Kuehl 和 Horch[27] 提出了这些问题并建议采用合理的数据处理技术。

1. 比值控制

闲置指标并不是用来评估带有比例控制回路（幸运的是在过程工业中并不是特别常见）的控制性能的。考虑比值控制的控制器方程 $\Delta u = -K_c \Delta y$ 的时候，很显然，不管控制器的性能多快或者多缓慢，u 和 y 的所有增量有不同的标志。因此，比例控制回路数据的闲置指标总是靠近 -1。

2. 信号滤波

因为研究信号的增量，该过程对噪声十分敏感。缺少合适的滤波，闲置指标就不能工作。为了寻找合适的滤波时间常数，掌握过程动态信息十分必要。当离线分析时，应该采用非因果（零相位）滤波。

3. 低通滤波

低通滤波是最简单最常见的选择。为了保持信号的突然变化，永久监测输入 x 和滤波器输 x_f 的偏差是很有必要的。只要偏差超过一个固定的界限 ε，这个就该被认为是变量的变化，滤波器就会利用当前信号值重新初始化：

$$x_f(k) = x(k), \quad |x_f(k) - x(k)| > \varepsilon_0 \tag{2.22}$$

Kuehl 和 Horch[27] 提出启发式规则 $0.4\sigma_\varepsilon < \varepsilon_0 < 0.6\Delta d$ ，这里 σ_ε 是噪声的标准偏移，Δd 是负载扰动的大小。由拟合 AR（MA）X 模型的预测误差导致的标准偏差可以决定噪声水平的估计。

4. 回归滤波

回归滤波也是压制噪声的一个简单办法。首先，利用简单的扰动检测算法，数据被分割成包含负载扰动信息的片段。开始累计扰动比给定的门限值 ε 大的数据，直到遇到连续的扰动就停止。然后开始下一段片段的分析。常规的回归在每个片段都用多项式拟合之后开始工作。这里的多项式用最小二乘拟合，缺省阶次 $n=10$。多项式的阶次受更进一步的优化决定，当阶次超过 10 的时候，就会出现过拟合，而阶次过小的时候产生不彻底的结果 [27]。这个过程和带有重新初始化的低通滤波很像，但是能更加严格地压制噪声。

5. 小波去噪

小波去噪是一个更加普遍的办法但是没有展现出比其他方法更好的优势。查阅 Kuehl 和 Horch[27] 以及引用的参考可以获得这个方法的更多信息。

6. 排除稳态信息

从闲置指标获得的性能标志假设负载扰动是阶跃变化至少是突然的变化。这是一个在很多情况下都很合理的假设。因为在生产过程中，负载扰动经常由于突然变化引起。但是负载扰动变化缓慢，即使控制并没有发生迟滞现象，闲置指标可能变成正值而且接近 1[26]。为了避免这个问题，当有突然的负载变化时计算闲置指标是有优势的，这可以用负载检测过程来完成，见文献 [28]、[29]。当信噪比小的时候，应该避免在稳态附近的闲置指标计算。当

$$|e| > e_0 \tag{2.23}$$

的时候，一个简单的方法就可以保证。这里 e_0 是记忆噪声水平估计的门限值，或者是固定到一小部分信号范围。排除稳态数据也可以用 Cao 和 Rhinehart[30] 提出的办法。

7. 信号离散化

离散化可以定义如下：

$$x_{\text{quant}} = q\text{round}\left(\frac{x_f}{q}\right) \tag{2.24}$$

这里 x_{quant} 是离散化信号 x_f 是滤波之后的信号；q 是离散化水平。q 的选择跟随启发规则，这里 $q=[0.05-0.1]y_{\max}$ 是由扰动阶跃引起的最大输出变量变化 [27]。

在我们的经验中，当信号很好地被滤波的时候，不应该采用离散化，如利用选择合适的截断频率的零相位滤波器。在这样的情况下，离散化会导致闲置指标的人工增加，因此会导致误导，参见 2.3.4 节。因此，离散化水平的选择由信号中有多少噪声决定的。

8. 方法综合

一些方法可以组合起来处理噪声以及避免误导结果。一个合适的数据预处理过程被 Kuehl 和 Horch[27] 提出，如下所示：

(1) 滤波。

① 重新初始化的低通滤波器；

② 重新初始化的线性回归；

③ 小波去噪。

(2) 排除稳态数据。

(3) 离散化。

2.3.4 示例

一个描述如 $G(s) = 1/(10s+1)\,\mathrm{e}^{-5s}$ 的 FOPTD 模型被在过程入口的单一逐渐增加 1 的负载扰动扰动。方差为 0.002 的白噪声被添加到过程输出。该过程被带有迟滞的整定的 PI 控制器控制，其中 $K_c = 0.8$，$T_I = 30.0$。过程输出 y 和控制器输出 u（图 2.7）由闲置指标评估决定。第一步，2.3.3 节中描述的零相位滤波以及线性回归均被采用。结果如图 2.8 以及图 2.9 所示。最后，对所有的数据集，$q = 0.001$ 量化，如 2.3.3 节第 7 部分中描述。

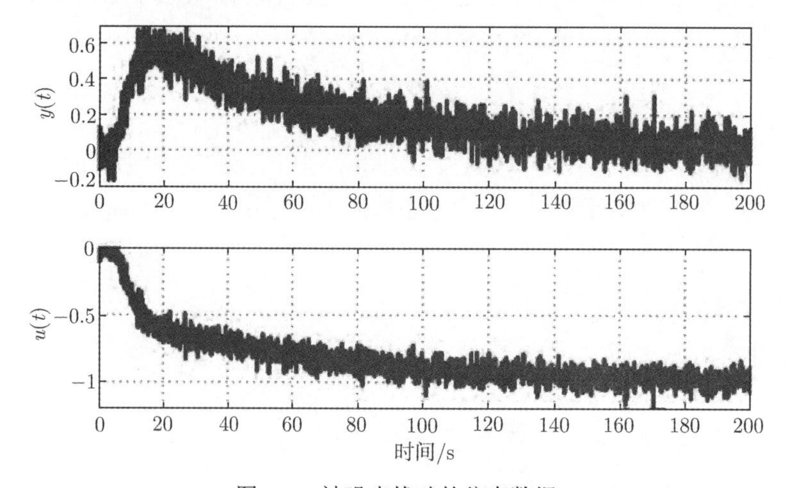

图 2.7　被噪声扰动的仿真数据

对于信号处理链中的某些步骤，计算了相应的闲置指标。以上的例子证实当使用噪声数据，闲置指标计算会失败。在没有噪声的例子中，数值的比较反映了信号处理带来的提升。所有的闲置指标都总结在表 2.6 中。明显的，离散化并没有真正的对这个例子有帮助，需要记住的是使用超过要求的 q 是危险的。最好的操作办法就是使用零相位滤波。但是，这样的方法只能离线进行，因为这样的滤波器是不可实现的。

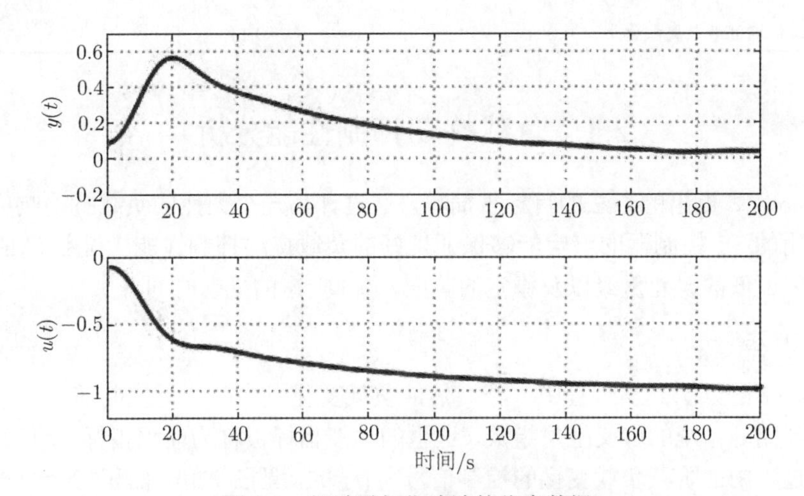

图 2.8　经过零相位滤波的仿真数据

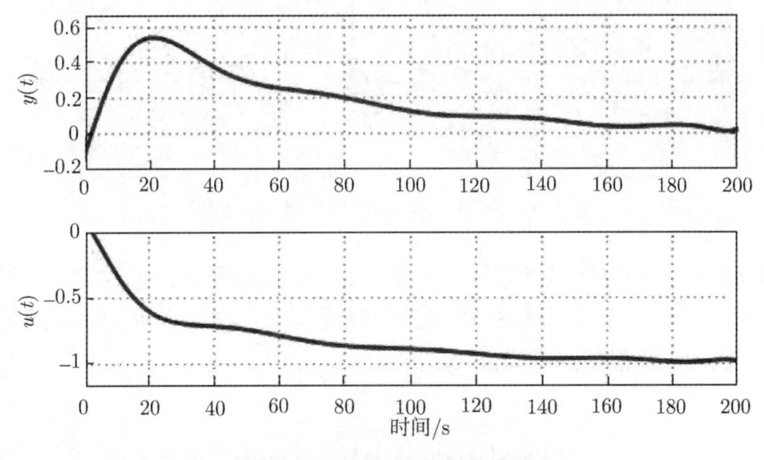

图 2.9　回归滤波之后的仿真数据

表 2.6 基于设定点响应的流量控制回路评估结果

条件/处理方法	闲置指标数值
无扰动	**0.82**
扰动	−0.99
零相位滤波 ($\omega_c = 0.008$)	**0.72**
回归滤波 ($n = 0.008$)	**0.56**
低通滤波	−0.96
回归滤波及离散化 $q = 0.001$	0.28
低通滤波及离散化 $q = 0.001$	−0.11

2.4 负载扰动抑制性能分析

Visioli[31] 提出的方法的目标很简单，通过评估一个突然的负载扰动响应，来判断采用的 PI 控制器的整定能够保证良好的负载扰动抑制性能。利用 IAE 标准来同时保证低的误差量级以及稳定的响应，例如，短的稳态时间 [32]。

2.4.1 方法

Visioli 的方法是当过程中一个突然的负载变化发生时分析控制信号。它的目标是估计闭环系统的广义阻尼指数。这里的性能指标被称为面积指标（AI)，是基于补偿过程中的阶跃负载变化的控制信号 $u(t)$ 的，见图 2.10。面积指标的数值用来决定是否可以获得控制回路太过振荡的结论。

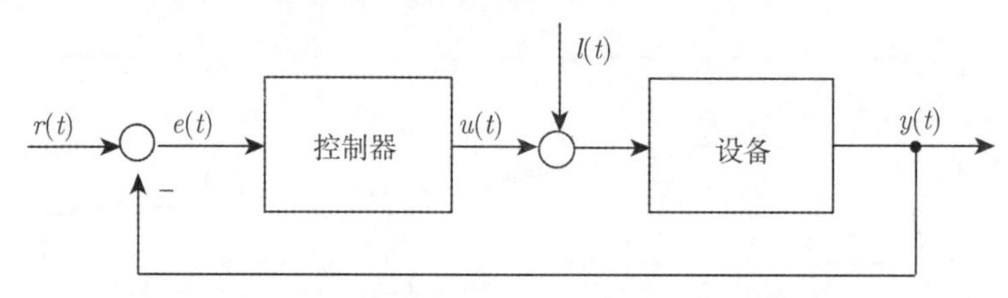

图 2.10 执行负载变化 $l(t)$ 的闭环回路

面积指标作为确定区域的最大值（图 2.11）以及总和之间的比例，这里面并不包含 A_0 区域，例如，阶跃负载扰动发生的时间和第一次 $u(t)$ 到达 u_0 的时间之间的面积。一般的，面积指标定义如下

$$
\begin{aligned}
I_a &:= \begin{cases} 1, & N < 3 \\ \dfrac{\max(A_1, \cdots, A_2)}{\displaystyle\sum_{i=1}^{N} A_i}, & \text{其他} \end{cases} \\
A_i &= \int_{t_i}^{t_{i+1}} |u(t) - u_0| \, \mathrm{d}t, \quad i = 0, 1, \cdots, N-1
\end{aligned}
\tag{2.25}
$$

这里，u_0 表明在过渡负载扰动响应之后获得新稳态值的控制信号；t_0 是阶跃负载扰动发生的时间；$t_1, \cdots, t_{N-1}$ 是时间片刻序列；t_N 是过渡响应结束以及操作变量到达稳态操作变量 u_0 的时刻。从实际操作角度来看，t_N 的值应该被选择为在 $u(t)$ 保留在 u_0 的 $p\%$（如 1%）的范围。

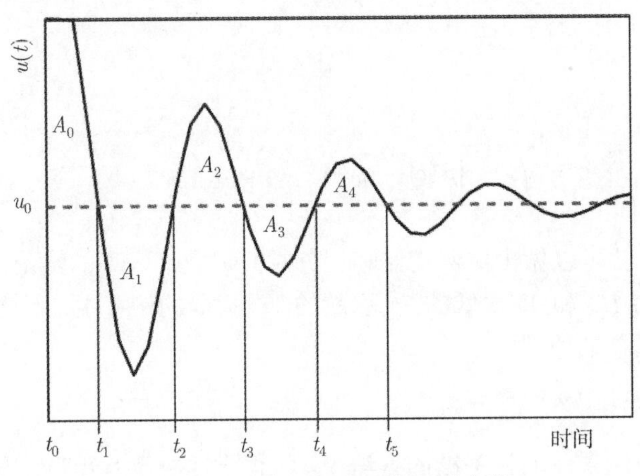

图 2.11　决定面积指标的重要参数

面积指标可以和其他指数结合来评估 PI 控制器的性能。基于已经获得的结果，表 2.7 展现的规则被 Visioli[31] 设计了用来评估 PI 设置的整定。如果面积指标的值小于 0.35，那就认为面积指标是低水平的，如果 $0.35 < I_a < 0.7$ 我们就认为面积指标处于中等水平，超过 0.7 就是高水平。然而，闲置指标的值小于 -0.6 就是低，中等的介于 -0.6 和 0 之间，大于 0 的就属于高的闲置指标。

表 2.7　Visioli 的关于 PI 控制器的性能评估

	$I_i < 0.6$(小)	$I_i \in [-0.6, 0]$(适中)	$I_i > 0$(大)
$I_a > 0.7$(大)	K_C 过小	K_C 过小，T_I 过小	K_C 过小，T_I 过大
$I_a \in [-0.35, 0.7]$(适中)	K_C 适合，T_I 适合	K_C 过小，T_I 过小	—
$I_i < 0.35$(小)	K_C 过大且/或 T_I 过小	T_I 过大	T_I 过大

从式（2.25）可以推出面积指标的值总是在区间 $(0, 1]$ 中。Visioli[31] 也提出该指标可以和阻尼因素 D 联系起来。这里的阻尼因素是通过负载扰动信号 $l(t)$ 的闭环传递函数得出的，在过程输入和控制器输出作用。AI 的值越接近 0，那么控制回路就越振荡，同时 AI 的值越接近 1，控制回路就越迟滞。因此，一个良好整定的控制器通常给出一个中等范围的 AI 数值。

当面积指标和闲置指标的值都低的时候，就很难基于这两个指数来做决策。在这样的情况下，评估以下的输出指标会很方便：

$$I_{\mathrm{o}} = \begin{cases} 0, & N < 1 \\ \dfrac{\sum\limits_{i=1}^{N-1} A_{i,\mathrm{negativ}}}{\sum\limits_{i=1}^{N-1} A_i}, & \text{其他} \end{cases} \tag{2.26}$$

其中

$$A_i = \int_{t_i}^{t_{i+1}} |y(t) - y_0|\,\mathrm{d}t, \quad i = 0, 1, \cdots, N-1 \tag{2.27}$$

假设 $I_{\mathrm{o}} < 0.35$，就可以做出比例增益和积分时间常数都太高的结论。否则，振荡响应就是有太高的 K_c 和/或太低的 T_I 引起的。在后面的例子中，不管怎样，经验会推荐降低比例增益的值 [31]。

2.4.2　操作条件

在所有的控制误差面积基准的方法中，面积指标决策对噪声信号十分地敏感。又因为面积指标（经常）离线决策，在计算不同的面积的时候可以先采用一个标准的滤波过程。或者，在工业中成功应用的噪声频带概念就足够了。这意味着把数值比预先由分析设定的门限值低的区域 A_i 抛弃，因为它们是由于噪声引起的。通过考虑控制信号一段足够长的时间直到过程在一个稳态点或者通过决定两个关于稳态值的连续交叉口之间的最大区域来决定门限值。后者可以计算作为在考虑的控制时间区间的控制信号本身的平均值。

另一个被考虑的方面就是面积指标只有当突然的负载变化出现时才会变得重要，例如，当补充灵敏度函数的动态相关的负载变化足够快。因此，该方法只能在这样的情况下采用，例如，当生产中一个突然的变化产生。很明显，为了这个目的，可以故意加一个阶跃信号到操作变量中；否则，就会产生高的指数 [31]。为了检测那些带有重要负载扰动变化的相位，有很多方法可以达到这一目的，如 Hägglund[28] 和 Hägglund 以及 Åström[29]。

在文献中提及的不同的指数中，面积指标的优点提供了一个控制器参数被重新整定的迹象。这被作为新的迭代 PI 控制器整定过程的技术。

2.4.3　示例

考虑如下四阶过程：

$$G_p(s) = \frac{1}{(s+1)^2} \tag{2.28}$$

Visioli[31] 给出了最优整定，其中 $K_c = 1.65$，$T_I = 4.15$（示例 0），这导致 $I_i = -0.80$ 而且 $I_a = 0.35$。表 2.8 证实了整定是最优的（K_c 和 T_I 都好）。在示例 1 中，只有几分时间增加到了 $T_I = 9.0$，这导致指数的值变成 $I_i = -0.16$，$I_a = 0.03$，表明 T_I 太高了，这样的结论是正确的。这个例子尝试下一组参数为 $K_c = 2.7$，$T_I = 9.0$，得出结果是 $I_i = -0.91$，$I_a = 0.24$。这样的信号表明 K_c 的数值太大或者 T_I 的数值太小。

当我们考虑 $K_c = 2.2$ 而且 $T_I = 3.1$（示例 3）的时候可以获得同样的结论，在这里，$I_i = -0.75$，$I_a = 0.15$。这表明了闲置指标和面积指标单独无法分别最后的两个示例。但是，计算的输出指标的值是 0.05（示例 2）以及 0.43（示例 3）表明在示例 2 中 K_c 和 T_I 都比较高，而在示例 3 中，K_c 太高，而 T_I 太低。在后面的例子中，K_c 的值需要降低。整个示例研究的结果总结在表 2.8 中。

表 2.8　示例的评估结果

示例	K_c	T_I	I_i	I_a	I_o	IAE	评价
0	1.65	4.15	−0.80	0.35	–	2.79	K_c 适合，T_I 适合（最优整定参数）
1	1.65	9.00	−0.16	0.03	–	5.44	T_I 过大
2	2.70	9.00	−0.91	0.24	0.05	3.60	K_c，T_I 两者皆过大
3	2.20	3.10	−0.75	0.15	0.43	5.24	K_c 过大，T_I 过小，需减小 K_c

负载扰动的单位阶跃响应以及响应的操作变量信号在图 2.12 中。示例 2 和示例 3 中的阶跃响应（y）的不同是由输出指标决定的。这基于计算负的输出面积总与全部面积总和的比例获得的。

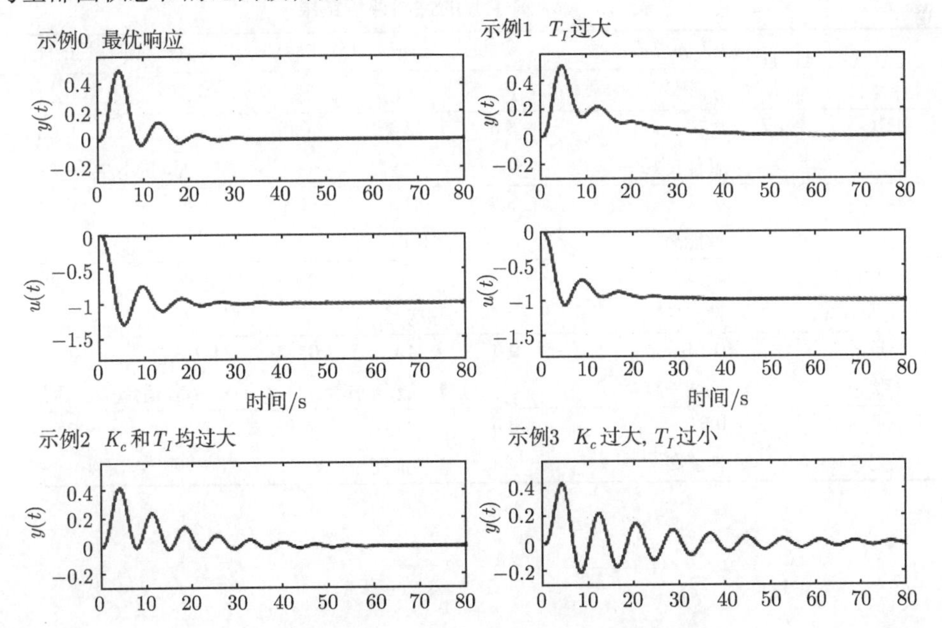

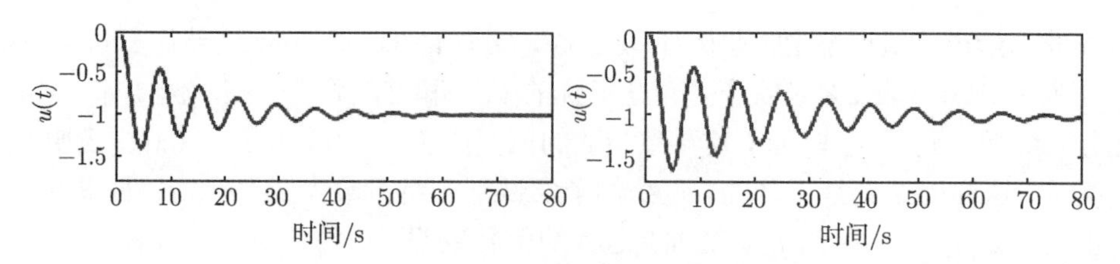

图 2.12 示例中不同例子的负载扰动响应

2.5 仿真研究比较

现在将最小方差估计，设定点跟踪的确定性评估（2.2 节）以及负载扰动抑制（2.4 节）这三种方法应用于仿真实例进行比较。为此，我们考虑三种不同的过程：回路（P1）以及由文献 [31] 讨论的两个回路：式（2.28）中的过程（P3）以及拥有传函的过程（P2）

P1:

$$G_p(s) = \frac{1.54}{5.93s+1}\mathrm{e}^{-1.07s} \tag{2.29}$$

P2:

$$G_p(s) = \frac{1}{10s+1}\mathrm{e}^{-5s} \tag{2.30}$$

结果见表 2.9、表 2.10 以及表 2.11。

表 2.9 示例 P1 的性能评估结果

	最小方差评估	设定点响应数据评估			负载扰动抑制性能评估	
指标	η	T^*_{set}	IAE_d	α	I_a	I_i
IMC1	0.76	3.6	2.4	0.0	1.0	−0.08
	性能良好		性能高		K_c 过小,T_I 过小	
IMC2	0.81	3.4	2.3	4.3	0.96	−0.63
	性能高		性能高		K_c 过小	
Hägglund	0.65	27.5	12.2	18.6	0.92	−0.46
and Åström	性能良好		振荡/急速		K_c 过小,T_I 过小	
ITAE	**0.59**	**9.1**	**4.6**	**61.3**	**0.68**	**−0.77**
（干扰）	**性能一般**		**性能一般/可接受**		**K_c 适合，T_I 适合**	
ITAE	0.81	3.4	2.3	4.8	0.95	−0.63
（设定点）	性能高		性能高		K_c 过小	

表 2.10　示例 P2 的性能评估结果

	最小方差评估	设定点响应数据评估			负载扰动抑制性能评估	
指标	η	T^*_{set}	IAE_d	α	I_a	I_i
$K_c=1.86$,	0.86	7.2	3.8	12.8	0.14	−0.12
$T_I=20.0$	性能高	性能一般，可接受			T_I 过大	
$K_c=1.86$,	**0.82**	**7.0**	**3.7**	**38.3**	**0.61**	**−0.75**
$T_I=10.36$	**性能高**	**性能一般，可接受**			**K_c 适合，T_I 适合**	
$K_c=3.0$,	0.56	27.5	12.2	18.6	0.20	−0.90
$T_I=20.0$	性能良好	振荡/急速			K_c 过大或者 T_I 过小	

表 2.11　示例 P3 的性能评估结果

	最小方差评估	设定点响应数据评估			负载扰动抑制性能评估	
指标	η	T^*_{set}	IAE_d	α	I_a	I_i
$K_c=1.65$,	**0.89**	**9.3**	**4.7**	**27.6**	**0.35**	**−0.78**
$T_I=4.15$	**性能高**	**性能一般，可接受**			**K_c 适宜，T_I 适宜**	
$K_c=1.2$,	0.79	8.9	4.6	51.3	0.40	−0.51
$T_I=2.0$	性能良好	性能一般，可接受			K_c 过小，T_I 过小	

计算出的性能指标可以证明我们已知的事实，就是相对于扰动抑制来说，IMC 调节更适合于设定值跟踪方法。显然，用于调节高降低负载性能的 PI 控制器表现出大的超调与衰减比例系数，这导致很长的调节时间。当应用 ITAE(扰动) 的整定规则时，我们可以得到 Visioli 指标下的最优值。可以预料，对于 PI 控制器这个规则给了一种非常接近于最小方差的响应。

由示例的结果我们了解到，回路的控制目标，包括预期的扰动类型需要指导选择正确的评估办法。换句话说，当用这三种方法评估控制器时，人们可以直接地看出控制回路整定的目的。同样的，对于相同目标的不同整定方法也可以比较决定在控制试运转期间最好的评估办法。

2.6　本章小结

本章介绍、讨论并比较了三种确定性的性能评估方法。第一种技术通过设定值改变阶跃响应的闭环响应数据评估 PI 控制器的性能。为此，采用两个无量纲的性能指标即标准调节时间与标准误差绝对值的积分。这种方法可以识别低性能的控制闭环，比如说振荡性的或者过度黏滞的系统。这种技术也提供了一种考虑性能和鲁棒性在 IMC 整定方法以及分析无量纲性能指标（增益裕度和相位裕度）之间权衡的视角。为了更好地运行，对可见的时间延迟，调节时间以及阶跃响应超调的精确估计很有必要。为了解决这个问题，即为了避免噪声信号带来的问题，我们建议确定好适合 FOPTD 与 SOPTD 模型的参数。

对于一个缓慢控制系统，闲置指标是一个显而易见的简单的指示器。闲置指标针对重要的阶跃负载扰动并集中在控制回路的瞬时行为对控制器性能评估。然而在实际过程中，比如信号很复杂以及表现出不同的行为（稳态与暂态）的情况，闲置指标会失效。因此，对数据仔细地预处理，如稳态检测、滤波、离散化等都是有必要的。在文章前面描述了能够完成这些任务的一系列技术。尽管有这些预处理办法，负载阶跃扰动的明显存在仍然会决定闲置指标检测迟滞回路的能力。此外，伴随闲置指标而来的一个问题是无论回路是调试好还是处于振荡状态，都会获得一个接近于 -1 的负数。因此，为了得到正确的指示，需要将振荡检测技术与闲置指标方法相结合。

闲置指标可以考虑其他的指标（面积指标与输出指标）来改善性能。这种结合提供了一种有效率的方法来评估带有负载扰动抑制性能的 PI 控制器整定。三种指标共同作用给 PI 控制器一个有价值的参数指示，例如比例增益和积分时间，为获得更好的性能而进行改变。需要注意的是，与计算闲置指标相同实际问题和计算面积指标是相关的。这种方法对于噪声非常敏感，因此预滤波是有必要的。

由我们提供的这些研究的比较，我们可以得出结论，回路的控制目标包括预期扰动的类型应该指导选择正确的评估办法。换句话说，当用不同的方法评估控制器的时候，我们可以直接看出控制回路是为了哪种目的而被调节的。同样的，对于相同目标的不同控制方法也可以用来比较从而能在控制试运转期间选择一个最好的评估办法。

第3章　基于初始闭环性能的单回路控制性能评估

3.1　引　　言

工业现场有着众多的控制回路，控制器通常是按照一定的性能要求来设计的，而随着时间的推移，生产工况发生变化，导致控制回路的性能下降，若不及时重新整定，会导致生产过程波动变大，产品质量下降等后果。为此，需要一种对控制回路进行性能评估的手段，能够对控制回路的性能进行监测。

Harris 在 1989 年开创性地提出了最小方差基准 [1]，这一基准是最小方差控制器作用下的输出方差，用这一基准和实际的输出方差相比，可以获得当前控制器的性能，因此最小方差指标也称为 Harris 指标。由于最小方差基准不依赖于精确的过程模型，计算简单，因此得到了广泛应用。但由于最小方差控制器对于模型的要求较高，同时控制作用较大，鲁棒性较差，在实际工业生产中得不到应用。用最小方差基准来进行性能评估，会对系统的性能造成低估，因为性能上界在实际的生产过程中是达不到的。但最小方差基准为我们提供了一个全局的最低参考点，并且也给出了当前控制器可改善的潜质。

本章将提出一种新的性能评估方法，将闭环后系统输出方差同时与理想的最小方差及初始闭环系统输出方差做比较，认为控制器整定完成投运时性能达到了最优，通过将最小方差基准和用户指定的基准融合，避免了上述缺点。同时这一新的性能评估指标将会比 Harris 指标更容易让操作工理解，具有明确的物理意义，能够明确表征控制器投运之后性能相对于初始工况是如何变化的。Bezergianni 等 [33] 发现当过程时滞减小时，Harris 指标可能给出错误的评估结果，通过提出基于开环输出方差和最小方差的性能指标来避免这一问题，但很多时候系统是开环不稳定的或者是难以获得开环输出方差的，这一方法就难以实施。本章提出的新指标也可以避免 Harris 指标这一缺点，同时在实际操作中也较为简便。此外，将新指标推广到多变量控制系统中，使其有更广的应用范围。精馏塔控制系统的仿真示例表明了算法的有效性，并且验证了当过程时滞可能减小的情况下，新的指标适用性更强。

3.2　基于初始闭环系统的性能基准

控制系统性能评估有许多不同的基准，如反映控制系统对设定值跟踪效果的调节时间。而在工业过程中，扰动往往是随机扰动，对于扰动的抑制能力，也就是输出方差的波动情况直接对应了产品的经济效益，因此这一类基于扰动抑制的性能基准应用较为广泛。这一类的性能基准，其代表为 Harris 提出的最小方差基准，也称为 Harris 指标，本章提出的基于初始闭环系统的性能基准也是以最小方差基准为基础的。

3.2.1　最小方差基准

图 3.1 为一个单入单出的控制系统，其中 d 是时滞，$\boldsymbol{T}$ 是无时滞过程传递函数，$\boldsymbol{N}$ 是扰动的传递函数，$\boldsymbol{a}_t$ 是均值为零的白噪声，$\boldsymbol{Q}$ 是控制器的传递函数。我们可以获得输出

$$\boldsymbol{y}_t = \frac{\boldsymbol{N}}{1+q^{-d}\boldsymbol{TQ}}\boldsymbol{a}_t \tag{3.1}$$

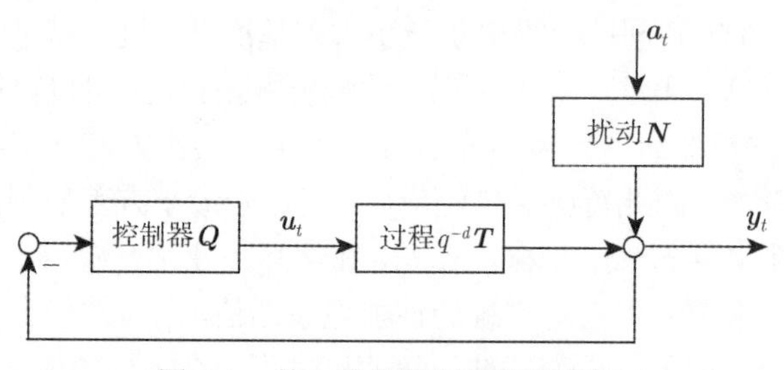

图 3.1　单入单出控制系统流程图

通过辨识可以获得

$$\boldsymbol{N} = \underbrace{f_0 + f_1 q^{-1} + \cdots + f_{d-1}q^{-d+1}}_{\boldsymbol{F}} + \boldsymbol{R}q^{-d} \tag{3.2}$$

其中 f_i 是常系数，$\boldsymbol{R}$ 是余项，那么式 (3.1) 可以化为

$$\begin{aligned}\boldsymbol{y}_t &= \frac{\boldsymbol{F}+q^{-d}\boldsymbol{R}}{1+q^{-d}\boldsymbol{TQ}}\boldsymbol{a}_t \\ &= \left[\boldsymbol{F} + \frac{\boldsymbol{R}-\boldsymbol{FTQ}}{1+q^{-d}\boldsymbol{TQ}}q^{-d}\right]\boldsymbol{a}_t \\ &= \boldsymbol{F}\boldsymbol{a}_t + \boldsymbol{L}\boldsymbol{a}_{t-d}\end{aligned} \tag{3.3}$$

其中$L = \dfrac{\boldsymbol{R}-\boldsymbol{FTQ}}{1+q^{-d}\boldsymbol{TQ}}$，$\boldsymbol{F}\boldsymbol{a}_t = f_0\boldsymbol{a}_t + \cdots + f_{d-1}\boldsymbol{a}_{t-d+1}$，等式右边第一项为 $t-d+1$ 时刻到 t 时刻的白噪声的表达式，第二项为 $t-d+1$ 时刻前白噪声的表达式，因此式 (3.3) 右边两项不相关，可以获得结论

$$\mathrm{Var}\left(\boldsymbol{y}_t\right) = \mathrm{Var}\left(\boldsymbol{F}\boldsymbol{a}_t\right) + \mathrm{Var}\left(\boldsymbol{L}\boldsymbol{a}_{t-d}\right) \tag{3.4}$$

因此 $\mathrm{Var}(\boldsymbol{y}_t) \geqslant \mathrm{Var}(\boldsymbol{F}\boldsymbol{a}_t)$，当且仅当 $L=0$ 时等号成立，即 $\boldsymbol{R}-\boldsymbol{FTQ}=0$，此时过程的输出方差达到最小，可以获得最小方差控制率为

$$\boldsymbol{Q}=\frac{\boldsymbol{R}}{\boldsymbol{TF}} \tag{3.5}$$

对于一个在随机噪声作用下的系统，最小方差控制器可以使得控制回路输出与设定值之间误差的方差达到最小。对于一个单变量控制系统，最小方差控制器可以消除系统时滞后的所有扰动，Harris 对最小方差指标的定义如下，其中 σ_{MV}^2 为最小方差控制器作用下系统输出误差的方差，通过计算过程的最小方差不变项获得，σ_y^2 为实际控制器作用下系统输出误差的方差：

$$\eta_{\mathrm{Harris}}=\frac{\sigma_{\mathrm{MV}}^2}{\sigma_y^2} \tag{3.6}$$

其中 $\sigma_{\mathrm{MV}}^2=\left({f_0}^2+{f_1}^2+\cdots+{f_{d-1}}^2\right)\mathrm{Var}(\boldsymbol{e}_t)$；$\boldsymbol{e}_t$ 为系统的输入噪声。

η_{Harris} 的取值为 0 到 1，当实际系统的输出方差越接近最小方差控制作用下系统的输出方差时，η_{Harris} 越接近 1，表示回路的性能越好。最小方差指标把当前闭环系统的输出方差和只有在最小方差控制器作用下才能达到的理论上的最小方差做比较。同时在实际应用中，由于最小方差控制器会引起输入过分频繁的变动，往往得不到应用，所以很难向操作工解释最小方差指标。同时，仅仅把当前输出方差和理论上的最小方差做比较，不引入初始过程中的任何参量，当过程模型发生变化时，最小方差指标的变小主要由最小方差的变小引起，但输出方差却没有多大的变化，这样可能会得出错误的结论，这一情况将在下文中详细讨论。

3.2.2 基于初始闭环系统的性能基准

基于初始闭环回路的性能评估方法是在最小方差指标的基础上，加入控制器投运之后闭环系统的输出方差。这一方法认为系统刚进行投运时性能是好的，并以此作为零基准，来评估之后系统性能的变化。对于单变量控制系统，扩展的性能指标定义为

$$\eta_{\mathrm{init}}=\frac{\sigma_{\mathrm{initial}}^2-\sigma_y^2}{\sigma_{\mathrm{initial}}^2-\sigma_{\mathrm{MV}}^2} \tag{3.7}$$

其中 $\sigma_{\mathrm{initial}}^2$ 为控制器投运之后，初始系统的输出方差，可以通过系统初始化并正常运行后测量过程的输出方差获得。η_{init} 越大表明性能越好。当 η_{init} 为零时，表明系统性能和初始工况一样，没有变化；当 η_{init} 大于零时，表明系统性能比初始工况有所改善；η_{init} 小于零时，表明系统性能比初始工况有所下降。需要注意的是，一般情况下，$\sigma_{\mathrm{initial}}^2$ 大于 σ_{MV}^2，η_{init} 的取值为 $(-\infty,1)$；当 $\sigma_{\mathrm{initial}}^2$ 小于 σ_{MV}^2 时，由于实际输出方差大于最小方差，此时 η_{init} 大于 1，说明模型发生了较大的变化，性能

下降较大。最小方差指标将实际输出方差与最小方差作比较，但开环时系统输出方差即不为零，实际方差与最小方差只是两个绝对的数值，绝对数值的比较使得得到的性能指标没有一个确切的物理意义，很难说服操作工这是当前系统性能的表征。如同水位控制系统，相比真实水位是多少，我们更关心其与设定值的差值。在整定控制器时，我们希望系统能够按照既定的设计性能来运行，以投运后初始的输出方差作为基准，可以明确地让操作工知道当前系统性能是变好还是变差。新指标分母部分是相比投运后的初始状态，输出方差理论上最大可以改变的量，分子是当前系统输出方差与初始状态的差值，新指标的物理意义是当前系统对于输出方差的抑制能力相比初始状态的改善比例。

3.2.3 两性能基准分析

基于初始闭环回路的性能指标是从最小方差指标的基础上扩展获得的，以下则将比较两者间的差异，来说明基于初始闭环回路的性能指标的优点。

表 3.1 展示了两个过程，过程 P_1 和 P_2，相比而言其中 P_1 初始的输出方差非常接近其最小方差，而 P_2 初始的输出方差比其最小方差大很多。假设两个系统经过一段时间的运行，系统的输出方差均变为最小方差的 1.8 倍，如果不考虑系统初始闭环的输出方差，可以发现两个过程的最小方差指标均为 0.55。从最小方差指标的角度考虑，两个系统的性能处于相同水平。但考虑初始闭环输出方差的情况下，我们可以发现过程 P_2 的 η_{init} 要大幅高于过程 P_1 的 η_{init}，意味着过程 P_2 的性能要更优。从实际情况分析，当过程运行一段时间后，输出方差变小意味着性能变优，过程 P_1 的输出方差变为原来的 0.9，而过程 P_2 的输出方差变为原来的 0.18，显然是过程 P_2 的性能改善幅度更大，性能更优。此时最小方差指标不能分辨出哪个过程的性能更优，而基于初始闭环回路的性能指标则能指出，在这一情况下更具优势。

表 3.1 基于初始闭环回路的性能指标与最小方差指标比较

输出方差	过程 P_1	过程 P_2
初始闭环输出方差	$2\sigma_{\text{MV1}}^2$	$10\sigma_{\text{MV2}}^2$
当前系统输出方差	$1.8\sigma_{\text{MV1}}^2$	$1.8\sigma_{\text{MV2}}^2$
最小方差	σ_{MV1}^2	σ_{MV2}^2
η_{Harris}	0.55	0.55
η_{init}	0.20	0.91

基于初始闭环回路的性能指标由 $\sigma_{\text{initial}}^2$，$\sigma_y^2$，$\sigma_{\text{MV}}^2$ 构成，而最小方差指标仅由 σ_y^2，σ_{MV}^2 构成，通过分析，基于初始闭环回路的性能指标可以用最小方差指标表示如下：

$$\eta_{\text{init}}=\frac{L}{L-1}-\frac{L}{L-1}\frac{1}{\eta_{\text{Harris}}} \tag{3.8}$$

其中 $L=\dfrac{\sigma_{\text{initial}}^2}{\sigma_{\text{MV}}^2}$。

L 只与初始的输出方差和最小方差有关，当 L 取不同值时，将 η_{init} 和 η_{Harris} 的函数关系绘制在二维坐标系上，如图 3.2 所示。

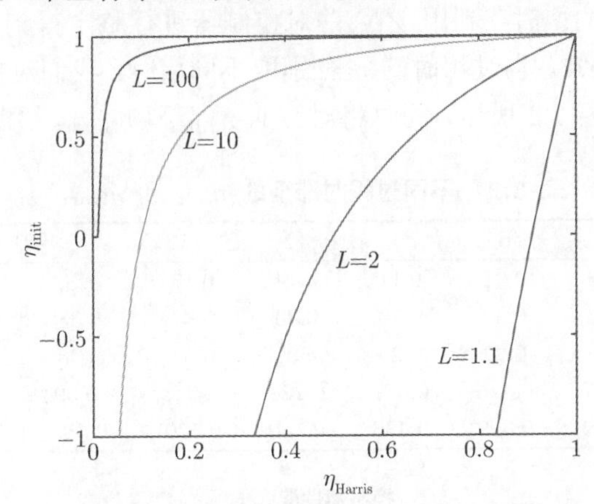

图 3.2　基于初始闭环回路的性能指标与最小方差指标的函数关系

当 η_{init} 和 η_{Harris} 都靠近 1 时，表示系统性能很好，没有必要重新整定控制器来获得性能的提升，性能可以提升的空间已经很小；当 η_{init} 靠近 1，但 η_{Harris} 远离 1 时，表示当前控制器的性能相对于初始工况已经有了提升，虽然距离最小方差控制作用有一定的距离，但也没有必要重新整定控制器，虽然控制性能还有提升的空间，但可能需要通过重新设计控制器来完成；当 η_{Harris} 靠近 1，但 η_{init} 远离 1 时，表示对于初始工况当前控制器的性能下降了，同时依靠重新设计控制器也没有办法使得性能得到有效的提升；当 η_{init} 和 η_{Harris} 都远离 1 时，说明当期控制器性能不佳，需要通过重新整定或者设计控制器使性能获得提升。

3.2.4　仿真分析

以下例子将讨论当过程的时滞发生变化时，新指标与最小方差指标是如何变化的。

一阶连续时间模型为

$$y(t)=\frac{k}{\tau+1}\mathrm{e}^{-d}u(t)+\frac{0.2}{50+1}e(t) \tag{3.9}$$

当 $k=1$，$\tau=20\text{s}$ 时，将过程离散化，采样时间为 1s，获得离散模型

$$y(t)=\frac{0.04877}{z-0.9512}z^{-d}u(t)+\frac{0.00396}{z-0.9802}e(t) \tag{3.10}$$

对于此过程我们采用 PI 控制器进行控制，控制器 $\boldsymbol{Q}$ 采用如下形式：

$$\boldsymbol{Q}=T_p\left(1+T_i\frac{z}{z-1}\right) \tag{3.11}$$

过程时滞 $d=15$ 时，利用 ZN 法对控制器进行整定得到 PI 控制器的参数 $T_p=0.49$，$T_i=0.077$。当过程时滞 d 分别取不同值时，我们对控制器进行性能评估，得到的结果如表 3.2 所示，同时将对应的 η_{init} 和 η_{Harris} 绘制在图 3.3 中。

表 3.2　不同过程时滞下的 η_{init} 和 η_{Harris}

	3	6	9	12	15	18	21	24
$\sigma_{\text{MV}}^{2}{}^{(10-3)}$	0.03	0.07	0.11	0.14	0.17	0.20	0.22	0.24
$\sigma_{\text{initial}}^{2}{}^{(10-3)}$	0.33	0.33	0.33	0.33	0.33	0.33	0.33	0.33
$\sigma_y^{2(10-3)}$	0.19	0.22	0.25	0.29	0.33	0.38	0.45	0.54
η_{init}	0.457	0.426	0.357	0.228	0	−0.393	−1.078	−2.301
η_{Harris}	0.159	0.329	0.436	0.500	0.520	0.516	0.491	0.449

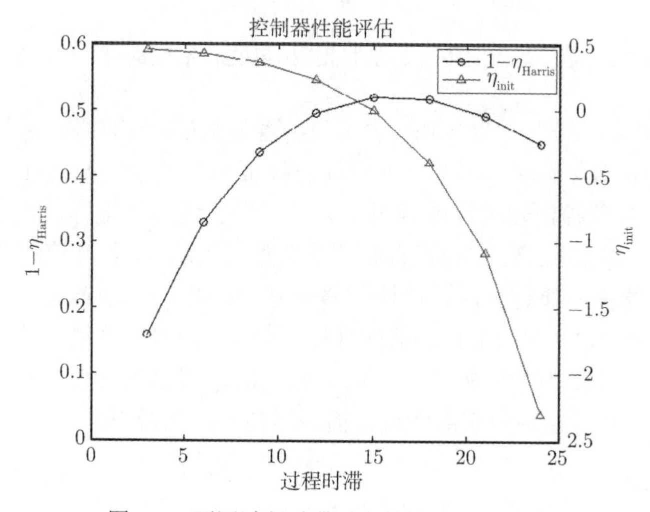

图 3.3　不同过程时滞对应的性能评估结果

对评估结果进行比较，在过程时滞 $d<15$ 的情况下，随着时滞的增加，η_{Harris} 增大，认为性能变好，而 η_{init} 减小，认为性能变差。当时滞继续增加时，两者均减小，认为性能变差。η_{Harris} 表示 $d=15$ 时系统性能最好，η_{init} 表示 $d=3$ 时系统性能最好。

在工业过程中，时滞越大会造成输出波动变大，系统的稳定性变差等后果，甚至造成回路振荡。当 $1\leqslant d\leqslant 15$ 时，利用 η_{init} 和 η_{Harris} 对系统进行分析得到了相反的结论，但根据经验我们可以确定 η_{init} 给出的结果是正确的。$d=3$ 时 η_{Harris} 较初始工况下降较多，认为控制器需要重新整定，这将给操作工一个错误的信号。由

于控制器 $\boldsymbol{Q}$ 是在 $d=15$ 时进行整定的，$\boldsymbol{Q}$ 比较接近此时的理想控制器 (最小方差控制器)。当 d 从 15 变化到 3 时，σ_{MV}^2 和 σ_y^2 自身变动幅度相近，但 σ_{MV}^2 却减小为自身的 1/6，而 σ_y^2 的减小值不到自身的 1/2，当 $d>15$ 时，随着 d 的增大，σ_y^2 变动幅度较大，使得 $d=15$ 时 η_{Harris} 达到峰值。$\sigma_{\mathrm{initial}}^2$ 的加入获得了 σ_{MV}^2 随着模型的变化而变化的相对值，从而使得 η_{init} 更为精确。η_{Harris} 是将当前控制器与理想控制器作用下的过程输出方差作比较，而 η_{init} 是评估系统投运后，相对于初始的性能，随着过程模型的变化，输出方差改善的比例。以初始性能作为基准，η_{init} 给出了更有效的评估结果。

3.3　新基准在多变量控制系统性能评估中的应用

在单变量控制系统中，反馈不变项可以通过求取扰动过程的脉冲响应来获得，而在多变量控制系统中，反馈不变项的求取就需要借助交互矩阵来完成，本节将介绍如何使用交互矩阵将基于初始闭环系统的性能基准用于多变量控制系统中。

3.3.1　交互矩阵与多变量最小方差控制

对于一个标准的多变量模型

$$\boldsymbol{y}_t=\boldsymbol{T}\boldsymbol{u}_t+\boldsymbol{N}a_t \tag{3.12}$$

其中 $\boldsymbol{T}$ 和 $\boldsymbol{N}$ 分别是过程和扰动的传递函数；$\boldsymbol{y}_t$，$\boldsymbol{u}_t$，a_t 分别是输出、输入和噪声向量，这里认为噪声是零均值的白噪声，且记 $\mathrm{Var}\left(a_t\right)=\boldsymbol{\Sigma}$。对于 $n\times m$ 的传递函数 $\boldsymbol{T}$，存在唯一的 $n\times n$ 非奇异的下三角多项式矩阵 $\boldsymbol{D}$，使得 $|\boldsymbol{D}|=q^r$ 并且满足 $\lim\limits_{q^{-1}\to 0}\boldsymbol{D}\boldsymbol{T}=\lim\limits_{q^{-1}\to 0}\widetilde{\boldsymbol{T}}=\boldsymbol{K}$，其中 $\boldsymbol{K}$ 是一个满秩的常数矩阵，$\widetilde{\boldsymbol{T}}$ 是 $\boldsymbol{T}$ 对应的无时间滞后项的传递函数矩阵。$\boldsymbol{D}$ 被定义为交互矩阵，并且可以写成

$$\boldsymbol{D}=\boldsymbol{D}_0q^d+\boldsymbol{D}_1q^{d-1}+\cdots+\boldsymbol{D}_{d-1}q \tag{3.13}$$

d 被定义为交互矩阵的阶次，对于给定的传递函数 $\boldsymbol{T}$，d 是唯一的 [34, 35]，并且 $\boldsymbol{D}_i$ 是不相关的矩阵。交互矩阵存在三种不同的描述形式：当 $\boldsymbol{T}$ 中不存在时滞，且 $\boldsymbol{D}$ 是一个单位矩阵时，即被称为简单交互矩阵；当 $\boldsymbol{T}$ 中的时滞只存在于对角线上，且 $\boldsymbol{D}$ 是一个对角线矩阵时，被称为对角交互矩阵；其他形式时，$\boldsymbol{D}$ 被称为一般的交互矩阵，Huang 等 [36] 提出了对一般交互矩阵的计算方法。当不要求 $\boldsymbol{D}$ 为下三角矩阵时，并且满足

$$\boldsymbol{D}^{\mathrm{T}}\left(q^{-1}\right)\boldsymbol{D}\left(q\right)=\boldsymbol{I} \tag{3.14}$$

称 $\boldsymbol{D}$ 为单位交互矩阵，Peng 等 [37] 提出了单位交互矩阵的计算方法。

Goodwin 和 Sin[38] 将无差拍控制拓展到了最小方差控制系统中，考虑系统 (3.12)，最小方差控制的目标是将交互滤波器输出 $\boldsymbol{D}\boldsymbol{y}_t$ 或者等价的 $\widetilde{\boldsymbol{y}}_t = q^{-d}\boldsymbol{D}\boldsymbol{y}_t$ 的方差最小化，其中 $\boldsymbol{D}$ 为交互矩阵，d 是交互矩阵的阶次。对于线性二次型目标函数, 使其最小的理想控制率为

$$\boldsymbol{U}_t = -\widetilde{\boldsymbol{T}}^{-1}\boldsymbol{R}\boldsymbol{M}_F^{-1}\boldsymbol{D}\boldsymbol{y}_t = -\widetilde{\boldsymbol{T}}^{-1}\boldsymbol{R}\boldsymbol{F}^{-1}\left(q^{-d}\boldsymbol{D}\right)\boldsymbol{y}_t \tag{3.15}$$

其中 $\widetilde{\boldsymbol{T}} = \boldsymbol{D}\boldsymbol{T}$，$\boldsymbol{M}_F = q^d\boldsymbol{F}$, $\boldsymbol{F}$ 和 $\boldsymbol{R}$ 满足

$$q^{-d}\boldsymbol{D}\boldsymbol{N} = \underbrace{\boldsymbol{F}_0 + \cdots + \boldsymbol{F}_{d-1}q^{-d+1}}_{F} + \boldsymbol{R}q^{-d} \tag{3.16}$$

其中 $\boldsymbol{R}$ 为余项，为有理的传递函数矩阵。

当 $\boldsymbol{D}$ 为单位交互矩阵时, 使交互滤波器输出 $\widetilde{\boldsymbol{y}}_t$ 的 LQ 目标函数 $J_1 = E\left(\widetilde{\boldsymbol{y}}_t^{\mathrm{T}}\widetilde{\boldsymbol{y}}_t\right)$ 最小化的理想控制器同样使得原始输出的 $\boldsymbol{y}_t$ 的 LQ 目标函数 $J_2 = E\left({\boldsymbol{y}_t}^{\mathrm{T}}\boldsymbol{y}_t\right)$ 最小化，并且 $J_1 = J_2$。

3.3.2 多变量系统性能基准

由 3.3.1 节内容可知，对于系统 (3.12)，输出的最小方差可以表示为

$$E\left[\widetilde{\boldsymbol{y}}_t^{\mathrm{T}}\widetilde{\boldsymbol{y}}_t\right]_{\min} = E\left(e_t^{\mathrm{T}}\right)(e_t) = \operatorname{tr}\left(\operatorname{Var}\left(\boldsymbol{F}a_t\right)\right) \tag{3.17}$$

其中 $e_t = \boldsymbol{F}a_t$，多项式矩阵 $\boldsymbol{F}$ 只取决于交互矩阵和噪声模型，并且满足式 (3.16)。

当系统闭环之后，系统由如下的多变量滑动平均过程所表示：

$$\widetilde{\boldsymbol{y}}_t - E\left(\widetilde{\boldsymbol{y}}_t\right) = \underbrace{\boldsymbol{F}_0a_t + \boldsymbol{F}_1a_{t-1} + \cdots + \boldsymbol{F}_{d-1}a_{t-d+1}}_{e_t} + \underbrace{\boldsymbol{L}_0a_{t-d} + \boldsymbol{L}_1a_{t-d-1} + \cdots}_{w_{t-d}} \tag{3.18}$$

那么系统的最小方差不变项 $e_t = \boldsymbol{F}a_t$ 由这一滑动平均过程的前 d 项组成，并且可以由工况数据的时间序列辨识中获得，可以作为最小方差控制的性能基准。

从式 (3.18) 中可得，输出和噪声的协方差在滞后 $i\,(i \leqslant d)$ 时刻时为

$$E\left[\widetilde{\boldsymbol{y}}_t a_{t-i}^{\mathrm{T}}\right] = \boldsymbol{F}_i\boldsymbol{\Sigma} \overset{\text{def}}{=} \boldsymbol{\Sigma}\widetilde{\boldsymbol{y}}a\,(i) \tag{3.19}$$

其中 $\boldsymbol{\Sigma} = E\left(a_ta_t^{\mathrm{T}}\right)$，从

$$q^{-d}\boldsymbol{D}\boldsymbol{y}_t|_{\mathrm{mv}} \overset{\text{def}}{=} \widetilde{\boldsymbol{y}}_t|_{\mathrm{mv}} = e_t = \boldsymbol{F}_0a_t + \boldsymbol{F}_1a_{t-1} + \cdots + \boldsymbol{F}_{d-1}a_{t-d+1} \tag{3.20}$$

可以解得

$$\boldsymbol{y}_t|_{\mathrm{mv}} = q^d\boldsymbol{D}^{-1}\left(\boldsymbol{F}_0a_t + \boldsymbol{F}_1a_{t-1} + \cdots + \boldsymbol{F}_{d-1}a_{t-d+1}\right) \tag{3.21}$$

其中 $\widetilde{\boldsymbol{y}|}_{\mathrm{mv}}$ 是在最小方差控制作用下的交互滤波器输出；$\boldsymbol{y}|_{\mathrm{mv}}$ 是在同样控制率作用下的原始输出。对于单位交互矩阵，有 $\boldsymbol{D}^{-1}(q)=\boldsymbol{D}^{\mathrm{T}}\left(q^{-1}\right)$，可以获得

$$\begin{aligned}\boldsymbol{D}^{-1}&=\left(\boldsymbol{D}_0q^d+\cdots+\boldsymbol{D}_{d-1}q\right)^{-1}\\&=\boldsymbol{D}_0^{\mathrm{T}}q^{-d}+\cdots+\boldsymbol{D}_{d-1}^{\mathrm{T}}q^{-1}\end{aligned}\tag{3.22}$$

因此

$$\begin{aligned}\boldsymbol{y}_t|_{\mathrm{mv}}&=\left(\boldsymbol{D}_0^{\mathrm{T}}+\ldots+\boldsymbol{D}_{d-1}^{\mathrm{T}}q^{d-1}\right)\left(\boldsymbol{F}_0+\ldots+\boldsymbol{F}_{d-1}q^{-(d-1)}\right)a_t\\&\overset{\mathrm{def}}{=}\left(\boldsymbol{E}_0+\ldots+\boldsymbol{E}_{d-1}q^{-d+1}\right)a_t\end{aligned}\tag{3.23}$$

其中

$$\begin{aligned}\boldsymbol{E}&=[\boldsymbol{E}_0,\boldsymbol{E}_1,\cdots,\boldsymbol{E}_{d-1}]\\&=[\boldsymbol{D}_0^{\mathrm{T}},\boldsymbol{D}_1^{\mathrm{T}},\cdots,\boldsymbol{D}_{d-1}^{\mathrm{T}}]\begin{pmatrix}\boldsymbol{F}_0&\boldsymbol{F}_1&\ldots&\boldsymbol{F}_{d-1}\\\boldsymbol{F}_1&\cdots&\boldsymbol{F}_{d-1}&\\\vdots&\iddots&&\\\boldsymbol{F}_{d-1}&&&\end{pmatrix}\end{aligned}\tag{3.24}$$

由式 (3.23) 可以获得最小方差控制器作用下的输出方差为

$$\boldsymbol{\Sigma}_{\mathrm{mv}}=\mathrm{Var}\left(\boldsymbol{y}_t|_{\mathrm{mv}}\right)=\boldsymbol{E}_0\boldsymbol{\Sigma}\boldsymbol{E}_0^{\mathrm{T}}+\cdots+\boldsymbol{E}_{d-1}\boldsymbol{\Sigma}\boldsymbol{E}_0^{\mathrm{T}}\overset{\mathrm{def}}{=}\boldsymbol{X}\boldsymbol{X}^{\mathrm{T}}\tag{3.25}$$

其中 $\boldsymbol{X}\overset{\mathrm{def}}{=}\left[\boldsymbol{E}_0\boldsymbol{\Sigma}^{1/2},\boldsymbol{E}_1\boldsymbol{\Sigma}^{1/2},\cdots,\boldsymbol{E}_{d-1}\boldsymbol{\Sigma}^{1/2}\right]$。

因此多变量的最小方差性能指标可以由下式获得：

$$\eta(d)=\frac{\boldsymbol{E}\left[\boldsymbol{y}_t^{\mathrm{T}}\boldsymbol{y}_t\right]_{\min}}{\boldsymbol{E}\left[\boldsymbol{y}_{\mathrm{t}}^{\mathrm{T}}\boldsymbol{y}_t\right]}=\frac{\mathrm{tr}\left(\boldsymbol{\Sigma}_{\mathrm{mv}}\right)}{\mathrm{tr}\left(E\left[\boldsymbol{y}_t^{\mathrm{T}}\boldsymbol{y}_t\right]\right)}=\frac{\mathrm{tr}\left(\boldsymbol{X}\boldsymbol{X}^{\mathrm{T}}\right)}{\mathrm{tr}\left(\boldsymbol{\Sigma}\boldsymbol{y}\right)}\tag{3.26}$$

而基于初始闭环系统的多变量系统性能基准可以定义为

$$\eta_{\mathrm{init}}=\frac{\boldsymbol{E}\left\{\boldsymbol{y}_t^{\mathrm{T}}|_{\mathrm{init}}\boldsymbol{y}_t|_{\mathrm{init}}\right\}-\boldsymbol{E}\left\{\boldsymbol{y}_t{}^{\mathrm{T}}\boldsymbol{y}_t\right\}}{\boldsymbol{E}\left\{\boldsymbol{y}_t^{\mathrm{T}}|_{\mathrm{init}}\boldsymbol{y}_t|_{\mathrm{init}}\right\}-\boldsymbol{E}\left\{\boldsymbol{y}_t^{\mathrm{T}}|_{\mathrm{mv}}\boldsymbol{y}_t|_{\mathrm{mv}}\right\}}\tag{3.27}$$

其中 $\boldsymbol{y}_t|_{\mathrm{mv}}$ 为最小方差控制器作用下系统的输出误差；$\boldsymbol{y}_t$ 为实际工况中系统的输出误差；$\boldsymbol{y}_t|_{\mathrm{init}}$ 为初始工况下的输出误差。$\boldsymbol{E}\left\{\boldsymbol{y}_t^{\mathrm{T}}|_{\mathrm{mv}}\boldsymbol{y}_t|_{\mathrm{mv}}\right\}$ 可以由交互矩阵计算获得，即式 (3.25)，则推广指标可化为

$$\eta_{\mathrm{init}}=\frac{\mathrm{tr}\left(\boldsymbol{\Sigma}W_{\mathrm{init}}\right)-\mathrm{tr}\left(\boldsymbol{\Sigma}W_{\mathrm{now}}\right)}{\mathrm{tr}\left(\boldsymbol{\Sigma}W_{\mathrm{init}}\right)-\mathrm{tr}\left(\boldsymbol{E}^{\mathrm{T}}\boldsymbol{E}\right)}\tag{3.28}$$

其中 $\boldsymbol{W}_{\mathrm{init}}$ 和 $\boldsymbol{W}_{\mathrm{now}}$ 分别为初始工况和当前工况下扰动到系统输出的传递函数，$\boldsymbol{\Sigma}\boldsymbol{W}_{\mathrm{init}}$ 和 $\boldsymbol{\Sigma}\boldsymbol{W}_{\mathrm{now}}$ 的获得有两种方法：通过辨识获得传递函数模型，再由模型的

H_2 范数来获得输出方差；通过采集现场数据直接获得两者的输出方差。需要注意的是 $\boldsymbol{\varSigma W}_{\mathrm{init}}$ 和 $\boldsymbol{\varSigma W}_{\mathrm{now}}$ 需要使用同一种方法来获得，以减少辨识精度带来的误差。

3.4 精馏塔过程分析

精馏是将一定浓度的混合溶液送入精馏装置中，使其反复地进行部分汽化和部分冷凝，从而得到预期的塔顶和塔底产品。完成这一操作过程的相应设备除了精馏塔之外还有再沸器、冷凝器、回流罐和回流泵等辅助设备，目前工业上常采用的精馏塔过程如图 3.4 所示。精馏塔是一个多输入多输出的对象，由多级塔板组成，内在机理复杂，参数间关联严重，对控制要求较高，所以本书采用精馏塔过程作为对象来分析基于初始闭环系统的性能基准在多变量过程中的应用。

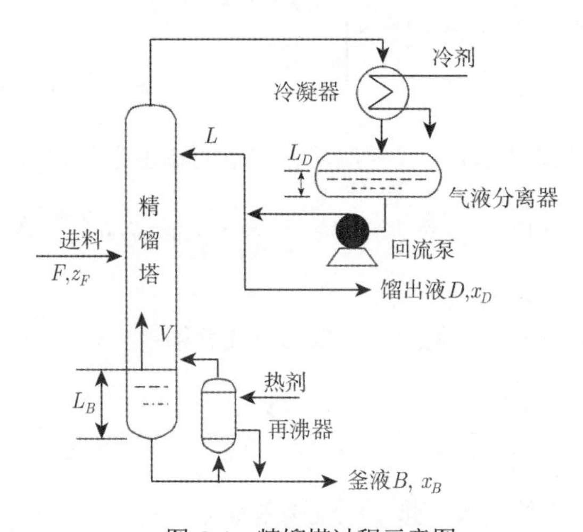

图 3.4 精馏塔过程示意图

示例所使用的精馏塔为乙醇 - 水常压筛板精馏塔，共 41 块塔板，每块塔板上液体流动的时间常数为 0.06min，进料塔板为从下往上数第 21 块塔板，板上液体的相对挥发度为 1.5，原料液为饱和液体，其中乙醇的摩尔分数 $z_F = 50\%$，进料流量 $F = 8\mathrm{kmol/min}$，回流量 $L = 16\mathrm{kmol/min}$，再沸器蒸汽流量 $V = 20\mathrm{kmol/min}$，馏出液产量 $D = 4\mathrm{kmol/min}$，釜液产量 $B = 4\mathrm{kmol/min}$，在 simulink 中对其进行机理建模，可获得精馏塔的非线性模型。

达到稳态时，仿真获得馏出液浓度为 96.3%，釜液浓度为 3.7%。利用两个增益为 30 的比例控制器分别控制塔顶和塔底的液位，控制变量为馏出液产量和釜液产量 [39]。精馏塔模型为

$$\begin{pmatrix} X_D \\ X_B \end{pmatrix} = \boldsymbol{T} z^{-d} \begin{pmatrix} L \\ V \end{pmatrix} + \boldsymbol{N} \begin{pmatrix} e_1 \\ e_2 \end{pmatrix} \tag{3.29}$$

其中 X_D 为馏出液浓度；X_B 为釜液浓度；L 为回流量；V 为再沸器蒸汽量；e_1，e_2 为白噪声；$\boldsymbol{T}$ 为过程模型；$\boldsymbol{N}$ 为噪声模型；d 为测量、阀门等造成的时滞。

当 $d=0$ 时，对系统作用激励信号，通过系统辨识得到 [40]

$$\boldsymbol{T} = \begin{bmatrix} \dfrac{0.013}{z^4-0.88z^3} & \dfrac{-0.012}{z^2-0.88z} \\ \dfrac{0.01}{z^4-1.3z^3+0.41z^2} & \dfrac{-0.019}{z^3-0.86z^2} \end{bmatrix} \cdot \boldsymbol{N}$$

$$= \begin{bmatrix} \dfrac{0.0005z}{z^2-1.8z+0.79} & \dfrac{0.066z}{z^2-1.3z+0.33} \\ \dfrac{0.012}{z-0.86} & \dfrac{0.12z}{z^2-1.1z+0.2} \end{bmatrix} \tag{3.30}$$

采用 PI 控制器对系统进行控制，利用 MATLAB 中 PID 整定功能进行控制器整定。当 $d=2$ 时，整定获得控制器

$$\boldsymbol{Q} = \begin{bmatrix} -0.4+0.8\dfrac{z}{z-1} & 0 \\ 0 & -3.1-0.68\dfrac{z}{z-1} \end{bmatrix} \tag{3.31}$$

当 d 取不同值时，对控制器性能进行评估，结果如表 3.3 所示。可以发现随着 d 的增加 η_{init} 一直变小，而 η_{Harris} 先增大后变小，这与之前单变量仿真例子一样，η_{init} 表明性能随着时滞的增加一直变差，而 η_{Harris} 表明性能先变好后变差。

表 3.3　精馏塔过程性能评估

d	0	1	2	3	4
η_{init}	0.4	0.26	0	−0.49	−1.44
η_{Harris}	0.26	0.35	0.37	0.35	0.29

将系统的输入均设置为方差为 0.0001 的白噪声，$d=0$ 和 $d=2$ 时系统的输出如图 3.5 所示。从图中可以看出 $d=2$ 时的系统输出波动显然要大于 $d=0$ 时的波动，所以时滞从 0 增加到 2，系统性能显然是下降了，此时 η_{Harris} 给出错误的结论，η_{init} 则是给出了正确的结论。最小方差指标评估的是过程的输出方差，虽然过程更接近于最小方差控制作用下的状态，但由于过程本身发生了较大的变化，使得这一评估不再有意义，而推广的指标评估的是过程输出方差的改善值，即使过程发生了较大的变化，仍能准确地表现系统的性能。

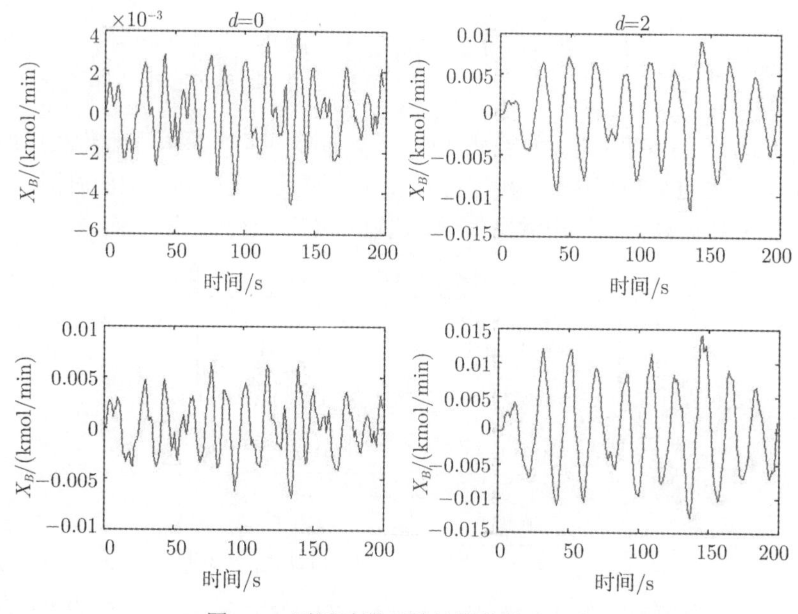

图 3.5　不同时滞下精馏塔的输出比较

3.5　本 章 小 结

本章提出了一种基于初始闭环系统的性能评估方法，这种方法的基础是最小方差性能基准，在这之中加入了初始系统输出方差，使得对系统的评估更加客观，避免了当过程时滞变化时，最小方差指标可能会给出错误评估结论这一缺点。新的指标以初始性能为基准，对应指标的零点，使评估结果更加直观，操作工也能很好地理解其物理意义，即当前系统对于输出方差的抑制能力相比初始状态的改善比例。利用交互矩阵将新指标从单变量系统扩展到多变量系统，可以让新指标适应现代工业中对于多变量控制系统评估的要求。精馏塔过程的仿真验证了算法的有效性，同时也证明了由于阀门或测量的原因，当精馏塔过程时滞变小时，用基于初始闭环系统的性能评估方法来评估更为有效。

第 4 章　PID 单回路控制性能评估

4.1 引　　言

控制性能评估与监测 (CPA/CPM) 的研究近年来受到学术界和工业界的极大关注 (参见文献 [41]~[47] 及其中的参考文献)。控制性能评估与监测的主要目的是为了实时地、持续地客观评价和监督控制系统的实际运行性能，因此除了实时测量、记录控制系统的输入、输出变量之外，更重要的是设计一个恰当的最优性能基准，通过比较系统实际性能与该基准的差距，掌握系统当前的性能指标水平，并分析提高系统性能的可能途径。最早被提出的、也是目前在 CPA/CPM 商业软件中最常用的调节性能指标是最小方差指标 (又称 Harris 指标)，它是采用最小方差控制的输出方差性能作为基准，来评估调节控制性能的优劣 [4, 48]。当控制回路性能仅仅由过程的滞后时间这唯一因素所局限时，最小方差指标能给出十分准确的结论 [6]。然而，在考虑具有特定控制器结构的回路的最优调节性能时，最小方差性能基准往往太理想化而无法达到，因为此时除了过程滞后时间之外，控制器阶次是制约回路性能的另一个主要因素。在这种情况下，我们有必要将控制器的结构、阶次因素考虑在内，建立专门针对该控制器的性能基准，即某特定控制器的最小可达输出方差基准 (MAOV)，强调该性能基准在特定控制器运行时的可达性。例如，针对实际系统中的直接控制层广泛采用的 PID 控制器，建立准确的 PID 控制调节性能基准十分必要。由于 PID 控制器的阶次低，整定参数少，它们的参数往往即使采用最优设置仍无法达到最小方差性能。

PID 控制器通常位于分层控制系统的直接控制层，用于调节过程受到的随机扰动，使输出方差最小化 [49]。由于控制器结构存在约束，计算 PID 控制系统的最小可达输出方差以及最优 PID 参数的问题是一个非凸的优化问题，不易求解 [50]。诸多研究者都尝试求解这个非凸优化问题，主要方法可分为两大类：一类是基于求解局部最优的方法 [41-44]；另一类是基于全局搜索的方法 [46, 47]。例如，文献 [51] 提出将输出方差表示为 PID 参数的显函数形式，并用牛顿迭代法计算出 MAOV 的上限和相应的 PID 参数。文献 [52] 采用平方和规划算法 (sums of squares programming，SOS) 计算 PID 控制系统 MAOV 的上限和下限。近年来多种全局搜索算法也纷纷涌现，为 PID 控制的 MAOV 问题提供了最优解或准最优解。另外文献 [53] 还推导出了 PID 控制系统的 MAOV 下限的解析形式。

值得关注的是，对比文献 [46] 和 [47] 中通过全局搜索得到的结果可知，对某些 PID 控制系统而言，基于局部最优方法 [42-44] 得到的 MAOV 上限可能仍过于宽松，所以仍存在提高局部最优解准确度的可能。另一方面，全局搜索算法 [46, 47] 的计算复杂度很高，很可能无法用于在线的控制性能评估。因此，需要为 PID 控制系统的 MAOV 问题设计更好的局部优化方法，建立更准确的 PID 调节性能基准。

本章我们将提出一种全新的求解 PID 控制系统最小可达输出方差问题的局部优化方法框架。首先，通过引入一组线性矩阵不等式约束，我们将 PID-MAOV 问题归纳为带有一个非凸约束的凸规划。这种全新的问题描述形式不仅清晰地揭示了该优化问题特殊的数学结构，使得求解 PID 最优参数的最大难点变得明了，而且为利用一些已发展成熟的凸优化算法求解该 PID-MAOV 问题提供了可能，如半正定规划或内点法等。随后，我们设计了一种迭代凸优化算法求解该问题的近似最优解。对非凸约束用罚函数法处理，并将其线性化近似 [54]，再不断迭代求解直到解收敛。上述迭代凸规划算法被证明必定收敛，且得到的近似最优解要优于全局搜索方法 [46, 47] 得到的解或与其非常接近。通过多个数值模型的仿真实验表明，该迭代凸优化方法适用于在线建立 PID 控制系统的 MAOV 基准，评估 PID 闭环控制回路的调节性能。

本章主要内容如图 4.1 所示。

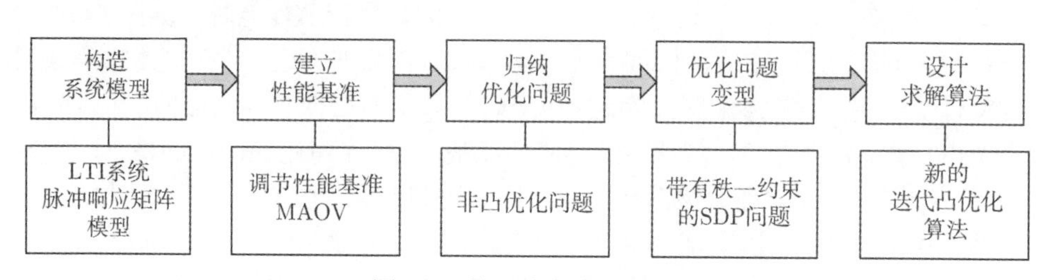

图 4.1　第 4 章的主要内容

4.2 LTI 系统 PID 控制回路的模型与输出方差

线性时不变系统可由两类模型描述：离散时间传递函数模型和脉冲响应矩阵模型，其中，离散时间传递函数模型是参数模型，而脉冲响应矩阵模型是非参数模型。用这两类模型描述同一个 LTI 系统是等效的且容易相互转化，通常可根据实际应用的不同需要，选择合适的模型帮助简化后续问题的研究。本节我们先利用这两类模型将系统的输出方差分别表示为两种形式，再通过分析比较，选择对描述和求解 MAOV 优化问题有利的一类模型。

4.2.1 离散时间传递函数模型

考虑一个单输入单输出 (SISO) 线性时不变 (LTI) 控制系统的离散时间闭环传递函数模型，如图 4.2 所示。

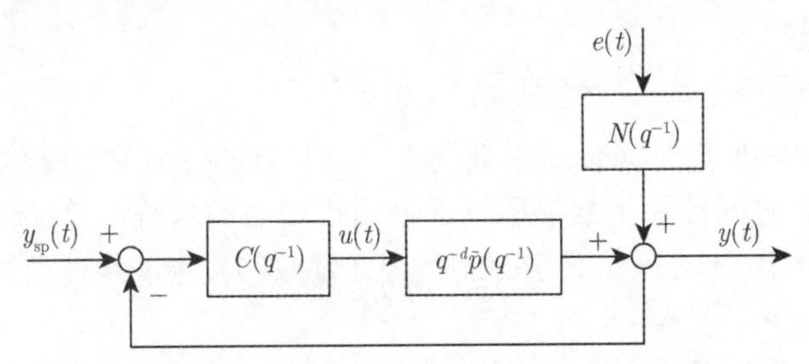

图 4.2　离散时间单输入单输出线性时不变控制系统

可知在任一时刻 t，系统输出信号 $y(t)$ 由控制器输出与随机噪声共同驱动：

$$y(t) = q^{-d}\widetilde{P}(q^{-1})u(t) + N(q^{-1})e(t) \tag{4.1}$$

其中 $u(t)$ 为控制器输出；$e(t)$ 为不可测噪声，通常用均值为 0、方差为 1 的高斯白色随机噪声表示，即 $e(t) \sim \mathcal{N}(0,1)$[52]；$q^{-d}\widetilde{P}(q^{-1})$ 和 $N(q^{-1})$ 分别表示过程和扰动的离散时间传递函数，都具有多项式分式的形式，例如：

$$q^{-d}\widetilde{P}(q^{-1}) = q^{-d} \cdot \frac{a_0 + a_1 q^{-1} + \cdots + a_{l_n} q^{-l_n}}{b_0 + b_1 q^{-1} + \cdots + b_{l_d} q^{-l_d}} \tag{4.2}$$

其中 q^{-1} 表示后移算子；d 为过程滞后时间；分子、分母多项式阶次满足 $l_n \leqslant l_d$。根据文献 [46]、[52] 的假设，过程传递函数的无滞后部分 $\widetilde{P}(q^{-1})$ 与扰动传递函数 $N(q^{-1})$ 是因果的稳定最小相位系统。

在本章中我们假设该闭环控制系统运行在调节模式，即设定值 $y_{\rm sp}(t) = 0$[51]，则控制器输出信号可写为

$$u(t) = -C(q^{-1})y(t), \tag{4.3}$$

其中 $C(q^{-1})$ 表示控制器的传递函数。在这种情况下，系统输出仅仅由不可测噪声 $e(t)$ 驱动，从噪声到输出的闭环系统离散时间传递函数模型可表示为

$$y(t) = \frac{N(q^{-1})}{1 + q^{-d}\widetilde{P}(q^{-1})C(q^{-1})}e(t) \overset{\rm def}{=} G_{\rm cl}(q^{-1})e(t) \tag{4.4}$$

在调节模式下，控制系统的主要任务在于减少随机噪声对系统的干扰，使系统输出的方差尽可能小。根据输出方差的定义 [44]，输出方差 σ_y^2 由系统闭环传递函数决定：

$$\sigma_y^2 = E\left\{y^2(t)\right\} \overset{\rm def}{=} \|G_{\rm cl}(q^{-1})\|_2^2 \tag{4.5}$$

其中 $\|G_{\rm cl}(q^{-1})\|_2$ 表示离散时间传递函数 $G_{\rm cl}(q^{-1})$ 的 H_2 范数，即

$$\|G_{\rm cl}(q^{-1})\|_2 = \sqrt{\frac{1}{2\pi}\int_{-\pi}^{\pi} {\rm tr}\left[G_{\rm cl}({\rm e}^{{\rm j}\omega})^H G_{\rm cl}({\rm e}^{{\rm j}\omega})\right]{\rm d}\omega} \tag{4.6}$$

由于假设噪声方差 $\sigma_e^2 = 1$，故在式 (4.5) 中省略。

观察系统闭环离散时间传递函数模型 (4.4) 与推导出的系统输出方差表达式 (4.5) 可知，离散时间传递函数模型不适合用于描述和求解方差优化问题。因为在上述描述中，系统输出方差是关于控制器未知参数的复杂非线性函数，给优化问题的规范化描述带来了困难 [55]。

4.2.2 脉冲响应矩阵模型

接下来将讨论改用脉冲响应矩阵模型描述如图 4.2 所示的闭环系统。线性时不变系统的 H_2 范数等于该系统脉冲响应平方和的均方根，为了更简便地计算系统的输出方差，可直接利用闭环系统的脉冲响应序列，而闭环系统的脉冲响应序列又可以根据各个子系统的脉冲响应矩阵的基本代数运算得到。因此我们先将 4.2.1 节中得到的闭环系统的传递函数模型 (式 (4.4)) 等价转化为其时域的脉冲响应矩阵模型，再建立系统输出方差和脉冲响应矩阵模型的函数关系。

首先有如下关于 Fourier 变换的卷积定理，给出了串联系统频域模型与时域模型的等价性。

定理 4.1　Fourier 变换的卷积定理

多个线性时不变子系统的串联，在时域中描述为子系统脉冲响应序列的卷积，并等价于各子系统在频域中传递函数模型的点乘。

证明　证明参见文献 [56]。 □

根据定理 4.1 和采用向量、矩阵乘法进行卷积计算的技巧 [57]，有如下定理成立 [58]。

定理 4.2　模型等价性

对于离散线性时不变系统 $q^{-d}\widetilde{P}(q^{-1})$ 和 $C(q^{-1})$ 串联的系统模型，下述三种描述形式等价：

$$q^{-d}\widetilde{P}(q^{-1}) \cdot C(q^{-1}) \Leftrightarrow \{p_i\} * \{k_j\} \Leftrightarrow [\boldsymbol{PK}]_1 \tag{4.7}$$

其中 $\{p_i,\ i = 0,\ 1, \cdots,\ (m-1)\}$ 和 $\{k_j,\ j = 0,\ 1, \cdots,\ (m-1)\}$ 分别为过程 $q^{-d}\widetilde{P}(q^{-1})$ 和控制器 $C(q^{-1})$ 的脉冲响应序列；矩阵 $\boldsymbol{P} \in \mathbb{R}^{m\times m}$ 和 $\boldsymbol{K} \in \mathbb{R}^{m\times m}$ 是由脉冲响应序列的元素构成的下三角 Toeplitz 矩阵：

$$\boldsymbol{P} = \begin{bmatrix} p_0 & 0 & 0 & \cdots & 0 \\ p_1 & p_0 & 0 & \cdots & 0 \\ p_2 & p_1 & p_0 & \ddots & \vdots \\ \vdots & \ddots & \ddots & \ddots & 0 \\ p_{m-1} & \cdots & p_2 & p_1 & p_0 \end{bmatrix} \tag{4.8}$$

$$\boldsymbol{K} = \begin{bmatrix} k_0 & 0 & 0 & \cdots & 0 \\ k_1 & k_0 & 0 & \cdots & 0 \\ k_2 & k_1 & k_0 & \ddots & \vdots \\ \vdots & \ddots & \ddots & \ddots & 0 \\ k_{m-1} & \cdots & k_2 & k_1 & k_0 \end{bmatrix} \tag{4.9}$$

符号“·”表示两个传递函数的点乘，“*”表示两组信号序列的卷积，$[\boldsymbol{PK}]_1$ 表示矩阵 $\boldsymbol{PK}$ 的第一列，序列 $\{p_i\}$ 和 $\{k_j\}$ 的长度即矩阵 $\boldsymbol{P}$ 和 $\boldsymbol{K}$ 维数 m 取足够大的正整数。

形如 $\boldsymbol{P}$ 和 $\boldsymbol{K}$ 的矩阵被称为系统的脉冲响应矩阵。根据定理 4.2，从随机扰动 $e(t)$ 到输出 $y(t)$ 的闭环传递函数 $G_{cl}(q^{-1})$，也可由各个子系统 $N(q^{-1})$，$q^{-d}\widetilde{P}(q^{-1})$ 和 $C(q^{-1})$ 的脉冲响应向量和矩阵表示。类似式 (4.7) 的变换，闭环系统的脉冲响应矩阵模型 $\boldsymbol{g} \in \mathbb{R}^m$ 可写为 [46, 47, 51, 52]

$$\boldsymbol{g} = (\boldsymbol{I} + \boldsymbol{PK})^{-1}\boldsymbol{n} \tag{4.10}$$

其中 $\boldsymbol{I} \in \mathbb{R}^{m\times m}$ 是单位矩阵，$\boldsymbol{n} = [n_0, n_1, \cdots, n_{m-1}]^{\mathrm{T}}$ 是扰动模型 $N(q^{-1})$ 的脉冲响应向量。则系统的输出方差可由以下矩阵运算近似得到 [46, 47, 51, 52]：

$$\sigma_y^2 \approx \boldsymbol{n}^{\mathrm{T}} (\boldsymbol{I} + \boldsymbol{PK})^{-\mathrm{T}} (\boldsymbol{I} + \boldsymbol{PK})^{-1} \boldsymbol{n} \tag{4.11}$$

这里的近似是由于脉冲响应向量和矩阵的截断引起的，当 $m \to \infty$ 时式 (4.11) 左右两边严格相等。而对于闭环稳定系统则不需要这样苛刻的条件，选择合适大小的矩阵维度 m 即可使式 (4.11) 的右边等于左边，详细讨论见 4.2.3 节。

式 (4.11) 表明系统的输出方差等于闭环脉冲响应向量 $\boldsymbol{g}$ 的 L_2 范数。从式 (4.10) 中不难看出，闭环脉冲响应向量 $\boldsymbol{g}$ 是关于控制器脉冲响应矩阵 $\boldsymbol{K}$ 的显式函数，该描述简单清晰，只牵涉矩阵的基本运算 (加法、乘法和求逆运算)。再观察式 (4.9) 可知，控制器的脉冲响应矩阵 $\boldsymbol{K}$ 最多只有 m 个自由度。因此，要将寻找系统的最小可达输出方差与相应的最优控制器参数归纳为一个规范的优化问题，采用基于系统脉冲响应矩阵的模型描述显然更适合。下文将围绕式 (4.11) 中输出方差的脉冲响应矩阵模型展开。

4.2.3 PID 控制器参数与系统输出方差的关系

假设闭环系统中的控制器 $C(q^{-1})$ 为 PID 控制器，那么系统输出方差的大小显然与 PID 参数直接相关。为计算 PID 控制系统的最小可达输出方差，需要将输出方差 σ_y^2 表示成关于 PID 参数的显式函数形式 [51]。PID 控制器的离散传递函数拥有如下特定结构 [59]：

$$C_{\mathrm{PID}}(q^{-1}) = \frac{c_1 + c_2 q^{-1} + c_3 q^{-2}}{1 - q^{-1}} \tag{4.12}$$

其中 $\{c_1, c_2, c_3\}$ 为 PID 的三个整定参数；$(1 - q^{-1})^{-1}$ 表示积分项。相应的，根据式 (4.9) 给出的控制器脉冲响应矩阵构造方法，将 PID 控制器离散传递函数 (4.12) 转化为 PID 脉冲响应矩阵模型：

$$\boldsymbol{K}_{\mathrm{PID}} = \begin{bmatrix} c_1 & 0 & 0 & 0 & \cdots & 0 \\ c_1+c_2 & c_1 & 0 & 0 & \cdots & 0 \\ c_1+c_2+c_3 & c_1+c_2 & c_1 & 0 & \cdots & 0 \\ c_1+c_2+c_3 & c_1+c_2+c_3 & c_1+c_2 & c_1 & \ddots & \vdots \\ \vdots & \vdots & \ddots & \ddots & \ddots & 0 \\ c_1+c_2+c_3 & c_1+c_2+c_3 & \cdots & c_1+c_2+c_3 & c_1+c_2 & c_1 \end{bmatrix} \tag{4.13}$$

观察式 (4.13) 发现，PID 控制器比一般控制器的脉冲响应矩阵更特殊: 由于 PID 中的积分作用，元素 $\boldsymbol{K}_{\mathrm{PID},ij} = c_1 + c_2 + c_3, \forall i - j \geqslant 2$。考虑到优化变量仅仅包括 $\{c_1, c_2, c_3\}$ 三个整定参数，因此应该把 $\boldsymbol{K}_{\mathrm{PID}}$ 改写为更简洁的形式。引入新的 PID 控制器参数矩阵 $\boldsymbol{C} \in \mathbb{R}^{m\times m}$，和过程阶跃响应矩阵 $\boldsymbol{S} \in \mathbb{R}^{m\times m}$，分别定义如下：

$$\boldsymbol{C} = \begin{bmatrix} c_1 & 0 & 0 & 0 & \cdots & 0 \\ c_2 & c_1 & 0 & 0 & \cdots & 0 \\ c_3 & c_2 & c_1 & 0 & \cdots & 0 \\ 0 & c_3 & c_2 & c_1 & \ddots & \vdots \\ \vdots & \ddots & \ddots & \ddots & \ddots & 0 \\ 0 & \cdots & 0 & c_3 & c_2 & c_1 \end{bmatrix} \tag{4.14}$$

$$\boldsymbol{S} = \begin{bmatrix} s_0 & 0 & 0 & \cdots & 0 \\ s_1 & s_0 & 0 & \cdots & 0 \\ s_2 & s_1 & s_0 & \ddots & \vdots \\ \vdots & \vdots & \ddots & \ddots & 0 \\ s_{m-1} & s_m & \cdots & s_1 & s_0 \end{bmatrix} \tag{4.15}$$

其中 $\{s_i, i=0,1,\cdots,(m-1)\}$ 为过程的阶跃响应系数；$\boldsymbol{C}$ 是仅由整定参数 $\{c_1, c_2, c_3\}$ 组成的稀疏矩阵。对于矩阵 $\boldsymbol{P}$，$\boldsymbol{K}_{\mathrm{PID}}$，$\boldsymbol{S}$ 和 $\boldsymbol{C}$ 有如下等式成立 [51]：

$$\boldsymbol{P}\boldsymbol{K}_{\mathrm{PID}} = \boldsymbol{S}\boldsymbol{C} \tag{4.16}$$

将式 (4.16) 代入式 (4.11)，系统输出方差可写为

$$\sigma_y^2 \approx \boldsymbol{n}^{\mathrm{T}} \left(\boldsymbol{I}+\boldsymbol{S}\boldsymbol{C}\right)^{-\mathrm{T}} \left(\boldsymbol{I}+\boldsymbol{S}\boldsymbol{C}\right)^{-1} \boldsymbol{n} \tag{4.17}$$

在利用式 (4.17) 建立优化问题的描述之前，先讨论一下该式左右两边“近似相等”对于计算方差的影响。首先，式 (4.17) 中的近似是由于脉冲响应矩阵 (向量) 的截断引起的，近似的准确性依赖于 m 的选择，即式 (4.17) 中的矩阵 (向量) 的维数。一般来说等式 (4.17) 中的近似会随 m 值的增大而更加准确，当 $m \to \infty$ 时式 (4.11) 左右两边严格相等。然而，选择无穷大的 m 计算输出方差 σ_y^2 既不可能实现也并不必要。这是因为闭环系统的稳定性是实现最小输出方差的必要条件。根据离散时间系统稳定性的定义，在时刻 $t \to \infty$ 时，闭环系统 $G_{\mathrm{cl}}(q^{-1})$ 的脉冲响应系数必会收敛到 0[60]。因此对于稳定的闭环系统 $G_{\mathrm{cl}}(q^{-1})$，存在一个足够大的正整数 m，使得 $g_i \approx 0, \forall i \geqslant m$ 成立，其中 g_i 表示 $G_{\mathrm{cl}}(q^{-1})$ 的第 i 个脉冲响应系数。即稳定的闭环系统 $G_{\mathrm{cl}}(q^{-1})$ 脉冲响应尾部的那些接近 0 的系数对方差的贡献小到可以忽略。由此可知，只要保证选择足够大的整数 m，就可以保证向量 $\boldsymbol{g}$ 包括了 $G_{\mathrm{cl}}(q^{-1})$ 绝大部分的过渡过程特征，该近似就对输出方差的计算不存在明显的影响。

其次，判断 m 的值是否足够大，是否包括了 $G_{\mathrm{cl}}(q^{-1})$ 绝大部分的过渡过程特征也不是一个简单的问题。由于闭环系统 $G_{\mathrm{cl}}(q^{-1})$ 的动态特性依赖于 PID 控制器的整定参数 $\{c_1, c_2, c_3\}$，在最优的控制器参数被确定之前，闭环系统的过渡过程响应无法准确获得。因此我们采用一种比较合理的选取 m 的方法，先根据系统中过程与扰动的动态特征尝试选择一个 m 的值，即令 $m = \max\{t_p, t_n\}$，其中 t_p 和 t_n 分别表示过程和扰动模型达到稳态需要的时间。然后利用此 m 值计算出最小可达输出方差及其对应的最优控制器的整定参数后，再检验该最优参数是否能够使得闭环系统的脉冲响应在第 m 个采样处衰减为 0。如果上述检验成立，则意味着目前选择的 m 的值合适，可使式 (4.17) 中对 σ_y^2 的近似是准确的。反之则应选择一个更大的 m 值，直到闭环系统的脉冲响应在第 m 个采样处约等于 0。

4.3　PID 控制系统的最小可达输出方差

本节中，我们首先简要回顾传统的计算 PID 控制系统最小可达输出方差的优化问题描述，再针对传统描述的缺点，给出一种改进的问题描述方法。这种新的描

述方法揭示出可达输出方差最小化问题中隐含的非凸约束是关于 PID 控制器的结构约束，这类约束是求解该问题的最大障碍。通过将该问题的传统描述方法做相应的改进，为设计出更快的求解算法提供有利的思路。

4.3.1 最小可达输出方差的传统描述方法

评估 PID 控制器的调节性能，需计算出 PID 控制回路的最小可达输出方差 σ_y^2 作为性能评估的基准，以及实现最优性能的控制器整定参数。在由式 (4.17) 得到近似输出方差的基础上，寻找带 PID 控制的单入单出线性时不变系统的最小可达输出方差的问题可归结为如下优化问题 [46, 47, 51, 52]：

$$\min_{\boldsymbol{C}} \boldsymbol{n}^{\mathrm{T}} (\boldsymbol{I}+\boldsymbol{SC})^{-\mathrm{T}} (\boldsymbol{I}+\boldsymbol{SC})^{-1} \boldsymbol{n} \tag{4.18}$$

文献中曾多次指出优化问题 (4.18) 是非凸的优化问题 [46, 47, 51, 52]，它的全局最优解很难快速获得 [50]。但没有明确指出其非凸性特征的具体形式。之前研究者的关注点主要围绕寻找式 (4.18) 中最小可达输出方差的上限和下限 [46, 47, 51, 52]。与之前那些试图直接求解式 (4.18) 中的优化问题的想法不同，我们首先提出该优化问题的一种改进描述，展示出该问题特别的数学结构，再针对该结构特性设计一种有效的求解算法。

4.3.2 改进的问题描述

为了利用优化问题 (4.18) 的数学结构设计一种更有效的求解算法，在本节中我们将重新描述输出方差最小化的问题。这种改进的问题描述方法清晰地展示了该优化问题中最关键的具有非凸性的部分。

定理 4.3 优化问题的转化

式 (4.18) 中的优化问题等价于如下优化问题：

$$\min_{\boldsymbol{A},\boldsymbol{x}} \quad \boldsymbol{n}^{\mathrm{T}} \boldsymbol{A}^{-1} \boldsymbol{n} \tag{4.19a}$$

$$\text{s.t.} \quad \boldsymbol{A} = \boldsymbol{H} \left[(\boldsymbol{G}\boldsymbol{G}^{\mathrm{T}}) \odot (\boldsymbol{Q}\boldsymbol{x}\boldsymbol{x}^{\mathrm{T}}\boldsymbol{Q}^{\mathrm{T}}) \right] \boldsymbol{H}^{\mathrm{T}} \tag{4.19b}$$

其中式 (4.19b) 中的符号‘$\odot$’表示两个相同维数矩阵的 Hadamard 乘法 (即元素乘法)；向量 $\boldsymbol{x} \in \mathbb{R}^4$ 的定义为

$$\boldsymbol{x} = [1, c_1, c_2, c_3]^{\mathrm{T}} \tag{4.20}$$

矩阵 $\boldsymbol{H} \in \mathbb{R}^{m\times 4m}$, $\boldsymbol{G} \in \mathbb{R}^{4m\times m}$ 以及 $\boldsymbol{Q} \in \mathbb{R}^{4m\times 4}$ 分别定义为

$$\boldsymbol{H} = \left[\boldsymbol{I},\ \boldsymbol{S},\ \boldsymbol{F}\boldsymbol{S},\ \boldsymbol{F}^2\boldsymbol{S}\right] \tag{4.21}$$

$$\boldsymbol{G} = [\boldsymbol{I},\ \boldsymbol{I},\ \boldsymbol{I},\ \boldsymbol{I}]^{\mathrm{T}} \tag{4.22}$$

$$\boldsymbol{Q} = \left[\begin{array}{ccc|ccc|ccc|ccc} 1 & \cdots & 1 & 0 & \cdots & 0 & 0 & \cdots & 0 & 0 & \cdots & 0 \\ 0 & \cdots & 0 & 1 & \cdots & 1 & 0 & \cdots & 0 & 0 & \cdots & 0 \\ 0 & \cdots & 0 & 0 & \cdots & 0 & 1 & \cdots & 1 & 0 & \cdots & 0 \\ 0 & \cdots & 0 & 0 & \cdots & 0 & 0 & \cdots & 0 & 1 & \cdots & 1 \end{array}\right]^{\mathrm{T}} \tag{4.23}$$

其中式 (4.21) 中的前移矩阵 $\boldsymbol{F} \in \mathbb{R}^{m\times m}$ 的结构为 [47, 51]:

$$\boldsymbol{F} = \begin{bmatrix} 0 & 0 & \cdots & 0 \\ 1 & 0 & \cdots & 0 \\ \vdots & \ddots & \ddots & \vdots \\ 0 & \cdots & 1 & 0 \end{bmatrix} \tag{4.24}$$

证明　定义矩阵 $\boldsymbol{B} \in \mathbb{R}^{m\times m}$:

$$\boldsymbol{B} = \boldsymbol{I} + \boldsymbol{S}\boldsymbol{C} \tag{4.25}$$

则式 (4.18) 描述的优化问题可以改写为

$$\min_{\boldsymbol{B}} \quad \boldsymbol{n}^{\mathrm{T}}\left(\boldsymbol{B}\boldsymbol{B}^{\mathrm{T}}\right)^{-1}\boldsymbol{n} \tag{4.26a}$$

$$\text{s.t.} \quad \boldsymbol{B} = \boldsymbol{I} + \boldsymbol{S}\boldsymbol{C} \tag{4.26b}$$

将矩阵 $\boldsymbol{B}$ 分解为矩阵乘积的形式可得

$$\boldsymbol{B} = \boldsymbol{H}\boldsymbol{W}\boldsymbol{G} \tag{4.27}$$

其中矩阵 $\boldsymbol{H}$ 和 $\boldsymbol{G}$ 的定义可分别参见式 (4.21) 和式 (4.22), 对角阵 $\boldsymbol{W} \in \mathbb{R}^{4m\times 4m}$ 的定义为

$$\boldsymbol{W} = \mathrm{diag}\{\boldsymbol{I},\ c_1\boldsymbol{I},\ c_2\boldsymbol{I},\ c_3\boldsymbol{I}\} \tag{4.28}$$

将式 (4.27) 代入式 (4.26), 可将优化问题改写为

$$\min_{\boldsymbol{W}} \quad \boldsymbol{n}^{\mathrm{T}}\left(\boldsymbol{H}\boldsymbol{W}\boldsymbol{G}\boldsymbol{G}^{\mathrm{T}}\boldsymbol{W}^{\mathrm{T}}\boldsymbol{H}^{\mathrm{T}}\right)^{-1}\boldsymbol{n} \tag{4.29a}$$

$$\text{s.t.} \quad \boldsymbol{W} = \mathrm{diag}\{\boldsymbol{I},\ c_1\boldsymbol{I},\ c_2\boldsymbol{I},\ c_3\boldsymbol{I}\} \tag{4.29b}$$

定义向量 $\boldsymbol{w} \in \mathbb{R}^{4m}$ 为由对角矩阵 $\boldsymbol{W}$ 的主对角线元素构成的列向量, 根据 Hadamade 乘法的性质 [61], 有如下等式成立:

$$\boldsymbol{W}\boldsymbol{G}\boldsymbol{G}^{\mathrm{T}}\boldsymbol{W}^{\mathrm{T}} = \left(\boldsymbol{G}\boldsymbol{G}^{\mathrm{T}}\right) \odot \left(\boldsymbol{w}\boldsymbol{w}^{\mathrm{T}}\right) \tag{4.30}$$

再分别定义形如式 (4.20) 的向量 $\boldsymbol{x}$，和形如式 (4.23) 的矩阵 $\boldsymbol{Q}$，则向量 $\boldsymbol{w}$ 可分解为

$$\boldsymbol{w} = \boldsymbol{Q}\boldsymbol{x} \tag{4.31}$$

将式 (4.30) 和式 (4.31) 代入优化问题 (4.29)，即可得形如 (4.19) 的优化问题。定理 4.3 成立。 □

观察由式 (4.19) 重新描述的最小可达输出方差问题，目标函数 (4.19a) 是关于半正定阵 $\boldsymbol{A}$ 的凸函数 [62]，但矩阵 $\boldsymbol{A}$ 关于决策向量 $\boldsymbol{x}$ 并非凸函数。换言之，通过将优化问题 (4.18) 等价转化为 (4.19)，我们发现求解 PID 控制最小可达输出方差问题的难点：非凸性，来自约束 (4.19b) 中的 $\boldsymbol{x}\boldsymbol{x}^{\mathrm{T}}$ 项，而非式 (4.19a) 中的矩阵求逆。

引入辅助变量 $z \in \mathbb{R}$ 和矩阵 $\boldsymbol{V} \in \mathbb{R}^{4\times4}$，最小可达输出方差的优化问题 (4.19) 可进一步等价转化为

$$\min_{\boldsymbol{A},\boldsymbol{x},\boldsymbol{V},z} \quad z \tag{4.32a}$$

$$\text{s.t.} \quad z \geqslant 0, \quad \boldsymbol{n}^{\mathrm{T}}\boldsymbol{A}^{-1}\boldsymbol{n} \leqslant z \tag{4.32b}$$

$$\boldsymbol{A} = \boldsymbol{H}\left((\boldsymbol{G}\boldsymbol{G}^{\mathrm{T}}) \odot (\boldsymbol{Q}\boldsymbol{V}\boldsymbol{Q}^{\mathrm{T}})\right)\boldsymbol{H}^{\mathrm{T}} \tag{4.32c}$$

$$\boldsymbol{V} = \boldsymbol{x}\boldsymbol{x}^{\mathrm{T}} \tag{4.32d}$$

接下来对优化问题 (4.32) 做进一步整理。首先，从式 (4.32c) 和 (4.32d) 可知矩阵 $\boldsymbol{A}$ 是正定阵。根据半正定块矩阵的 Schur 补条件 [62]，约束 (4.32b) 等价为如下 LMI 约束：

$$\begin{bmatrix} \boldsymbol{A} & \boldsymbol{n} \\ \boldsymbol{n}^{\mathrm{T}} & z \end{bmatrix} \succeq \boldsymbol{0} \tag{4.33}$$

其中矩阵不等式 $\boldsymbol{M} \succeq \boldsymbol{0}$ 表示矩阵 $\boldsymbol{M}$ 为半正定阵。

其次，非凸等式约束 (4.32d) 可等价转化为两个 LMI 约束与一个非凸二次型约束的联合，见如下定理。

定理 4.4

非凸约束 (4.32d) 等价于以下联立约束：

$$\boldsymbol{V} \succeq \boldsymbol{0}, \quad \begin{bmatrix} \boldsymbol{V} & \boldsymbol{x} \\ \boldsymbol{x}^{\mathrm{T}} & 1 \end{bmatrix} \succeq \boldsymbol{0} \tag{4.34a}$$

$$\operatorname{tr}(\boldsymbol{V}) \leqslant \boldsymbol{x}^{\mathrm{T}}\boldsymbol{x} \tag{4.34b}$$

其中式 (4.34b) 为非凸二次型不等式约束 [62]。

证明　约束 (4.32d) 与 (4.34) 的等价性证明如下:

首先证明充分条件。由式 (4.32d) 可推出下列两式成立:

$$\boldsymbol{V}-\boldsymbol{x}\boldsymbol{x}^{\mathrm{T}}=\boldsymbol{0} \tag{4.35}$$

$$\mathrm{tr}(\boldsymbol{V})=\mathrm{tr}(\boldsymbol{x}\boldsymbol{x}^{\mathrm{T}})=\mathrm{tr}(\boldsymbol{x}^{\mathrm{T}}\boldsymbol{x})=\boldsymbol{x}^{\mathrm{T}}\boldsymbol{x} \tag{4.36}$$

且等式 (4.35) 保证

$$\boldsymbol{V}-\boldsymbol{x}\boldsymbol{x}^{\mathrm{T}}\succeq\boldsymbol{0} \tag{4.37}$$

根据半正定块矩阵的 Schur 补条件可知 [62], 式 (4.37) 即等价为式 (4.34a)。再由式 (4.36) 可直接看出, 式 (4.34b) 也成立。因此, 由约束 (4.32d) 成立可推导出联立约束 (4.34) 成立。

其次证明必要条件。式 (4.34a) 等价于式 (4.37), 由式 (4.37) 可得

$$\mathrm{tr}(\boldsymbol{V}-\boldsymbol{x}\boldsymbol{x}^{\mathrm{T}})\geqslant 0 \tag{4.38}$$

再联立式 (4.34b) 与式 (4.38) 即可得

$$\mathrm{tr}(\boldsymbol{V}-\boldsymbol{x}\boldsymbol{x}^{\mathrm{T}})=0 \tag{4.39}$$

根据式 (4.37) 和式 (4.39) 共同成立, 可得 $\boldsymbol{V}=\boldsymbol{x}\boldsymbol{x}^{\mathrm{T}}$。因此, 由联立约束 (4.34) 成立可推出约束 (4.32d) 成立。

等价性证明毕。□

将约束 (4.32b) 和 (4.32d) 分别用它们的等价形式 (4.33) 和式 (4.34) 替换，得到如下最小可达输出方差问题改进描述的完整形式:

$$\min_{\boldsymbol{A},\boldsymbol{x},\boldsymbol{V},z}\quad z \tag{4.40a}$$

$$\text{s.t.}\quad z\geqslant 0,\quad \boldsymbol{A}=\boldsymbol{H}\left((\boldsymbol{G}\boldsymbol{G}^{\mathrm{T}})\odot(\boldsymbol{Q}\boldsymbol{V}\boldsymbol{Q}^{\mathrm{T}})\right)\boldsymbol{H}^{\mathrm{T}} \tag{4.40b}$$

$$\begin{bmatrix}\boldsymbol{A} & \boldsymbol{n}\\ \boldsymbol{n}^{\mathrm{T}} & z\end{bmatrix}\succeq\boldsymbol{0} \tag{4.40c}$$

$$\boldsymbol{V}\succeq\boldsymbol{0},\ \begin{bmatrix}\boldsymbol{V} & \boldsymbol{x}\\ \boldsymbol{x}^{\mathrm{T}} & 1\end{bmatrix}\succeq\boldsymbol{0} \tag{4.40d}$$

$$\mathrm{tr}\,(\boldsymbol{V})\leqslant\boldsymbol{x}^{\mathrm{T}}\boldsymbol{x} \tag{4.40e}$$

PID 控制系统最小可达输出方差问题的改进描述 (4.40) 与该问题的传统描述方法 (4.18) 是等价的，即由优化问题 (4.40) 的一个解，可直接计算出问题 (4.18)

的解，反之亦然 [62]。然而改变传统描述的意义在于，经过改进该问题获得的新描述 (4.40) 拥有了非常清晰的数学结构。我们可直观地看出优化问题 (4.40) 是附加了一个非凸约束 (式 (4.40e)) 的凸规划问题 [62, 2]。换言之，通过观察式 (4.40) 描述的 PID 控制系统最小可达输出方差问题可发现，求解优化问题 (4.40) 的难点仅仅在于非凸二次型不等式约束 (4.40e)，而问题 (4.40) 中的其他约束均为仿射线性约束。我们将进一步研究问题改进描述 (4.40) 中由于非凸约束 (4.40e) 引入的求解困难，将 (4.40) 转化为一个易于求解的近似问题，再设计一种高效的解法计算原问题的近似最优解。

4.3.3 秩一约束与矩阵迹不等式约束分析

针对优化问题改进描述中的非凸约束 (4.40e)，我们进一步将其等价转化为秩一 (rank one) 约束与矩阵迹不等式约束，分析其数学结构的本质。

首先，式 (4.40) 中的两个不等式约束 (4.40d)、(4.40e) 本质上等价于以下矩阵秩一约束：

$$\boldsymbol{V} = \boldsymbol{x}\boldsymbol{x}^{\mathrm{T}}$$

$$\mathrm{rank}\,(\boldsymbol{V}) = 1$$

因此优化问题 (4.40) 也可改写为

$$\begin{aligned}
\min_{\boldsymbol{A},\boldsymbol{V},z} \quad & z && (4.41a)\\
\text{s. t.} \quad & z \geqslant 0, \quad \boldsymbol{A} = \boldsymbol{H}\left((\boldsymbol{G}\boldsymbol{G}^{\mathrm{T}}) \odot (\boldsymbol{Q}\boldsymbol{V}\boldsymbol{Q}^{\mathrm{T}})\right)\boldsymbol{H}^{\mathrm{T}} && (4.41b)\\
& \begin{bmatrix} \boldsymbol{A} & \boldsymbol{n} \\ \boldsymbol{n}^{\mathrm{T}} & z \end{bmatrix} \succeq \boldsymbol{0} && (4.41c)\\
& \boldsymbol{V} \succeq \boldsymbol{0}, \quad [\boldsymbol{V}]_{1,1} = 1 && (4.41d)\\
& \mathrm{rank}(\boldsymbol{V}) = 1 && (4.41e)
\end{aligned}$$

其中 $[\boldsymbol{V}]_{1,1}$ 表示矩阵 $\boldsymbol{V}$ 中角标为 $(1,1)$ 的元素。由于矩阵秩的取值范围是正整数集，形如式 (4.41e) 的秩一约束是离散约束，其定义的集合不是闭集，因此式 (4.41e) 是非凸约束。对于秩一约束难以找到有效的松弛方法，导致优化问题 (4.41) 较难求解，因此目前仍是非凸优化研究的重点 [55-57]。

其次，也可以将上述秩一约束进一步转化为关于矩阵迹的不等式约束，即一种反凸 (reverse convex) 约束的形式。由于注意到秩为 1 的矩阵仅有一个非零的特征值。若矩阵 $\boldsymbol{V}$ 满足秩一约束，对其进行特征值分解可得 [63, 64]：

$$\boldsymbol{V} = \lambda_{\max}(\boldsymbol{V})\boldsymbol{v}_{\max}\boldsymbol{v}_{\max}^{\mathrm{T}} \tag{4.42}$$

其中 $\lambda_{\max}(\boldsymbol{V})$ 表示半正定矩阵 $\boldsymbol{V}$ 的最大特征值；$\boldsymbol{v}_{\max}$ 是矩阵 $\boldsymbol{V}$ 的最大特征值 $\lambda_{\max}(\boldsymbol{V})$ 对应的归一化特征向量，即 $\|\boldsymbol{v}_{\max}\|=1$。另一方面，根据矩阵迹的定义，对称矩阵的迹等于该矩阵全部特征值之和 [63, 64]，即 $\mathrm{tr}(\boldsymbol{V})=\sum_{i=1}^{N}\lambda_i$。则秩一约束 (4.41e) 等价于如下关于矩阵迹的等式约束 [63, 64]：

$$\mathrm{tr}(\boldsymbol{V})=\lambda_{\max}(\boldsymbol{V}) \tag{4.43}$$

而关于迹的等式约束 (4.43) 可进一步等价转化为如下联立的迹不等式约束 [63, 64]：

$$\mathrm{tr}(\boldsymbol{V})\geqslant\lambda_{\max}(\boldsymbol{V}) \tag{4.44a}$$

$$\mathrm{tr}(\boldsymbol{V})\leqslant\lambda_{\max}(\boldsymbol{V}) \tag{4.44b}$$

对于任一半正定矩阵 $\boldsymbol{V}\succeq 0$ 而言，不等式 (4.44a) 恒成立。因此，有如下关于秩一约束等价转化为迹不等式约束的定理成立 [63, 64]。

定理 4.5

对于正定矩阵 $\boldsymbol{V}$，秩一约束 (4.41e) 等价于迹不等式约束 (4.44b)。

因此，满足不等式约束 (4.44b) 的矩阵 $\boldsymbol{V}$ 必定满足秩一约束 (4.41e)。继而原优化问题 (4.41) 可改写为

$$\min_{\boldsymbol{A},\boldsymbol{V},z}\quad z \tag{4.45a}$$

$$\text{s. t.}\quad z\geqslant 0,\quad \boldsymbol{A}=\boldsymbol{H}\left((\boldsymbol{G}\boldsymbol{G}^{\mathrm{T}})\odot(\boldsymbol{Q}\boldsymbol{V}\boldsymbol{Q}^{\mathrm{T}})\right)\boldsymbol{H}^{\mathrm{T}} \tag{4.45b}$$

$$\begin{bmatrix}\boldsymbol{A} & \boldsymbol{n}\\ \boldsymbol{n}^{\mathrm{T}} & z\end{bmatrix}\succeq\boldsymbol{0} \tag{4.45c}$$

$$\boldsymbol{V}\succeq\boldsymbol{0} \tag{4.45d}$$

$$\mathrm{tr}(\boldsymbol{V})-\lambda_{\max}(\boldsymbol{V})\leqslant 0 \tag{4.45e}$$

对于半正定阵 $\boldsymbol{V}$，其最大特征值满足 [63]：

$$\lambda_{\max}(\boldsymbol{V})=\sup_{\|\boldsymbol{y}\|_2=1}\max\ \boldsymbol{y}^{\mathrm{T}}\boldsymbol{V}\boldsymbol{y} \tag{4.46}$$

即最大特征值为 $\boldsymbol{V}$ 的线性函数的上确界，可以看出 $\lambda_{\max}(\boldsymbol{V})$ 是关于对称阵集 $\{\boldsymbol{V}\}$ 的凸函数 [63, 64]。显然，$\mathrm{tr}(\boldsymbol{V})-\lambda_{\max}(\boldsymbol{V})$ 是关于 $\boldsymbol{V}$ 的反凸约束 [63]。因此，优化问题 (4.41) (或与其等价的问题 (4.41)、(4.45)) 本质上是带有一个反凸约束的凸规划，即一类重要的非凸全局优化问题 [63]。

如果取消优化问题 (4.41) 中的秩一约束 (4.41e)，则该问题仅仅含有凸约束 (4.41b)、(4.41c) 和 (4.41d)，问题的复杂性大大降低，容易解得全局最优解。因此可

将不含秩一约束 (4.41e) 的优化问题的解作为原问题 (4.41) 解的下限。然而，若取消秩一约束 (4.41e)，则无法保证解得的矩阵 $\boldsymbol{V}_{\text{opt}}$ 的秩等于 1[63]，由 $\boldsymbol{V}_{\text{opt}}$ 得不到控制器整定参数向量 $\boldsymbol{x}=[1,c_1,c_2,c_3]^{\text{T}}$ 的最优解。秩一约束 (4.41e) 是导致优化问题 (4.41) 无法直接用现有的求解算法求解的主要障碍，因此需用其他约束近似。

4.4 基于迭代凸规划的求解算法

本节将提出一种基于迭代凸规划的算法用于求解式 (4.40) 描述的最小可达输出方差问题。利用罚函数法处理非凸约束，将非凸约束构成的惩罚项线性化近似，再采用迭代算法求解。讨论了具体的线性化近似方法、算法的迭代步骤和收敛性。

4.4.1 罚函数法与非凸约束

从式 (4.40) 的描述可知 PID 控制最小可达输出方差问题属于非凸优化问题，直接求解其全局最优值的算法往往效率低下 [2]。因此，为了满足控制性能在线评估的要求，我们并不采用那些计算量过高的全局搜索算法计算全局最优解，而提出了一种低复杂度的迭代算法用以计算问题 (4.40) 的近似最优解。该算法的主要思想阐述如下：

(1) 采用罚函数法处理非凸约束 (4.40e)[54]；

(2) 带罚函数的目标函数由一个凸函数近似，即带罚函数的目标函数被线性化，求解该凸优化问题；

(3) 连续进行目标函数的凸函数近似 (即线性化) 迭代，直到解收敛。

优化问题 (4.40) 中含有反凸 (reverse convex) 约束 (4.40e)，因此该非凸规划问题 (4.40) 较难直接求解，目前仍是研究的重点 [65, 64]。我们先采用一种改进的罚函数法对式 (4.40e) 中的反凸约束进行处理。首先，将问题 (4.40) 转化为如下的优化问题，第 k 次迭代的问题描述为

$$\min_{\boldsymbol{A},\boldsymbol{x},\boldsymbol{V},z} \quad z+\lambda^{(\text{k})}\left(\text{tr}(\boldsymbol{V})-\boldsymbol{x}^{\text{T}}\boldsymbol{x}\right) \tag{4.47a}$$

$$\text{s.t.} \quad z\geqslant 0,\quad \boldsymbol{A}=\boldsymbol{H}\left((\boldsymbol{G}\boldsymbol{G}^{\text{T}})\odot(\boldsymbol{Q}\boldsymbol{V}\boldsymbol{Q}^{\text{T}})\right)\boldsymbol{H}^{\text{T}} \tag{4.47b}$$

$$\begin{bmatrix}\boldsymbol{A} & \boldsymbol{n}\\ \boldsymbol{n}^{\text{T}} & z\end{bmatrix}\succeq\boldsymbol{0},\quad \begin{bmatrix}\boldsymbol{V} & \boldsymbol{x}\\ \boldsymbol{x}^{\text{T}} & 1\end{bmatrix}\succeq\boldsymbol{0} \tag{4.47c}$$

$$\boldsymbol{V}\succeq\boldsymbol{0},\quad [\boldsymbol{V}]_{1,1}=1,\quad \boldsymbol{x}=[\boldsymbol{V}]_1 \tag{4.47d}$$

其中 $[\boldsymbol{V}]_{1,1}$ 表示矩阵 $\boldsymbol{V}$ 中角标为 $(1,1)$ 的元素；$[\boldsymbol{V}]_1$ 表示矩阵 $\boldsymbol{V}$ 的第 1 列。但是，由于目标函数中的 $-\boldsymbol{x}^{\text{T}}\boldsymbol{x}$ 项，以及取正值的惩罚因子 $\lambda^{(\text{k})}$，式 (4.47) 描述的优化问题仍然是非凸规划。

为了处理目标函数 (4.47a) 中惩罚项的非凸性，我们进一步将 $\boldsymbol{x}^{\mathrm{T}}\boldsymbol{x}$ 项在点 $\boldsymbol{x}^{(k-1)}$ 处线性展开，其中 $\boldsymbol{x}^{(k-1)}$ 表示第 $(k-1)$ 次迭代的结果，得到了原问题的凸近似问题的完整描述形式。特别的，算法始于初始点 $\boldsymbol{x}^{(0)}$，在第 k 次迭代，利用原始 - 对偶内点法 (primal-dual interior point method) 求解如下迭代凸优化问题 [62]：

$$\boldsymbol{x}^{(\mathrm{k})} = \underset{\boldsymbol{A},\boldsymbol{x},\boldsymbol{V},z}{\operatorname{argmin}} \quad z + \lambda\left(\operatorname{tr}(\boldsymbol{V}) - \left(2{\boldsymbol{x}^{(k-1)}}^{\mathrm{T}}\boldsymbol{x} - {\boldsymbol{x}^{(k-1)}}^{\mathrm{T}}\boldsymbol{x}^{(k-1)}\right)\right) \tag{4.48a}$$

$$\text{s.t.} \quad z \geqslant 0, \quad z \leqslant \left[\sigma_y^2\right]^{(k-1)} \tag{4.48b}$$

$$\boldsymbol{A} = \boldsymbol{H}\left((\boldsymbol{G}\boldsymbol{G}^{\mathrm{T}}) \odot (\boldsymbol{Q}\boldsymbol{V}\boldsymbol{Q}^{\mathrm{T}})\right)\boldsymbol{H}^{\mathrm{T}} \tag{4.48c}$$

$$\begin{bmatrix} \boldsymbol{A} & \boldsymbol{n} \\ \boldsymbol{n}^{\mathrm{T}} & z \end{bmatrix} \succeq \boldsymbol{0}, \begin{bmatrix} \boldsymbol{V} & \boldsymbol{x} \\ \boldsymbol{x}^{\mathrm{T}} & 1 \end{bmatrix} \succeq \boldsymbol{0} \tag{4.48d}$$

$$\boldsymbol{V} \succeq \boldsymbol{0}, \quad [\boldsymbol{V}]_{1,1} = 1, \quad \boldsymbol{x} = [\boldsymbol{V}]_1 \tag{4.48e}$$

其中 $\boldsymbol{x}^{(k-1)}$ 为该优化问题 (4.48) 第 $(k-1)$ 次迭代的解；初始点 $\boldsymbol{x}^{(0)}$ 的计算方法将在 4.4.3 节讨论。常数 $\lambda > 0$ 为惩罚因子；$\left[\sigma_y^2\right]^{(k-1)}$ 为由第 $(k-1)$ 次迭代计算出的输出方差。因为目标函数中的线性函数 $2{\boldsymbol{x}^{(k-1)}}^{\mathrm{T}}\boldsymbol{x} - {\boldsymbol{x}^{(k-1)}}^{\mathrm{T}}\boldsymbol{x}^{(k-1)}$ 是二次型函数 $\boldsymbol{x}^{\mathrm{T}}\boldsymbol{x}$ 在点 $\boldsymbol{x}^{(k-1)}$ 附近的一阶泰勒展开 [62]，优化问题 (4.48) 是凸优化而容易求解。每进行一次优化计算，在获得 PID 参数 $\left\{c_1^{(k)}, c_2^{(k)}, c_3^{(k)}\right\}$ 后，代入系统闭环输出方差模型 (4.17) 计算出相应的输出方差 $\left[\sigma_y^2\right]^{(\mathrm{k})}$，并记录下来。该步骤迭代运行，直到 $\left|f\left(\boldsymbol{x}^{(k)}\right) - f\left(\boldsymbol{x}^{(k-1)}\right)\right| < \epsilon$ 时，或当迭代次数超过最大允许迭代次数，即 $k > K^{(\max)}$ 时，迭代停止。其中 $f\left(\boldsymbol{x}^{(k)}\right)$ 表示第 k 次迭代获得的目标函数的最优值，ϵ 为预先设定的精度容许值；$K^{(\max)}$ 为预先设定的最大允许迭代次数。当迭代算法收敛后，选择迭代过程中记录下的所有输出方差中的最小值和相应的 PID 参数，作为最小可达输出方差基准。

值得注意的一点是，与传统的罚函数法选择不断增大的惩罚因子不同，为了保证上述迭代算法的收敛性，本书需要为惩罚因子 λ 选择一个固定的值，即令 $\lambda^{(\mathrm{k})} = \lambda$。关于算法收敛性的详细讨论见 4.4.3 节。

由于优化问题 (4.48) 是原优化问题 (4.40) 和 (4.47) 的凸近似，(4.48) 的解 $\boldsymbol{x}^{(k)}$ 不能保证是原问题 (4.40) 的最优解 [54]。进一步分析可知，容易证明序列 $\{\boldsymbol{x}^{(k)}, k = 1, 2, 3, \cdots\}$ 会收敛到一个满足原问题 (4.40) 一阶最优条件的极限点 [65, 64]。换言之，通过迭代求解近似优化问题 (4.48)，可以找到满足原问题 (4.40) 的 Karush Kuhn Tucker(KKT) 条件的解 [54]。然而不能保证近似问题 (4.48) 的 KKT 点也是原非凸优化问题 (4.40) 的 KKT 点。因此，本书提出的迭代凸优化算法不能保证解得原非凸优化问题 (4.40) 的全局或局部最优解 [54]。另外，尽管难以严格证明近似迭代凸优化问题的解与原非凸优化问题的最优解的等价性，但是采用数值仿真结果验证迭代凸优化算法的性能也是一种常见的做法 [65, 64]。通过 4.5 节中针对若干组数值模型优化计算的仿真实验，表明本文提出的迭代凸优化算法得到了比其他全局搜索方法更好 (或类似好) 的结果，且计算效率明显提高。

4.4.2 算法步骤

为便于读者参考，本章提出的算法 (Algorithm 1，以下简称算法 Alg.1) 步骤总结如下：

Algorithm 1　PID 最小控制方差迭代凸优化算法

初始化 (i) 设置精度容许值 ϵ 和最大允许迭代次数 $K^{(\max)}$；
(ii) 根据 4.4.3 节的算法计算迭代的初始点 $\boldsymbol{x}^{(0)}$；
(iii) 令迭代次数 $k=1$。

重复

Step 1　求解凸优化问题 (4.48) 的解 $\boldsymbol{x}^{(k)}$。

Step 2　根据获得的 PID 参数 $\left\{c_1^{(k)}, c_2^{(k)}, c_3^{(k)}\right\}$，代入系统闭环输出方差模型 (4.17) 计算并记录输出方差 $\left[\sigma_y^2\right]^{(k)}$。

Step 3　更新迭代次数 $k=k+1$。

直到 $\left|f\left(\boldsymbol{x}^{(k)}\right)-f\left(\boldsymbol{x}^{(k-1)}\right)\right|<\epsilon$ 或 $k>K^{(\max)}$ 时算法停止。

由算法 Alg.1 的算法步骤看出，本章提出算法的低复杂度体现在：为了解得最小可达输出方差问题 (4.40) 的近似最优解，迭代求解凸优化问题 (4.48) 若干次即可。而关于凸优化的算法研究已经发展得非常完善了，如半正定规划和内点法等，因此本章提出的将问题改造为近似的迭代凸优化极大的降低了求解的难度。该算法复杂度低、求解迅速的特点在 4.5 节的仿真算例中得到了验证，满足 PID 控制系统在线性能评估的需求。

4.4.3 算法的初始化与收敛性

与其他局部最优化方法类似 [54]，本章提出的迭代算法的性能和最终结果依赖于初始点 $\boldsymbol{x}^{(0)}$ 的选择。选择算法的初始点 $\boldsymbol{x}^{(0)}$ 的方法不止一种。例如，当对 PID 控制器参数 $\{c_1, c_2, c_3\}$ 没有特别的限制条件时，优化算法的初始点 $\boldsymbol{x}^{(0)}$ 可随机选择任一个首元素为 1 的向量。而本节我们将提出一种更有效的选择初始点的方法，通过放松原问题的非凸约束，为算法 Alg.1 计算一个合理有效的初始点 $\boldsymbol{x}^{(0)}$，缩短迭代的次数。

特别的，求解如下凸优化问题：

$$\min_{\boldsymbol{A},\boldsymbol{V},z} \quad z \tag{4.49a}$$

$$\text{s.t.} \quad z \geqslant 0, \quad \boldsymbol{A} = \boldsymbol{H}\left((\boldsymbol{G}\boldsymbol{G}^{\mathrm{T}}) \odot (\boldsymbol{Q}\boldsymbol{V}\boldsymbol{Q}^{\mathrm{T}})\right)\boldsymbol{H}^{\mathrm{T}} \tag{4.49b}$$

$$\begin{bmatrix} \boldsymbol{A} & \boldsymbol{n} \\ \boldsymbol{n}^{\mathrm{T}} & z \end{bmatrix} \succeq \boldsymbol{0} \tag{4.49c}$$

$$\boldsymbol{V} \succeq \boldsymbol{0}, \quad [\boldsymbol{V}]_{1,1} = 1 \tag{4.49d}$$

可直接解得矩阵 $\boldsymbol{V}^{(0)}$，则初始点 $\boldsymbol{x}^{(0)}$ 可设置为：$\boldsymbol{x}^{(0)} = \left[\boldsymbol{V}^{(0)}\right]_1$，即取矩阵 $\boldsymbol{V}^{(0)}$ 的第一列作为初始点。其中，$[\boldsymbol{V}]_{1,1}$ 表示矩阵 $\boldsymbol{V}$ 中角标为 $(1,1)$ 的元素。

值得注意的是，对比原来求解 PID 控制器最小可达方差的非凸优问题 (4.40)，在上述凸优化问题 (4.49) 中没有出现限定 PID 控制器结构的非凸约束。也就是说，式 (4.49) 表示寻找一个任意结构和参数的反馈控制系统所能实现的最小输出方差问题。通过求解 (4.49)，所得目标函数的值必等于通过最小方差控制实现的输出方差，即矩阵 $\boldsymbol{V}^{(0)}$ 可使得目标函数 (4.49a) 实现基于 MVC 的性能基准 [48]。直观分析可知，无控制结构约束的最小输出方差必然是 PID 控制系统最小可达输出方差 (MAOV-PID) 的下界。由于选择矩阵 $\boldsymbol{V}^{(0)}$ 的第一列作为算法 Alg.1 的初始点，结合算法 Alg.1 的收敛性分析可知，初始点 $\boldsymbol{x}^{(0)}$ 对应的目标函数值是输出方差的上界。尽管 $\left[\boldsymbol{V}^{(0)}\right]_1$ 可能并不满足非凸约束 (4.40e)，但它满足其他几条凸约束，选择此值作为迭代凸优化的初始点是合理且高效的，通过迭代优化，输出方差序列 $\left\{\left[\sigma_y^2\right]^{(k)}, k=1,2,3,\cdots\right\}$ 与参数序列 $\{\boldsymbol{x}^{(k)}, k=1,2,3,\cdots\}$ 即可逐渐收敛到最小可达输出方差与最优 PID 参数。

接着分析算法 Alg.1 的收敛特性。尽管迭代算法 Alg.1 找到的最终解取决于选择的初始点 $\boldsymbol{x}^{(0)}$，但该算法 Alg.1 的收敛行为并不受初始点 $\boldsymbol{x}^{(0)}$ 选择的影响。换言之，无论选择何值作为初始点 $\boldsymbol{x}^{(0)}$，本章提出的算法 Alg.1 总是收敛的。因为在算法 Alg.1 的第 k 次迭代中，点 $\boldsymbol{x}^{(k-1)}$ 对凸优化问题 (4.48) 而言总是可达解。这表明，在第 k 次迭代时优化问题 (4.48) 的目标函数 (4.48a) 的值必定下降或与上次迭代保持不变。另外，惩罚项 $\mathrm{tr}(\boldsymbol{V}) - \left(2{\boldsymbol{x}^{(k-1)}}^{\mathrm{T}}\boldsymbol{x} - {\boldsymbol{x}^{(k-1)}}^{\mathrm{T}}\boldsymbol{x}^{(k-1)}\right)$ 定为非负值，详见如下定理。

定理 4.6　非负惩罚项

目标函数 (4.48a) 中惩罚项的值一定为非负，即

$$\mathrm{tr}(\boldsymbol{V}) - \left(2{\boldsymbol{x}^{(k-1)}}^{\mathrm{T}}\boldsymbol{x} - {\boldsymbol{x}^{(k-1)}}^{\mathrm{T}}\boldsymbol{x}^{(k-1)}\right) \geqslant 0 \tag{4.50}$$

证明　根据式 (4.38) 可得

$$\operatorname{tr}(\boldsymbol{V}) \geqslant \boldsymbol{x}^{\mathrm{T}}\boldsymbol{x} \tag{4.51}$$

二次型函数 $\boldsymbol{x}^{\mathrm{T}}\boldsymbol{x}$ 在点 $\boldsymbol{x}^{(k-1)}$ 的一阶 Taylor 展开满足以下不等式

$$\boldsymbol{x}^{\mathrm{T}}\boldsymbol{x} \geqslant \boldsymbol{x}^{(k-1)^{\mathrm{T}}}\boldsymbol{x}^{(k-1)} + 2\boldsymbol{x}^{(k-1)^{\mathrm{T}}}(\boldsymbol{x} - \boldsymbol{x}^{(k-1)}) \tag{4.52}$$

不等式 (4.51) 和 (4.52) 联立可得

$$\operatorname{tr}(\boldsymbol{V}) \geqslant 2\boldsymbol{x}^{(k-1)^{\mathrm{T}}}\boldsymbol{x} - \boldsymbol{x}^{(k-1)^{\mathrm{T}}}\boldsymbol{x}^{(k-1)} \tag{4.53}$$

因此，惩罚项 $\left(\operatorname{tr}(\boldsymbol{V}) - \left(2\boldsymbol{x}^{(k-1)^{\mathrm{T}}}\boldsymbol{x} - \boldsymbol{x}^{(k-1)^{\mathrm{T}}}\boldsymbol{x}^{(k-1)}\right)\right)$ 的值必定非负。定理 4.6 得证。 □

定理 4.6 表明目标函数 (4.48a) 的值始终为正。因此，根据根据实数序列的单调收敛定理可知 [3]，对于任意初始点 $\boldsymbol{x}^{(0)}$，本章提出的算法 Alg.1 总收敛。

4.5　仿真研究

本节将针对文献中出现的 11 个数值例子 [46, 47, 55, 51, 66, 52, 67, 68] 进行仿真。我们将应用本章提出的问题描述和算法框架，计算最小可达输出方差和相应的 PID 参数。11 个数值例子的过程、扰动模型以及文献来源可参见表 4.1。利用本章算法求解出的最小可达输出方差和响应的最优 PID 参数设置可参见表 4.2。根据文献 [46]、[47]、[52] 中的方法计算出的最佳结果也列在表 4.2 中以便比较。我们采用了经验方法选择惩罚因子 λ 的值，即依次尝试等比幂序列中的 7 个的值，$\{\lambda = 10^i, i = -2, -1, 0, 1, 2, 3, 4\}$。各个例子中所采用的惩罚因子的具体值也可参见表 4.2。迭代容许值为 10^{-8}。在 MATLAB 中通过 CVX 接口 [69] 调用 SeDuMi[70] 求解凸优化问题 (4.48) 和 (4.49)。

为提高迭代凸优化的计算效率，用于优化计算的数据长度在所有数值例子中统一取为 $m = 50$，即扰动脉冲响应系数和过程阶跃响应系数的采样长度为 50。另外，为了验证求解结果的最优性，计算了采用最优 PID 参数的闭环系统的 H_2 范数 (即真实输出方差)。H_2 范数的计算选取闭环脉冲响应系数的前 500 个采样，以保证所有非零的脉冲响应系数均包括在内。表 1.2 的第 3 列即为所求的 H_2 范数。

与其他方法的优化结果相比 [46, 47, 52]，本章提出的算法在大多数例子中都得到了与它们相同或甚至更小的输出方差。其中，在第 6 和 11 例，我们提出的方法得到了比其他算法都更佳的结果。在第 1，2，5, 7, 8, 9 和 10 例中，本章的算法也得到了与文献 [46]、[47]、[52] 中的最佳结果相同大小的输出方差，并且得到了与上述方法不同的最优 PID 参数。在例 3 和 4 中，我们得到了仅次于其他方法最好结果的值。

表 4.1　过程与扰动模型

例子	$q^{-d}\hat{P}(q^{-1})$	$N(q^{-1})$	文献
1	$\frac{0.2q^{-5}}{1-0.8q^{-1}}$	$\frac{1}{\Delta(1+0.4q^{-1})}$	[67]
2	$\frac{0.08919q^{-12}}{1-0.8669q^{-1}}$	$\frac{0.08919}{1-0.8669q^{-1}}$	[66]
3	$\frac{0.5108q^{-28}}{1-0.9604q^{-1}}$	$\frac{0.5108}{1-0.9604q^{-1}}$	[66]
4	$\frac{q^{-6}}{1-0.8q^{-1}}$	$\frac{1+0.6q^{-1}}{(1-0.5q^{-1})(1-0.6q^{-1})(1+0.7q^{-1})}$	[55]
5	$\frac{q^{-6}}{1-0.8q^{-1}}$	$\frac{1-0.2q^{-1}}{\Delta(1-0.3q^{-1})(1+0.4q^{-1})(1-0.5q^{-1})}$	[55]
6	$\frac{q^{-6}}{1-0.8q^{-1}}$	$\frac{1+0.6q^{-1}}{\Delta(1-0.5q^{-1})(1-0.6q^{-1})(1+0.7q^{-1})}$	[55]
7	$\frac{0.1q^{-5}}{1-0.8q^{-1}}$	$\frac{0.1}{\Delta(1-0.3q^{-1})(1-0.6q^{-1})}$	[55]
8	$\frac{0.1q^{-3}}{1-0.8q^{-1}}$	$\frac{1}{\Delta}$	[52]
9	$\frac{0.1q^{-6}}{1-0.8q^{-1}}$	$\frac{0.1}{\Delta(1-0.7q^{-1})}$	[51]
10	$\frac{0.1q^{-3}}{1-0.8q^{-1}}$	$\frac{0.01}{\Delta(1+0.2q^{-1})}$	[68]
11	$\frac{0.004679(1+0.9355q^{-1})q^{-7}}{(1-0.923q^{-1})(1-0.887q^{-1})}$	$\frac{0.07889(1+0.946q^{-1})q^{-1}}{\Delta(1-0.8465q^{-1})}$	[47]

表 4.2　其他方法中的最佳结果 (BKRs)[46, 47, 52] 与本章算法 Alg. 1 结果的比较

例子	BKRs	σ_y^2(算法 Alg.1)	$[c_1, c_2, c_3]$ (算法 Alg.1)	λ	运算时间
1	3.0728	**3.0728**	$[2.8407, -4.4056, 1.7485]$	1	16.0
2	0.0310	0.0311	$[1.9556, -3.6286, 1.6746]$	1	170.6
3	3.0238	3.0442	$[0.6315, -1.2380, 0.6065]$	10^3	4.3
4	3.4065	3.4081	$[0.1353, -0.2521, 0.1169]$	10	108.7
5	13.8077	**13.8077**	$[0.7253, -1.2081, 0.5190]$	10^3	466.8
6	87.7520	**87.7380**	$[0.8305, -1.3958, 0.6070]$	10^4	261.6
7	0.4247	**0.4247**	$[8.0823, -13.1663, 5.5814]$	1	296.2
8	3.2032	**3.2032**	$[6.5331, -9.2362, 3.3574]$	1	75.1
9	0.4268	**0.4268**	$[8.2316, -13.7790, 5.9699]$	1	202.2
10	0.0024	**0.0024**	$[6.2862, -8.8138, 3.1626]$	10^{-2}	513.8
11	4.8712	**4.7264**	$[23.6609, -44.9023, 21.3978]$	10	107.0

每个例子需要的运算时间也列在表 4.2 中。该算法在 Intel Dual core, 1.83GHz 主频, 2GB 内存的计算机上运行 MATLAB 7.5.0，运算时间在 $4.3 \sim 513.8$s。对比文献 [46] 中每个例子的运算时间为 $5 \sim 25$min，我们的算法效率更高，也更适合在线

的性能评估。

为显示算法 Alg.1 的收敛性，选取第 6 例的运算结果，可参见图 4.3。从图中可以看出，算法 Alg.1 在大约 7 次迭代后即收敛，体现出相当高的计算效率。其他例子也体现了算法 Alg.1 类似的收敛特性。

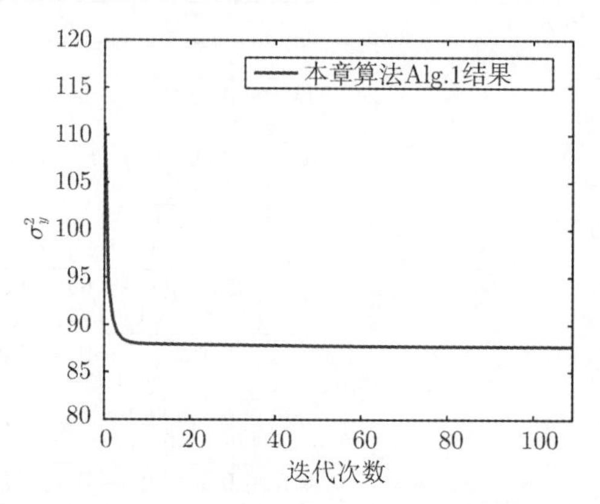

图 4.3　算法 Alg. 1 应用于第 6 例过程时的收敛特性

4.6 本章小结

本章研究了求取 PID 控制系统最小可达方差的问题。提出了该问题的一种新描述方法，并利用迭代凸规划方法求解该问题。通过多个数值例子的仿真计算，展示了本章提出的问题框架可获得比现有的其他算法更优的解，且计算复杂度更低。该算法的快速收敛特性使其适用于在线的控制性能评估。另外，本章提出的新的问题描述方法 (4.40) 还为其他全局优化问题提供了一种新的思路。

第5章 基于时滞信息的多变量控制性能评估

5.1 引　言

在性能评估领域，最小方差控制是最流行的性能评估方法，在工业过程中应用广泛，现代的工业生产中，对象多为多变量过程，为了适应这一特点，需要将最小方差基准从单变量系统推广到多变量系统中。对于单入单出的过程，最小方差不变项可以很简单地通过估计过程的时滞获得，但对于多入多出的过程，最小方差不变项已经不能简单地通过时滞信息获得，而是要通过交互矩阵来获得，其根本原因在于多入多出系统内的变量可能存在耦合，从而使得每个输出的最小方差不变项可能是由多个输入所决定的。计算过程的交互矩阵需要过程的 Markov 参数，这相当于要获得过程模型完整的信息，而这一要求就显得较为苛刻，通常情况下难以达到。但是过程的输入输出之间的时滞信息则较为简单地可以获得，Xia[71] 和 Huang[72] 的研究指出用这些信息就可以构造过程的时延矩阵，使用时滞信息可以估计多变量系统最小方差基准的上界和下界，通过上下界逼近的方法来估计真值，本章在他们工作的基础上，总结归纳了算法，并分析了这些近似方法的适用范围，指出哪类过程适合适用这一近似方法。

5.2 基于时滞信息的性能基准估计

5.2.1 多变量最小方差基准的上界

本节将介绍的是如何利用交互矩阵的阶次来估计多变量最小方差指标的上界。考虑标准的多变量模型

$$\boldsymbol{y}_t = \boldsymbol{T}\boldsymbol{u}_t + \boldsymbol{N}\boldsymbol{a}_t \tag{5.1}$$

其中 $\boldsymbol{T}$ 和 $\boldsymbol{N}$ 分别是过程和扰动的传递函数；$\boldsymbol{y}_t$，$\boldsymbol{u}_t$，$\boldsymbol{a}_t$ 分别是输出、输入和噪声向量，这里认为噪声是零均值的白噪声。根据第 4 章的内容，过程的最小方差不变项可以从

$$q^{-d}\boldsymbol{D}\boldsymbol{N} = \underbrace{\boldsymbol{F}_0 + \cdots + \boldsymbol{F}_{d-1}q^{-d+1}}_{\boldsymbol{F}} + \boldsymbol{R}q^{-d} \tag{5.2}$$

获得，其中 $\boldsymbol{R}$ 为余项，为有理的传递函数矩阵，$\boldsymbol{D}$ 为单位交互矩阵，d 是交互矩阵的阶次。记最小方差基准为 $J = \mathrm{tr}\left[\mathrm{Var}\left(\boldsymbol{F}\xi_t\right)\right]$，为了以下推导方便起见，在不影

响任何一般性的情况下，记 $\mathrm{Var}(\xi_t)=\boldsymbol{I}$，那么可以获得

$$J=\mathrm{tr}\left[\sum_{i=0}^{d-1}\boldsymbol{F}^{\mathrm{T}}\boldsymbol{F}\right] \tag{5.3}$$

因为 $\boldsymbol{D}$ 是 d 阶的单位交互矩阵，则可以记

$$\boldsymbol{D}=\sum_{i=0}^{d-1}\boldsymbol{D}_i q^{d-i} \tag{5.4}$$

将式 (5.4) 代入式 (5.2) 中可以获得

$$\boldsymbol{F}_i=\sum_{j=0}^{i}\boldsymbol{D}_i\boldsymbol{N}_{i-j},\quad i=0,\cdots,d-1 \tag{5.5}$$

将式 (5.5) 代入式 (5.3) 中，化简后可以获得

$$J=\sum_{i=1}^{d}\sum_{j=1}^{d}\mathrm{tr}\left[\boldsymbol{G}_{ij}\right] \tag{5.6}$$

其中

$$\boldsymbol{G}_{i,j}=\begin{cases}\boldsymbol{N}_{i-1}^{\mathrm{T}}\sum\limits_{k=0}^{d-j}\left(\boldsymbol{D}_{k+j-i}^{\mathrm{T}}\boldsymbol{D}_k\right)\boldsymbol{N}_{j-1}, & i\leqslant j\\ \boldsymbol{G}_{j,i}^{\mathrm{T}}, & i>j\end{cases} \tag{5.7}$$

以 $\boldsymbol{G}_{i,j}$ 为第 i 行 j 列的矩阵，构造一扩展矩阵 $\boldsymbol{G}$

$$\boldsymbol{G}=\begin{bmatrix}\boldsymbol{N}_0^{\mathrm{T}}\sum\limits_{k=0}^{d-1}\left(\boldsymbol{D}_k^{\mathrm{T}}\boldsymbol{D}_k\right)\boldsymbol{N}_0 & \boldsymbol{N}_0^{\mathrm{T}}\sum\limits_{k=1}^{d-2}\left(\boldsymbol{D}_{k+1}^{\mathrm{T}}\boldsymbol{D}_k\right)\boldsymbol{N}_1 & \cdots & \boldsymbol{N}_0^{\mathrm{T}}\boldsymbol{D}_{d-1}^{\mathrm{T}}\boldsymbol{D}_0\boldsymbol{N}_{d-1}\\ \boldsymbol{N}_1^{\mathrm{T}}\sum\limits_{k=1}^{d-2}\left(\boldsymbol{D}_k^{\mathrm{T}}\boldsymbol{D}_{k+1}\right)\boldsymbol{N}_0 & \boldsymbol{N}_1^{\mathrm{T}}\sum\limits_{k=0}^{d-2}\left(\boldsymbol{D}_k^{\mathrm{T}}\boldsymbol{D}_k\right)\boldsymbol{N}_1 & \cdots & \boldsymbol{N}_1^{\mathrm{T}}\boldsymbol{D}_{d-2}^{\mathrm{T}}\boldsymbol{D}_0\boldsymbol{N}_{d-1}\\ \vdots & \vdots & \ddots & \vdots\\ \boldsymbol{N}_{d-1}^{\mathrm{T}}\boldsymbol{D}_0^{\mathrm{T}}\boldsymbol{D}_{d-1}\boldsymbol{N}_0 & \boldsymbol{N}_{d-1}^{\mathrm{T}}\boldsymbol{D}_0^{\mathrm{T}}\boldsymbol{D}_{d-2}\boldsymbol{N}_1 & \cdots & \boldsymbol{N}_{d-1}^{\mathrm{T}}\boldsymbol{D}_0^{\mathrm{T}}\boldsymbol{D}_0\boldsymbol{N}_{d-1}\end{bmatrix} \tag{5.8}$$

根据交互矩阵的性质 $\boldsymbol{D}^{-1}(q)=\boldsymbol{D}^{\mathrm{T}}\left(q^{-1}\right)$ 可以获得

$$\begin{aligned}&\sum_{k=1}^{d-j}\boldsymbol{D}_{k+j-1}^{\mathrm{T}}\boldsymbol{D}_k=0,\quad j=2,3,\cdots,k\\ &\sum_{k=0}^{d-1}\boldsymbol{D}_k^{\mathrm{T}}\boldsymbol{D}_k=\boldsymbol{I}\end{aligned} \tag{5.9}$$

式 (5.9) 代入式 (5.8) 中可获得

$$G=\begin{bmatrix} N_0^{\mathrm{T}}N_0 & 0 & \cdots & 0 \\ 0 & N_1^{\mathrm{T}}\sum_{k=0}^{d-2}\left(D_k^{\mathrm{T}}D_k\right)N_1 & \ddots & \cdots \\ \vdots & \ddots & \ddots & 0 \\ 0 & \cdots & 0 & N_{d-1}^{\mathrm{T}}D_0^{\mathrm{T}}D_0N_{d-1} \end{bmatrix} \tag{5.10}$$

根据拉格朗日乘法定理，构造如下目标函数，其中 λ 为拉格朗日乘子

$$J=\sum_{i=2}^{d}\sum_{j=2}^{d}\mathrm{tr}\left(G_{i,j}\right)+\lambda\mathrm{tr}\left(I-\sum_{k=0}^{d-1}D_k^{\mathrm{T}}D_k\right) \tag{5.11}$$

利用矩阵微分，可以获得

$$\begin{cases} \lambda=0 \\ D_{d-1}^{\mathrm{T}}D_{d-1}=I \\ \sum_{k=0}^{d-2}D_k^{\mathrm{T}}D_k=0 \end{cases} \qquad \begin{cases} \lambda=1 \\ D_{d-1}^{\mathrm{T}}D_{d-1}=0 \\ \sum_{k=0}^{d-2}D_k^{\mathrm{T}}D_k=I \end{cases} \tag{5.12}$$

通过计算获得，当 $D_{d-1}=0$ 时，J 最大化；当 $D_{d-1}^{\mathrm{T}}D_{d-1}=I$ 时，J 最小化。将 $D_{d-1}=0$ 代入式 (5.9) 可以获得

$$\begin{aligned} &\sum_{k=0}^{d-j}D_{d-k-2}^{\mathrm{T}}D_k=0, \quad j=3,\cdots,d \\ &\sum_{k=0}^{d-2}D_k^{\mathrm{T}}D_k=I \end{aligned} \tag{5.13}$$

将式 (5.13) 代入式 (5.10) 获得

$$G=\begin{bmatrix} N_0^{\mathrm{T}}N_0 & 0 & \cdots & 0 \\ 0 & N_1^{\mathrm{T}}N_1 & \ddots & \vdots \\ \vdots & \ddots & \ddots & 0 \\ 0 & \cdots & 0 & N_{d-1}^{\mathrm{T}}D_0^{\mathrm{T}}D_0N_{d-1} \end{bmatrix} \tag{5.14}$$

此时 D_{d-2} 没有出现在中，因此 $D_{d-2}=0$ 时 J 最大化。重复以上步骤，可以获得当 $D_i=0\,(i=1,2,\cdots,d-1)$ 和 $D_0^{\mathrm{T}}D_0=I$ 时，J 最大化。由于 D_0 为对角线矩阵，因此 $D_0=0$，也就是

$$D_u=q^dI \tag{5.15}$$

时，J 最大化。将 $\boldsymbol{D}_u = q^d\boldsymbol{I}$ 代入式 (5.2) 中，获得

$$\begin{aligned}\boldsymbol{N} &= \underbrace{\boldsymbol{F}_0 + \cdots + \boldsymbol{F}_{d-1}q^{-d+1}}_{\boldsymbol{F}} + \boldsymbol{R}q^{-d} \\ &= \underbrace{\boldsymbol{N}_0 + \cdots + \boldsymbol{N}_{d-1}q^{-d+1}}_{\overline{\boldsymbol{F}}} + \boldsymbol{R}q^{-d}\end{aligned} \tag{5.16}$$

那么最小方差性能基准的上界 J_{upper} 可以记为

$$J_{\text{upper}} = \text{tr}\left[\text{Var}\left(\overline{\boldsymbol{F}}\xi_t\right)\right] \tag{5.17}$$

因此我们可以将交互矩阵用 $\boldsymbol{D}_u = q^d\boldsymbol{I}$ 来替代，获得最小方差性能基准的上界，从物理意义上来说，最小方差不变项是由于时间滞后引起的，由于因果律，控制器不能在时滞时间内获得扰动带来的信息，也不可能实现控制，但多变量系统由于耦合的存在，造成需要交互矩阵来确定最小方差不变项，但用 $\boldsymbol{D} = q^d\boldsymbol{I}$ 替代交互矩阵则是加大了时滞小于 d 的回路的时滞，因此用这一方法计算出来的最小方差不变项要比实际值大，可以作为最小方差性能基准的上界来使用。

5.2.2 交互矩阵的阶次

对于给定的传递函数 $\boldsymbol{T}$，如果输入输出之间的时间滞后可以获得或是估计，那么 $\boldsymbol{T}$ 对应的输入输出时延矩阵可以定义为

$$\boldsymbol{D}_{\text{I/O}} = \begin{bmatrix} \beta_{1,1}q^{-d_{1,1}} & \cdots & \beta_{1,n}q^{-d_{1,n}} \\ \vdots & & \vdots \\ \beta_{n,1}q^{-d_{n,1}} & \cdots & \beta_{n,n}q^{-d_{n,n}} \end{bmatrix} \tag{5.18}$$

其中 $d_{i,j}$ 是第 j 个输入到第 i 个输出之间的时滞，$\beta_{i,j}$ 定义为

$$\beta_{i,j=}\begin{cases} 1, & \text{如果第 } i \text{ 个输出能够被第 } j \text{ 个输入影响} \\ 0, & \text{如果第 } i \text{ 个输出不能被第 } j \text{ 个输入影响} \end{cases}$$

$\boldsymbol{T}$ 对应的对角时延矩阵可以定义为

$$\boldsymbol{D}_d\left(\boldsymbol{T}\right) = \begin{bmatrix} q^{d_1} & 0 & \cdots & 0 \\ 0 & q^{d_2} & \ddots & \vdots \\ \vdots & \ddots & \ddots & 0 \\ 0 & \cdots & 0 & q^{d_n} \end{bmatrix} \tag{5.19}$$

其中 d_i 是 $\boldsymbol{T}$ 中第 i 列的最小时间滞后。将过程 $\boldsymbol{T}$ 写成 Markov 参数的表达形式，其中 $\boldsymbol{G}_i$ 为过程的 Markov 参数:

$$\boldsymbol{T} = \sum_{i=0}^{\infty}\boldsymbol{G}_iq^{-i-1} \tag{5.20}$$

如果 Markov 参数已知，那么可以通过 Rogozinski[73] 提出的方法计算获得过程的交互矩阵，同时也可以获得交互矩阵的阶次。对于一个只给出了输入输出时延矩阵的过程，虽然不能获得精确的 Markov 参数，但仍可以获得一些关于 Markov 参数的信息。假设 $\boldsymbol{T}$ 对应的输入输出时延矩阵为

$$\boldsymbol{D}_{\mathrm{I/O}} = \begin{bmatrix} q^{-1} & q^{-3} & q^{-4} \\ q^{-2} & q^{-4} & q^{-5} \\ q^{-2} & q^{-3} & q^{-4} \end{bmatrix} \tag{5.21}$$

根据我们可以获得过程 $\boldsymbol{T}$ 的 Markov 参数的信息如下，其中 $*$ 代表不为零的数:

$$\boldsymbol{G}_0 = \begin{bmatrix} * & 0 & 0 \\ 0 & 0 & 0 \\ 0 & 0 & 0 \end{bmatrix}, \boldsymbol{G}_1 = \begin{bmatrix} * & 0 & 0 \\ * & 0 & 0 \\ * & 0 & 0 \end{bmatrix}, \boldsymbol{G}_2 = \begin{bmatrix} * & * & 0 \\ * & 0 & 0 \\ * & * & 0 \end{bmatrix}, \boldsymbol{G}_3 = \begin{bmatrix} * & * & * \\ * & * & 0 \\ * & * & * \end{bmatrix},$$

$\boldsymbol{G}_4 = \begin{bmatrix} * & * & * \\ * & * & * \\ * & * & * \end{bmatrix}$。Mutoh 指出有着相同输入输出时延矩阵的过程 $\boldsymbol{T}$，对应的交互矩阵有着相同的阶次 [35]。因此只要将 $*$ 代入任意不为零的数，就可以计算出交互矩阵的阶次，Rogozinski[73] 的论文中详细描述了这一部分的算法。

5.2.3　多变量最小方差基准的下界

对于给定的过程 $\boldsymbol{T}$，定义一个对角多项式矩阵为

$$\widetilde{\boldsymbol{D}} = q^{-1}\boldsymbol{D}_d(\boldsymbol{T}) \tag{5.22}$$

其中 $\boldsymbol{D}_d(\boldsymbol{T})$ 是 $\boldsymbol{T}$ 的对角时延矩阵，根据定义可知 $\widetilde{\boldsymbol{D}}\boldsymbol{T}$ 是严格的有理传递函数矩阵，那么肯定存在 $\widetilde{\boldsymbol{D}}\boldsymbol{T}$ 的单位交互矩阵 $\boldsymbol{P}$ 使得

$$\lim_{q^{-1}\to 0} \boldsymbol{P}\left(\widetilde{\boldsymbol{D}}\boldsymbol{T}\right) = \boldsymbol{K} \tag{5.23}$$

其中 $\boldsymbol{K}$ 是一个常实数矩阵，这表明 $\boldsymbol{D} = \boldsymbol{P}\widetilde{\boldsymbol{D}}$ 是 $\boldsymbol{T}$ 的一个交互矩阵。又因为

$$\begin{aligned} \boldsymbol{D}^{\mathrm{T}}\left(q^{-1}\right)\boldsymbol{D}(q) &= \widetilde{\boldsymbol{D}}^{\mathrm{T}}\left(q^{-1}\right)\boldsymbol{P}^{\mathrm{T}}\left(q^{-1}\right)\boldsymbol{P}(q)\widetilde{\boldsymbol{D}}(\boldsymbol{T}) \\ &= \widetilde{\boldsymbol{D}}^{\mathrm{T}}\left(q^{-1}\right)\widetilde{\boldsymbol{D}}(\boldsymbol{T}) = \boldsymbol{I} \end{aligned} \tag{5.24}$$

因此 $\boldsymbol{D}$ 是 $\boldsymbol{T}$ 的单位交互矩阵。

对于过程（5.1）, 其最小方差基准为 $J = \mathrm{tr}\left[\mathrm{Var}\left(\boldsymbol{F}\xi_t\right)\right]$，$\boldsymbol{F}$ 满足（5.2）, 对于给

定的整数 $d' \geqslant d$，有 $J = \mathrm{tr}\left[\sum_{i=0}^{d-1} \boldsymbol{F}_i^{\mathrm{T}} \boldsymbol{F}_i\right] = \mathrm{tr}\left[\sum_{i=0}^{d'-1} \boldsymbol{F'}_i^{\mathrm{T}} \boldsymbol{F'}_i\right]$，其中 $\boldsymbol{F}'$ 满足

$$\begin{aligned}
q^{-d'}\boldsymbol{DN} &= q^{-\left(d'-d\right)}q^{-d}\boldsymbol{DN} \\
&= \boldsymbol{F}_0 q^{-\left(d'-d\right)} + \cdots + \boldsymbol{F}_{d-1}q^{-\left(d'-1\right)} + \boldsymbol{R}'q^{-d'} \\
&= \underbrace{\boldsymbol{F'}_0 + \cdots + \boldsymbol{F'}_{d'-1}q^{-d'+1}}_{\boldsymbol{F}} + \boldsymbol{R}'q^{-d'}
\end{aligned} \tag{5.25}$$

对于任意的 $\boldsymbol{D}$，假设 $\boldsymbol{P}$ 和 $\widetilde{\boldsymbol{D}}$ 的阶次为 p 和 $\widetilde{d}$，显然可知 $p+\widetilde{d} \geqslant d$，根据式 (5.25)，有 $\boldsymbol{F}'$ 满足

$$q^{-\left(p+\widetilde{d}\right)}\boldsymbol{DN} = \underbrace{\boldsymbol{F'}_0 + \cdots + \boldsymbol{F'}_{p+\widetilde{d}-1}q^{-\left(p+\widetilde{d}\right)+1}}_{\boldsymbol{F}} + \boldsymbol{R}'q^{-\left(p+\widetilde{d}\right)} \tag{5.26}$$

而式 (5.26) 可以改写成

$$q^{-\left(p+\widetilde{d}\right)}\boldsymbol{DN} = q^{-p}\boldsymbol{P}q^{-\widetilde{d}}\widetilde{\boldsymbol{D}}\boldsymbol{N} = q^{-p}\boldsymbol{P}\widetilde{\boldsymbol{N}} \tag{5.27}$$

其中 $\widetilde{\boldsymbol{N}} = q^{-\widetilde{d}}\widetilde{\boldsymbol{D}}\boldsymbol{N} = \sum_{i=0}^{\infty}\widetilde{\boldsymbol{N}}q^{-i}$，让 $q^{-p}\boldsymbol{P} = \sum_{i=1}^{p-1}\boldsymbol{P}_i q^{-i}$，并且由于 $\boldsymbol{P}$ 是单位交互矩阵，使用式 (5.10) 中的矩阵构造方法，可以获得 $J(\boldsymbol{D}) = \sum_{i=1}^{p+d-1}\sum_{i=1}^{p+d-1}\mathrm{tr}\left[\boldsymbol{G}_{ij}\right]$，其中 $\boldsymbol{G}_{ij}$ 为矩阵 $\boldsymbol{G}$ 中的第 i 行第 j 列的元素

$$\boldsymbol{G} = \begin{bmatrix}
\widetilde{\boldsymbol{N}}_0^{\mathrm{T}}\widetilde{\boldsymbol{N}}_0 & \cdots & 0 & \cdots & \cdots & 0 \\
\vdots & \ddots & 0 & \cdots & \cdots & 0 \\
0 & 0 & \widetilde{\boldsymbol{N}}_{d'-1}^{\mathrm{T}}\widetilde{\boldsymbol{N}}_{d'-1} & \cdots & \cdots & 0 \\
\vdots & \vdots & \vdots & \widetilde{\boldsymbol{N}}_{d'}^{\mathrm{T}}\sum_{i=0}^{r-2}\left(\boldsymbol{P}_i^{\mathrm{T}}\boldsymbol{P}_i\right)\widetilde{\boldsymbol{N}}_{d'} & \cdots & \cdots \\
\vdots & \vdots & \vdots & \vdots & \ddots & \vdots \\
0 & 0 & 0 & \widetilde{\boldsymbol{N}}_{d'}^{\mathrm{T}}\boldsymbol{P}_{r-2}^{\mathrm{T}}\boldsymbol{P}_0\widetilde{\boldsymbol{N}}_{r+d'-1} & \cdots & \widetilde{\boldsymbol{N}}_{r+d'-1}^{\mathrm{T}}\boldsymbol{P}_0^{\mathrm{T}}\boldsymbol{P}_0\widetilde{\boldsymbol{N}}_{r+d'-1}
\end{bmatrix} \tag{5.28}$$

因为 $\boldsymbol{R}_{r-1}$ 没有出现在式 (5.28) 中，使用拉格朗日乘法定理，可以获得当 $\boldsymbol{P}_{p-1}^{\mathrm{T}}\boldsymbol{P}_{p-1} = \boldsymbol{I}$ 时，$J(\boldsymbol{D})$ 最小化，又因为 $\boldsymbol{P}$ 是单位交互矩阵，那么令 $\boldsymbol{P} = q\boldsymbol{I}$，此时 $\boldsymbol{D} = (q\boldsymbol{I})\left(q^{-1}\boldsymbol{D}_d(\boldsymbol{T})\right) = \boldsymbol{D}_d(\boldsymbol{T})$。

因此，对于给定的过程 $\boldsymbol{T}$，其最小方差性能基准的下界可以记为

$$J_{\text{lower}} = \mathrm{tr}\left[\mathrm{Var}\left(\boldsymbol{F}''\xi_t\right)\right] \tag{5.29}$$

其中 $\boldsymbol{F}''$ 满足

$$q^{-d}\boldsymbol{D}_d(\boldsymbol{T})\boldsymbol{N} = \underbrace{\boldsymbol{F}''_0 + \cdots + \boldsymbol{F}''_{d-1}q^{-d+1}}_{\boldsymbol{F}} + \boldsymbol{R}q^{-d} \tag{5.30}$$

其中 $\boldsymbol{D}_d(\boldsymbol{T})$ 为过程 $\boldsymbol{T}$ 的对角时延矩阵。

因此我们可以将交互矩阵用 $\boldsymbol{D}_d(\boldsymbol{T})$ 来替代，获得最小方差性能基准的下界，和用 $\boldsymbol{D}=q^d\boldsymbol{I}$ 替代交互矩阵来获得最小方差性能基准的上界一样，这种获得下界的方法同样也有物理意义。获得上界是将每个回路的时滞加大到最大的 d，而这一方法获得下界则是将每个回路的时滞减小到各个回路的最小值，这也是要定义对角时延矩阵的原因，对角时延矩阵对角线上的时滞 d_i 是这一回路 i 时滞的最小值，用其替代交互矩阵忽视了 $d_i{}'\ (d_i < d_i{}' \leqslant d)$ 时刻引入的扰动，因而计算获得的小方差不变项要比实际值要小，可以作为最小方差性能基准的下界。

5.3 仿真分析

对于一个标准的多变量过程

$$\boldsymbol{y}_t = \boldsymbol{T}\boldsymbol{u}_t + \boldsymbol{N}\boldsymbol{a}_t \tag{5.31}$$

其中过程模型 $\boldsymbol{T}$ 为

$$\boldsymbol{T} = \begin{bmatrix} \dfrac{z^{-d+1}}{1-0.4z^{-1}} & \dfrac{0.7z^{-d}}{1-0.1z^{-1}} \\ \dfrac{0.3z^{-d+2}}{1-0.1z^{-1}} & \dfrac{z^{-d+1}}{1-0.8z^{-1}} \end{bmatrix} \tag{5.32}$$

初始工况下 $d=3$，随着时间的推移，过程本身发生了变化，导致时滞增加，也就是 d 逐渐增大。该过程噪声 $\boldsymbol{N}$ 的传递函数为

$$\boldsymbol{N} = \begin{bmatrix} \dfrac{1}{1-0.5z^{-1}} & \dfrac{-z^{-1}}{1-0.6z^{-1}} \\ \dfrac{z^{-1}}{1-0.7z^{-1}} & \dfrac{1}{1-0.8z^{-1}} \end{bmatrix} \tag{5.33}$$

为了计算的简便起见，在不影响其一般性的情况下，我们令噪声 $\boldsymbol{a}_t$ 是一个二维的白噪声，并且协方差矩阵 $\boldsymbol{\Sigma}_a=\boldsymbol{I}$ 。

在 $d=3$ 时，通过整定获得控制器 $\boldsymbol{Q}$，其传递函数为

$$\boldsymbol{Q} = \begin{bmatrix} \dfrac{0.5-0.2z^{-1}}{1-0.5z^{-1}} & 0 \\ 0 & \dfrac{0.25-0.2z^{-1}}{1-0.25z^{-2}} \end{bmatrix} \tag{5.34}$$

假设可以获得过程全部的信息，那么就可以获得实际的单位交互矩阵

$$\boldsymbol{D}=\begin{bmatrix}0.9578z^{d-1} & -0.2873z^{d}\\ 0.2873z^{d-2} & 0.9578z^{d-1}\end{bmatrix}\tag{5.35}$$

根据交互矩阵阶次的定义，可以获得 $\boldsymbol{D}$ 的阶次为 d，计算 $z^{-d}\boldsymbol{DN}$ 即可获得过程的最小方差不变项，由此来获得过程的最小方差基准 J_{MV}。计算系统的输出方差 $E\left[\boldsymbol{y}_t^{\mathrm{T}}\boldsymbol{y}_t\right]$ 则可以获得闭环后系统的实际方差，过程的最小方差性能指标可以被定义为 $\eta=\dfrac{J_{\mathrm{MV}}}{E\left[\boldsymbol{y}_t^{\mathrm{T}}\boldsymbol{y}_t\right]}$。

根据定义，该过程的 $\boldsymbol{D}_u$ 和 $\boldsymbol{D}_d$ 分别为

$$\boldsymbol{D}_u=z^{d}\boldsymbol{I}\tag{5.36}$$

$$\boldsymbol{D}_d=\begin{bmatrix}z^{d-2} & 0\\ 0 & z^{d-1}\end{bmatrix}\tag{5.37}$$

用 $\boldsymbol{D}_u$ 和 $\boldsymbol{D}_d$ 代替 $\boldsymbol{D}$，则可以获得过程最小方差基准的上界 J_{upper} 和下界 J_{lower}，同时也可以获得过程最小方差性能指标的上界 η_{upper} 和下界 η_{lower}。当 d 从 3 到 10 变化时，J_{MV},J_{upper},J_{lower} 如图 5.1 和图 5.2 所示，η,η_{upper},η_{lower} 如图 5.3 和图 5.4 所示。

从仿真结果中我们可以发现，性能指标的真值处于利用本章方法计算获得的性能指标的上下界之间。当时间滞后 d 较小时，真值与上下界的差距较大，特别是当 d 从 3 变化到 4 时，真值是变小的，而下界却是增大的，趋势上是相反的；当 d 逐渐增大时，真值与上下界之间的差距则逐渐减小，我们分别计算上界与真值的误差百分比 $\left(J_{\mathrm{upper}}-J_{\mathrm{MV}}\right)/J_{\mathrm{MV}}$，下界与真值的误差百分比 $\left(J_{\mathrm{MV}}-J_{\mathrm{lower}}\right)/J_{\mathrm{MV}}$，如图 5.5 和图 5.6 所示，

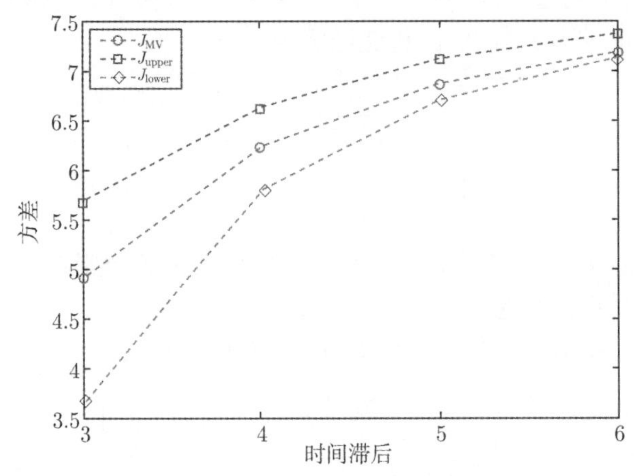

图 5.1　J_{MV},J_{upper},J_{lower} 与相对时滞 d 的关系 $(d=3\sim6)$

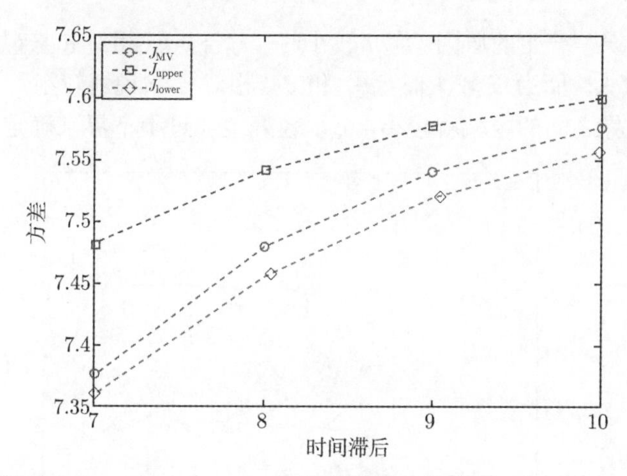

图 5.2　J_{MV},J_{upper},J_{lower} 与相对时滞 d 的关系 ($d=7\sim10$)

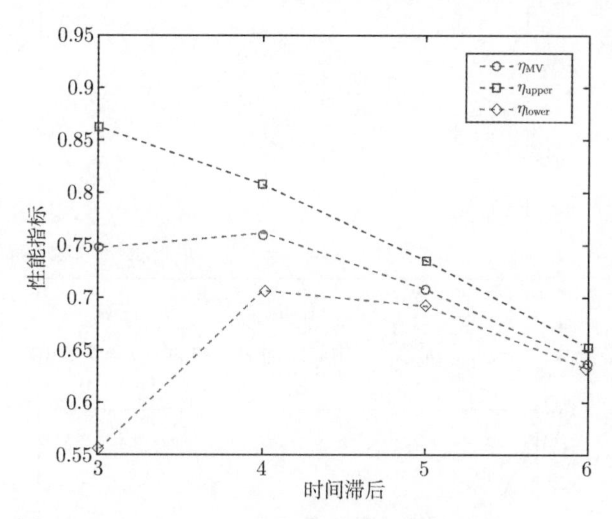

图 5.3　η,η_{upper},η_{lower} 与相对时滞 d 的关系 ($d=3\sim6$)

当时 $d=3$，上下界与真值的误差较大，分别达到了 16% 和 26%，而随着时滞 d 的增大，误差迅速下降，当 $d\geqslant5$ 时，两者的误差均下降到 5% 以内，此时用上下界来估计性能指标的真值则较为可靠，即使只利用上界或者下界来逼近真值，误差也非常小。

分析误差存在的原因，是由于计算性能基准的上下界时，忽略或增加了部分的时滞信息。假设交互矩阵第 i 行第 j 列的时滞项为 d_{ij},$\boldsymbol{D}_d$ 第 i 行第 i 列的时滞项为 $\widehat{d_{ii}}$，那么计算上界时，由于利用 $\boldsymbol{D}_u=z^d\boldsymbol{I}$ 来替代 D，对于交互矩阵的第 i 行第 j 列，多了 $\overline{d_{ij}}=d_{ij},d_{ij}+1,\cdots,d-1,d$ 时刻的信息，计算下界时，由于利用 $\boldsymbol{D}_d$ 替代 D，对于交互矩阵的第 i 行第 j 列，少了 $\widehat{d_{ij}}=\widehat{d_{ii}},\widehat{d_{ii}}+1,\cdots,d_{ij}-1,d_{ij}$ 时刻的

信息，这成为了误差产生的原因。当 d 较小时，$\overline{d_{ij}}$ 和 $\widehat{d_{ij}}$ 相对 d 来说较大，因此引入的误差也就较大，而当 d 较大时，$\overline{d_{ij}}$ 和 $\widehat{d_{ij}}$ 相对 d 来说就较小，引入的误差也较小，此时上下界之间的区域就较小，可以较好地通过上下界来确定真值的范围。

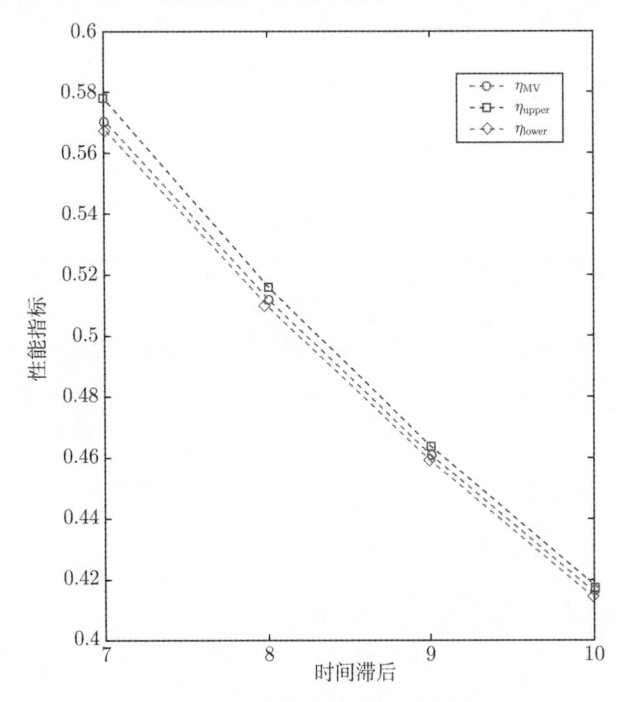

图 5.4　$\eta,\eta_{upper},\eta_{lower}$ 与相对时滞 d 的关系 $(d = 7 \sim 10)$

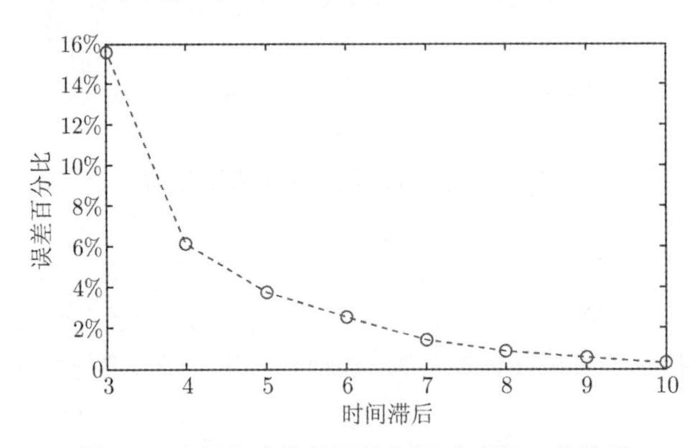

图 5.5　上界与真值的误差和相对时滞 d 的关系

因此当过程的交互矩阵的阶次 d 相对较大时，也就是过程本身存在一定的时滞时，通过计算最小方差性能指标的上下界可以较好地逼近真值，以此来评估系统性能的变化，可以达到较好的效果，并且不需要完整的过程信息，也就是说不需要

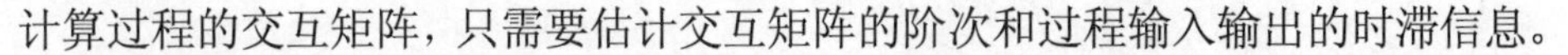
计算过程的交互矩阵，只需要估计交互矩阵的阶次和过程输入输出的时滞信息。

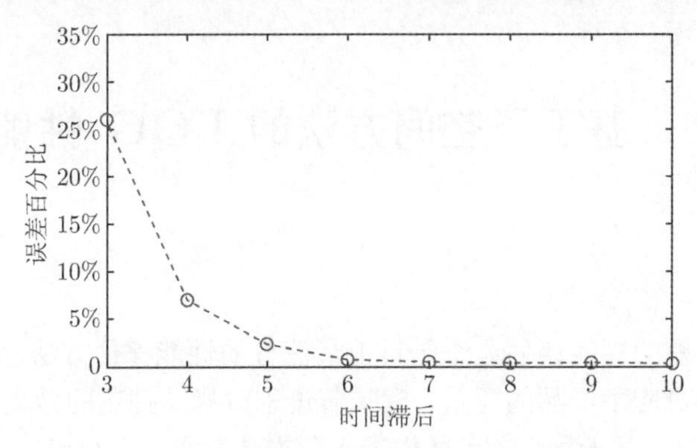

图 5.6　下界与真值的误差和相对时滞 d 的关系

5.4　本 章 小 结

基于最小方差的性能评估方法是目前应用最广泛的性能评估方法，对于现代工业过程中的多变量系统，应用基于最小方差的性能评估方法需要用到过程的交互矩阵，而估计系统的交互矩阵则需要知道系统的 Markov 参数，这相当于要获得过程模型完整的信息，通常情况下难以达到。Xia 和 Huang 的研究指出使用时滞信息可以构造过程的时延矩阵，用于估计多变量系统最小方差基准的上界和下界，通过上下界逼近的方法来估计真值，本章在他们工作的基础上，总结归纳了算法，并分析了这些近似方法的适用范围，指出哪类过程适合适用这一近似方法。实际过程中完整的交互矩阵不容易获得，即真实的性能基准不容易获得，但是交互矩阵的阶次和过程输入输出的时滞信息却比较容易获得，因此这一方法的优点在于，对于工业生产中那些过程信息获取较难的系统，较难获得最小方差性能基准的真值，但可以利用本章的方法进行性能评估。仿真例子验证了真值位于通过这一方法获得的上下界之间，同时也指出了这一方法的缺点，在交互矩阵的阶次较小的情况下，虽然真值仍在上下界之间，但真值与上下界的误差较大，逼近效果不好。造成这一缺点的原因是估计上下界是通过两个不同的矩阵来替代交互矩阵，由此加大或者减小了某些输入的时滞项的影响。而当交互矩阵的阶次较大时，即过程本身有一定的时滞时，误差带来的影响较小，此时利用上下界逼近的方法可以获得非常好的效果。在实际的复杂工业生产过程中，如石油、化工、冶金等领域，广泛地存在着大时滞的过程，如管道混合、热交换器、反应器、多个设备串联等过程，过程完整的信息也不容易获得，此时本章提出的方法将会有较好的效果。

第6章　基于子空间方法的 LQG 性能评估

6.1　引　　言

基于最小方差的性能评估方法是目前最流行的性能评估方法，因为系统输出方差的波动直接对应了产品的质量，意味着过程对扰动抑制的效果决定了生产过程的经济效益。但是基于最小方差的性能评估方法存在一个缺点 —— 只考虑了输出方差的波动，而没有考虑系统输入方差，即控制器输出方差的波动。过程的经济效益不仅仅由产品的质量决定，也由控制代价决定，控制器输出波动一旦非常剧烈势必造成执行机构的频繁操作，引起控制代价过大，降低经济效益，所以在工业生产中，同时考虑过程的输入和输出方差才是较为合理的性能评估方法。在实际的工业生产过程中，最小方差基准只是理论上的最优值，由于其没有考虑控制器输出的约束以及执行机构运作时的实际效果，造成其鲁棒性欠佳，导致控制不稳定，最小方差控制往往得不到应用。基于以上最小方差基准的缺点，Huang 和 Shah 提出 LQG(linear quadratic Gaussian，线性二次型高斯) 基准，在性能评估中不但考虑了输出方差，还考虑了控制作用。通过解决 LQG 问题可以得到 LQG 性能基准，即获得在给定控制作用上限的情况下，输出方差的下限。LQG 性能基准还能提供系统运行过程中的更多信息，如执行器磨损情况。相对于最小方差基准，LQG 基准的缺点在于对于模型的依赖程度较高，需要较为精确的模型，同时进行性能评估中的计算较为复杂，要解 Diophantine 方程或代数 Riccati 方程，计算量较大 [74, 75]。Huang[76] 提出，LQG 基准的计算也可以通过广义预测控制 (GPC) 问题来求解，但仍然是基于模型的方法。Kadali[77] 虽然提出了利用子空间的方法来求解 LQG 基准，但其 LQG 问题的加权系数为一标量，并非一般情况下的加权矩阵，有着较多的局限性。

在大型的工业生产中，工厂对过程的优化往往分为好几个层级，上一层级将对下一层级给出优化目标。在 LQG 控制器的优化中，上一层级可以通过经济性能优化，给出过程的输入输出方差期望值，但传统的 LQG 控制器设计方法是通过人为设置权重矩阵，不断试错来获得的最优值，这一方法难以在给定过程的输入输出方差的情况下设计 LQG 控制器。

本章针对一般情况的 LQG 问题，利用子空间辨识的方法，来求解 LQG 性能基准。此外利用性能基准，在给定过程期望的输入输出方差的情况下，完成 LQG

控制器设计。

6.2　子空间辨识方法

子空间辨识算法起始于过程的输入输出数据，$\boldsymbol{u}_k, \boldsymbol{y}_k, k \in \{0, 1, \cdots, 2i+j-2\}$。大量的输入输出数据被转变为 Hankel 矩阵 [78]。由输入输出数据块构成的 Hankel 矩阵是子空间辨识算法中的关键因素，定义如下：

$$\boldsymbol{U}_{\mathrm{p}} \stackrel{\mathrm{def}}{=} \begin{pmatrix} u_0 & u_1 & u_2 & \cdots & u_{j-1} \\ u_1 & u_2 & u_3 & \cdots & u_j \\ \vdots & \vdots & \vdots & & \vdots \\ u_{i-1} & u_i & u_{i+1} & \cdots & u_{i+j-2} \end{pmatrix} \tag{6.1}$$

$$\boldsymbol{U}_{\mathrm{f}} \stackrel{\mathrm{def}}{=} \begin{pmatrix} u_i & u_{i+1} & u_{i+2} & \cdots & u_{i+j-1} \\ u_{i+1} & u_{i+2} & u_{i+3} & \cdots & u_{i+j} \\ \vdots & \vdots & \vdots & & \vdots \\ u_{2i-1} & u_{2i} & u_{2i+1} & \cdots & u_{2i+j-2} \end{pmatrix} \tag{6.2}$$

$$\boldsymbol{Y}_{\mathrm{p}} \stackrel{\mathrm{def}}{=} \begin{pmatrix} y_0 & y_1 & y_2 & \cdots & y_{j-1} \\ y_1 & y_2 & y_3 & \cdots & y_j \\ \vdots & \vdots & \vdots & & \vdots \\ y_{i-1} & y_i & y_{i+1} & \cdots & y_{i+j-2} \end{pmatrix} \tag{6.3}$$

$$\boldsymbol{Y}_{\mathrm{f}} \stackrel{\mathrm{def}}{=} \begin{pmatrix} y_i & y_{i+1} & y_{i+2} & \cdots & y_{i+j-1} \\ y_{i+1} & y_{i+2} & y_{i+3} & \cdots & y_{i+j} \\ \vdots & \vdots & \vdots & & \vdots \\ y_{2i-1} & y_{2i} & y_{2i+1} & \cdots & y_{2i+j-2} \end{pmatrix} \tag{6.4}$$

这里，块矩阵的行数 i 需要由用户指定，而且要足够大，至少要大于状态空间模型的阶次。

块矩阵的列数 j 通常等于 $s-2i+1$，即为采样点的个数。为了保证算法的有效性，要求 j 要远远大于 $2i-1$。$\boldsymbol{U}_{0|2i-1}$,$\boldsymbol{U}_{0|i-1}$,$\boldsymbol{U}_{i|2i-1}$ 的下标代表 Hankel 矩阵的第一列中第一个元素和最后一个元素的下标，$\boldsymbol{U}_{\mathrm{p}}$ 中的“p”表示“past”即过去，$\boldsymbol{U}_{\mathrm{f}}$ 中的“f”表示“future”，即未来。Hankel 矩阵中的每个元素都是列向量，即

$$\boldsymbol{u}_i = \begin{bmatrix} u_{i1} \\ u_{i2} \\ \vdots \\ u_{il} \end{bmatrix}, \quad \boldsymbol{y}_i = \begin{bmatrix} y_{i1} \\ y_{i2} \\ \vdots \\ y_{im} \end{bmatrix}$$

对于离散时间状态空间模型

$$\begin{aligned} \boldsymbol{x}_{k+1} &= \boldsymbol{A}\boldsymbol{x}_k + \boldsymbol{B}\boldsymbol{u}_k + \boldsymbol{K}\boldsymbol{e}_k \\ \boldsymbol{y}_k &= \boldsymbol{C}\boldsymbol{x}_k + \boldsymbol{D}\boldsymbol{u}_k + \boldsymbol{e}_k \end{aligned} \tag{6.5}$$

其中 $\boldsymbol{u}_k \in R^l, \boldsymbol{y}_k \in R^m$ 和 $\boldsymbol{x}_k \in R^n$ 分别为过程输入、输出和系统状态；信息 $\boldsymbol{e}_k$ 为零均值白噪声。状态矩阵 $\boldsymbol{X}_{\mathrm{p}}$ 和 $\boldsymbol{X}_{\mathrm{f}}$ 也作类似定义：

$$\boldsymbol{X}_{\mathrm{p}} = \begin{bmatrix} x_0 & x_1 & \cdots & x_{j-1} \end{bmatrix} \tag{6.6}$$

$$\boldsymbol{X}_{\mathrm{f}} = \begin{bmatrix} x_i & x_{i+1} & \cdots & x_{i+j-1} \end{bmatrix} \tag{6.7}$$

则广义数据输入输出矩阵等式可写成下述形式：

$$\boldsymbol{X}_{\mathrm{f}} = \boldsymbol{A}^i \boldsymbol{X}_{\mathrm{p}} + \boldsymbol{\varDelta}_{\mathrm{i}} \boldsymbol{U}_{\mathrm{p}} + \boldsymbol{\varDelta}_i^s \boldsymbol{E}_{\mathrm{f}} \tag{6.8}$$

$$\boldsymbol{Y}_{\mathrm{p}} = \boldsymbol{\varGamma}_i \boldsymbol{X}_{\mathrm{p}} + \boldsymbol{H}_i \boldsymbol{U}_{\mathrm{p}} + \boldsymbol{H}_i^s \boldsymbol{E}_{\mathrm{p}} \tag{6.9}$$

$$\boldsymbol{Y}_{\mathrm{f}} = \boldsymbol{\varGamma}_i \boldsymbol{X}_{\mathrm{f}} + \boldsymbol{H}_i \boldsymbol{U}_{\mathrm{f}} + \boldsymbol{H}_i^s \boldsymbol{E}_{\mathrm{f}} \tag{6.10}$$

其中涉及的矩阵定义如下 [79]：

广义能观性矩阵 $\boldsymbol{\varGamma}_i$

$$\boldsymbol{\varGamma}_i = \begin{bmatrix} \boldsymbol{C} \\ \boldsymbol{CA} \\ \boldsymbol{CA}^2 \\ \vdots \\ \boldsymbol{CA}^i \end{bmatrix} \tag{6.11}$$

确定低维分块三角 Toeplitz 矩阵 $\boldsymbol{H}_i$

$$\boldsymbol{H}_i = \begin{bmatrix} \boldsymbol{D} & & & \\ \boldsymbol{CB} & \boldsymbol{D} & & \\ \vdots & \ddots & \ddots & \\ \boldsymbol{C}^{i-2}\boldsymbol{B} & \boldsymbol{C}^{i-1}\boldsymbol{B} & \cdots & \boldsymbol{D} \end{bmatrix} \tag{6.12}$$

低维分块三角 Toeplitz 矩阵 $\boldsymbol{H}_i^s$

$$\boldsymbol{H}_i^s = \begin{bmatrix} \boldsymbol{0} & & & \\ \boldsymbol{C} & \boldsymbol{0} & & \\ \vdots & \ddots & \ddots & \\ \boldsymbol{C}\boldsymbol{A}^{j-2} & \cdots & \boldsymbol{C} & \boldsymbol{0} \end{bmatrix} \tag{6.13}$$

$\{\boldsymbol{A},\boldsymbol{B}\}$ 的逆广义能观性矩阵 $\boldsymbol{\varDelta}_i$

$$\boldsymbol{\varDelta}_i = \begin{bmatrix} \boldsymbol{B}\boldsymbol{A}^{i-1} & \boldsymbol{B}\boldsymbol{A}^{i-2} & \cdots & \boldsymbol{B} \end{bmatrix}^{\mathrm{T}} \tag{6.14}$$

$\{\boldsymbol{A},\boldsymbol{K}\}$ 的逆广义能观性矩阵 $\boldsymbol{\varDelta}_i^s$

$$\boldsymbol{\varDelta}_i^s = \begin{bmatrix} \boldsymbol{A}^{i-1}\boldsymbol{K} & \boldsymbol{A}^{i-2}\boldsymbol{K} & \cdots & \boldsymbol{K} \end{bmatrix} \tag{6.15}$$

将式 (6.9) 代入式 (6.8) 可得

$$\boldsymbol{X}_{\mathrm{f}} = \{\boldsymbol{A}^i\boldsymbol{\varGamma}_i^{\dagger}(\boldsymbol{\varDelta}_i - \boldsymbol{A}^i\boldsymbol{\varGamma}_i^{\dagger}\boldsymbol{H}_N)(\boldsymbol{\varDelta}_i^s - \boldsymbol{A}^i\boldsymbol{\varGamma}_i^{\dagger}\boldsymbol{H}_N^s)\} \begin{bmatrix} \boldsymbol{Y}_{\mathrm{p}} \\ \boldsymbol{U}_{\mathrm{p}} \\ \boldsymbol{E}_{\mathrm{p}} \end{bmatrix} \tag{6.16}$$

将式 (6.16) 代入式 (6.10) 中可得

$$\boldsymbol{Y}_{\mathrm{f}} = \boldsymbol{L}_w\boldsymbol{W}_{\mathrm{p}} + \boldsymbol{L}_u\boldsymbol{U}_{\mathrm{f}} + \boldsymbol{L}_e\boldsymbol{E}_{\mathrm{f}} \tag{6.17}$$

即当前状态可以由过去的输入输出数据描述，其中 $\boldsymbol{L}_w$ 为状态子空间矩阵，$\boldsymbol{L}_u$ 为确定性输入的子空间矩阵，$\boldsymbol{L}_e$ 为随机输入的子空间矩阵。矩阵 $\boldsymbol{W}_{\mathrm{p}}$ 由 $\boldsymbol{Y}_{\mathrm{p}}$ 和 $\boldsymbol{U}_{\mathrm{p}}$ 构成:

$$\boldsymbol{W}_{\mathrm{p}}^{\mathrm{T}} = \begin{bmatrix} \boldsymbol{Y}_{\mathrm{p}}^{\mathrm{T}} & \boldsymbol{U}_{\mathrm{p}}^{\mathrm{T}} \end{bmatrix}^{\mathrm{T}} \tag{6.18}$$

使用线性回归方法可以从 Hankel 数据矩阵中辨识得到子空间矩阵 $\boldsymbol{L}_w$，$\boldsymbol{L}_u$，其中最简单的方法就是最小二乘方法。假设我们使用线性预测器，则有

$$\hat{\boldsymbol{Y}}_{\mathrm{f}} = \boldsymbol{L}_w\boldsymbol{W}_{\mathrm{p}} + \boldsymbol{L}_u\boldsymbol{U}_{\mathrm{f}} \tag{6.19}$$

根据 $\boldsymbol{Y}_{\mathrm{p}}$ 和 $\boldsymbol{Y}_{\mathrm{f}}$ 的定义，$\boldsymbol{Y}_{\mathrm{f}}$ 的最小二乘预测值 $\hat{\boldsymbol{Y}}_{\mathrm{f}}$ 可由下述问题求解:

$$\min_{\boldsymbol{L}_w,\boldsymbol{L}_u} \left\| \boldsymbol{Y}_{\mathrm{f}} - (\boldsymbol{L}_w, \boldsymbol{L}_u) \begin{pmatrix} \boldsymbol{W}_{\mathrm{p}} \\ \boldsymbol{U}_{\mathrm{f}} \end{pmatrix} \right\|_{\mathrm{F}}^2 \tag{6.20}$$

需要满足的条件有：输入 $\boldsymbol{u}(k)$ 与 $\boldsymbol{e}(k)$ 不相关；$\boldsymbol{u}(k)$ 满足 $2N$ 阶次持续激励条件；采样数目足够大，即 $j \to \infty$。

这一问题的解是从列空间 $\boldsymbol{Y}_{\mathrm{f}}$ 到 $\boldsymbol{W}_{\mathrm{p}}$ 和 $\boldsymbol{U}_{\mathrm{f}}$ 的列空间的正交映射，可通过 RQ 分解得到：

$$\begin{pmatrix} \boldsymbol{W}_{\mathrm{p}} \\ \boldsymbol{U}_{\mathrm{f}} \\ \boldsymbol{Y}_{\mathrm{f}} \end{pmatrix} = \begin{pmatrix} R_{11} & 0 & 0 \\ R_{21} & R_{22} & 0 \\ R_{31} & R_{32} & R_{33} \end{pmatrix} \begin{pmatrix} \boldsymbol{Q}_1^{\mathrm{T}} \\ \boldsymbol{Q}_2^{\mathrm{T}} \\ \boldsymbol{Q}_3^{\mathrm{T}} \end{pmatrix} \tag{6.21}$$

则有

$$\boldsymbol{L} = \begin{pmatrix} \boldsymbol{L}_w & \boldsymbol{L}_u \end{pmatrix} = \begin{pmatrix} R_{31} & R_{32} \end{pmatrix} \begin{pmatrix} R_{11} & 0 \\ R_{21} & R_{22} \end{pmatrix}^{\dagger} \tag{6.22}$$

其中矩阵的伪逆可通过 SVD 分解求解。针对式 (6.22) 所示的两个子空间矩阵 $\boldsymbol{L}_w$ 和 $\boldsymbol{L}_u$，不同子空间辨识方法的步骤有所不同。经典的子空间辨识方法有 Verhaegen 等 [80, 81] 提出的 MOESP，Van 等 [82] 提出的 N4SID，Larimore[83] 提出的 CVA 和 Viberg[84] 提出的 IV-4SID。

由于本章的方法并不需要辨识出完整的过程模型，只需要获得子空间矩阵 $\boldsymbol{L}_w$ 和 $\boldsymbol{L}_u$，具体辨识的细节就不予以详细描述。

6.3 LQG 性能指标

6.3.1 LQG 性能基准定义

在任何情况下，由于最小方差控制器控制作用过大以及鲁棒性较差，即使最小方差控制能够实现输出方差波动最小，但不是实际工业过程中控制方法的首选。一个控制器相对于最小方差控制来说，表现出性能良好，那么就不再需要进一步的整定，但是如果表现出性能不良，并不意味着通过重新整定或是设计可以获得性能的进一步的提升。此时在性能评估中就需要将控制作用的比较考虑进去，我们需要知道的是在相同的控制代价之下，系统的输出方差能够获得多大的改善。那么问题就被归结为当要求 $E\left[\boldsymbol{u}_t^2\right] \leqslant \boldsymbol{\alpha}$ 时，最小的 $E\left[\boldsymbol{y}_t^2\right]$ 是多少？

这一问题可以通过图 6.1 中的权衡曲线来解决，而这一曲线可以通过解决 LQG 问题获得，其中 LQG 目标函数定义为

$$J(\lambda) = E[\boldsymbol{y}_t^2] + \lambda E[\boldsymbol{u}_t^2] \tag{6.23}$$

即控制优化的目标是最小化输出与控制的加权方差。式中，E 表示数学期望，λ 为控制输入方差加权系数。改变 λ 时，通过计算可以获得一系列最优的 $E\left[\boldsymbol{u}_t^2\right]$ 和 $E\left[\boldsymbol{y}_t^2\right]$，将对应的 $E\left[\boldsymbol{u}_t^2\right]$ 和 $E\left[\boldsymbol{y}_t^2\right]$ 绘制在二维坐标系上就形成了权衡曲线。当 $\lambda = 0$ 时即为最小方差控制，表示系统输出能够达到的方差最小极限；$\lambda = \infty$ 时为最小能量控制，表示控制器最小动作量的控制性能。

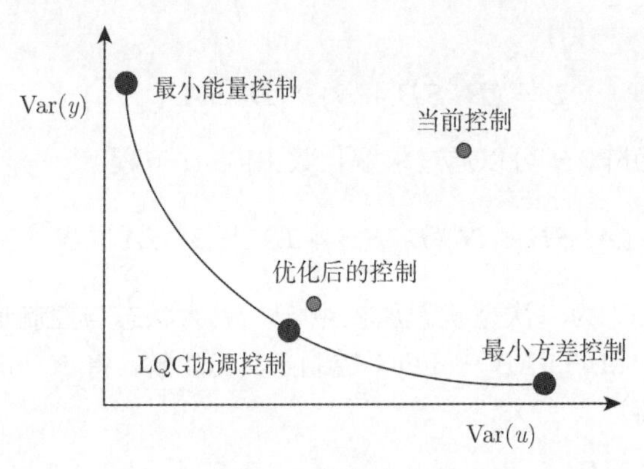

图 6.1 权衡曲线

LQG 权衡曲线表示了控制和输出的方差下限，也即控制器能够达到的性能上限。操作点只有可能出现在曲线的上方。理想状况下，操作点将停留在权衡曲线上，即达到 LQG 协调控制。由于噪声等不确定因素的影响，系统当前控制将偏离权衡曲线，若控制器性能欠佳，当前工作点将远离权衡曲线。

在求得 LQG 权衡曲线之后，计算当前时刻的输入输出数据的方差，可以确定当前控制器下系统相对于最优 LQG 控制器性能指标的大小。假设当前时刻系统的输入输出方差分别为 V_u 和 V_y，在权衡曲线上，V_u 对应的最优输出方差为 $V_y{}'$，V_y 对应的最优输入方差为 $V_u{}'$，那么 LQG 性能指标可以定义为

$$\eta_y = \frac{V_y{}'}{V_y} \tag{6.24}$$

$$\eta_x = \frac{V_x{}'}{V_x} \tag{6.25}$$

当性能变差时，通过对控制器的性能评估与优化，可以给出系统可能的性能提高空间，以改变当前工作点靠近权衡曲线，提高经济效益。

6.3.2 LQG 问题的一般求解方法

对于 LQG 问题，一般的求解方法是通过输入输出或是状态空间模型直接求解 [85, 86]。多变量离散控制系统状态空间表示为

$$\begin{aligned} \boldsymbol{X}(k+1) &= \boldsymbol{AX}(k) + \boldsymbol{BU}(k) + \boldsymbol{H\alpha}(k) \\ \boldsymbol{Y}(k) &= \boldsymbol{CX}(k) + \boldsymbol{\alpha}(k) \end{aligned} \tag{6.26}$$

其中系统噪声 $\boldsymbol{\alpha}(k)$ 为高斯白噪声；$\boldsymbol{H}$ 为 Kalman 滤波增益矩阵。最优状态反馈控制律为 [87]

$$\begin{aligned} \hat{\boldsymbol{X}}(k+1) &= (\boldsymbol{A} - \boldsymbol{HC} - \boldsymbol{BL})\hat{\boldsymbol{X}}(k) + \boldsymbol{HY}(k) \\ \boldsymbol{U}(k) &= -\boldsymbol{L}\hat{\boldsymbol{X}}(k) \end{aligned} \tag{6.27}$$

其中

$$\boldsymbol{L} = (\boldsymbol{B}^{\mathrm{T}}\boldsymbol{S}\boldsymbol{B} + \boldsymbol{R})^{-1}(\boldsymbol{B}^{\mathrm{T}}\boldsymbol{S}\boldsymbol{A} + \boldsymbol{N}^{\mathrm{T}}) \tag{6.28}$$

为状态反馈增益矩阵，$\boldsymbol{S}$ 可以通过求解代数 Riccati 方程

$$\boldsymbol{A}^{\mathrm{T}}\boldsymbol{S}\boldsymbol{A} - \boldsymbol{S} - (\boldsymbol{A}^{\mathrm{T}}\boldsymbol{S}\boldsymbol{B} + \boldsymbol{N})(\boldsymbol{B}^{\mathrm{T}}\boldsymbol{S}\boldsymbol{B} + \boldsymbol{R})^{-1}(\boldsymbol{B}^{\mathrm{T}}\boldsymbol{S}\boldsymbol{A} + \boldsymbol{N}^{\mathrm{T}}) + \boldsymbol{Q} = 0 \tag{6.29}$$

得到，$\boldsymbol{Q} = \boldsymbol{C}^{\mathrm{T}}\boldsymbol{W}\boldsymbol{C}$ 为二次型状态加权矩阵，$\boldsymbol{N}$ 为状态与控制加权矩阵，通常取 $\boldsymbol{N} = 0$。$\boldsymbol{L}$ 可通过 MATLAB 中 LQG 控制工具箱求解。将 Kalman 滤波器和最优状态反馈综合可得

$$\begin{bmatrix} \boldsymbol{X}(k+1) \\ \hat{\boldsymbol{X}}(k+1) \end{bmatrix} = \begin{bmatrix} \boldsymbol{A} & -\boldsymbol{B}\boldsymbol{L} \\ \boldsymbol{H}\boldsymbol{C} & \boldsymbol{A} - \boldsymbol{H}\boldsymbol{C} - \boldsymbol{B}\boldsymbol{L} \end{bmatrix} \begin{bmatrix} \boldsymbol{X}(k) \\ \hat{\boldsymbol{X}}(k) \end{bmatrix} + \begin{bmatrix} \boldsymbol{H} \\ \boldsymbol{H} \end{bmatrix} \boldsymbol{\alpha}(k) \tag{6.30}$$

可表示为

$$\tilde{\boldsymbol{X}}(k+1) = \boldsymbol{A}_{cl}\tilde{\boldsymbol{X}}(k) + \boldsymbol{B}_{cl}\boldsymbol{\alpha}(k) \tag{6.31}$$

从而可得到对象模型的控制方差与输出方差分别为

$$\begin{aligned} \mathrm{Var}(\boldsymbol{U}) &= [\ 0 \quad -\boldsymbol{L}\ ]\mathrm{Var}(\tilde{X}) \begin{bmatrix} 0 \\ -\boldsymbol{L}^{\mathrm{T}} \end{bmatrix} \\ \mathrm{Var}(\boldsymbol{Y}) &= [\ \boldsymbol{C} \quad 0\ ]\mathrm{Var}(\tilde{X}) \begin{bmatrix} \boldsymbol{C}^{\mathrm{T}} \\ 0 \end{bmatrix} + \mathrm{Var}(\alpha) \end{aligned} \tag{6.32}$$

这一方法求解较为直观，缺点在于要求解代数 Riccati 方程，计算量较大。

6.4 基于子空间方法的 LQG 性能基准

式 (6.23) 定义的 LQG 目标函数中的权重 λ 为一标量，即输入 u 的每一个分量的权重相同，考虑为输入 u 和输出 y 的每一个分量设置不同的权重，我们定义更一般化的 LQG 目标函数为

$$J = \sum_{k=1}^{N} \left[(\boldsymbol{y}_k - \boldsymbol{r}_k)^{\mathrm{T}} \boldsymbol{Q} (\boldsymbol{y}_k - \boldsymbol{r}_k) + \boldsymbol{u}_k^{\mathrm{T}} \boldsymbol{R} \boldsymbol{u}_k \right] \tag{6.33}$$

其中 $\boldsymbol{r}_k$ 为设定值，$\boldsymbol{y}_k$ 为输出，$\boldsymbol{u}_k$ 为输入；$\boldsymbol{Q}$ 和 $\boldsymbol{R}$ 分别为输出和输入的权重矩阵，为对角线矩阵，对角线上的每一个元素代表对应分量的权重。

对于一个离散多变量系统，其状态空间模型表达为

$$\begin{aligned} \boldsymbol{x}_t &= \boldsymbol{A}\boldsymbol{x}_{t-1} + \boldsymbol{B}\boldsymbol{u}_{t-1} + \boldsymbol{K}\boldsymbol{e}_{t-1} \\ \boldsymbol{y}_t &= \boldsymbol{C}\boldsymbol{y}_{t-1} + \boldsymbol{D}\boldsymbol{u}_{t-1} + \boldsymbol{e}_{t-1} \end{aligned} \tag{6.34}$$

根据 6.2 节中的内容，可以获得该模型对应的子空间表达为

$$\begin{aligned}\boldsymbol{y}_{\rm f} &= \boldsymbol{\Gamma}_N \boldsymbol{x}_{t+1} + \boldsymbol{H}_N \boldsymbol{u}_{\rm f} + \boldsymbol{H}_N^S \boldsymbol{e}_{\rm f} \\ &= \boldsymbol{L}_w \boldsymbol{w}_{\rm p} + \boldsymbol{L}_u \boldsymbol{u}_{\rm f} + \boldsymbol{L}_e \boldsymbol{e}_{\rm f}\end{aligned} \tag{6.35}$$

其中 $\boldsymbol{w}_{\rm p} = \begin{pmatrix} \boldsymbol{y}_{\rm p} \\ \boldsymbol{u}_{\rm p} \end{pmatrix}$，当使用线性预测器时

$$\hat{\boldsymbol{y}}_{\rm f} = \boldsymbol{L}_w \boldsymbol{w}_{\rm p} + \boldsymbol{L}_u \boldsymbol{u}_{\rm f} \tag{6.36}$$

将式 (6.36) 代入式 (6.33) 中，可以将 LQG 问题转化为

$$\begin{aligned}J &= \min_{\boldsymbol{u}_{\rm f}^2} \left[(\hat{\boldsymbol{y}}_k - \boldsymbol{r}_k)^{\rm T} \boldsymbol{Q} (\hat{\boldsymbol{y}}_k - \boldsymbol{r}_k) + \boldsymbol{u}_k^{\rm T} \boldsymbol{R} \boldsymbol{u}_k \right] \\ &= \min_{\boldsymbol{u}_{\rm f}^2} \left[(\boldsymbol{L}_w \boldsymbol{w}_{\rm p} + \boldsymbol{L}_u \boldsymbol{u}_{\rm f} - \boldsymbol{r}_k)^{\rm T} \boldsymbol{Q}_i (\boldsymbol{L}_w \boldsymbol{w}_{\rm p} + \boldsymbol{L}_u \boldsymbol{u}_{\rm f} - \boldsymbol{r}_k) + \boldsymbol{u}_{\rm f}^{\rm T} \boldsymbol{R}_i \boldsymbol{u}_{\rm f} \right]\end{aligned} \tag{6.37}$$

其中 i 为子空间块矩阵的行数

$$\boldsymbol{Q}_i = \underbrace{\begin{bmatrix} \boldsymbol{Q} & 0 & \cdots & 0 \\ 0 & \boldsymbol{Q} & \ddots & \vdots \\ \vdots & \ddots & \ddots & 0 \\ 0 & \cdots & 0 & \boldsymbol{Q} \end{bmatrix}}_{i}, \quad \boldsymbol{R}_i = \underbrace{\begin{bmatrix} \boldsymbol{R} & 0 & \cdots & 0 \\ 0 & \boldsymbol{R} & \ddots & \vdots \\ \vdots & \ddots & \ddots & 0 \\ 0 & \cdots & 0 & \boldsymbol{R} \end{bmatrix}}_{i} \tag{6.38}$$

对 J 求 $\boldsymbol{u}_{\rm f}$ 的偏导并置为 0 可以获得 LQG 控制率

$$\boldsymbol{u}_{\rm f} = \left(\boldsymbol{R}_i + \boldsymbol{L}_u^{\rm T} \boldsymbol{Q}_i \boldsymbol{L}_u \right)^{-1} \boldsymbol{L}_u^{\rm T} \boldsymbol{Q}_i (\boldsymbol{r}_{\rm f} - \boldsymbol{L}_w \boldsymbol{w}_{\rm p}) \tag{6.39}$$

当子空间矩阵行数 $N \to \infty$ 时，上式即为最优的 LQG 控制率。

为了简便起见，在不影响通用性的情况下，置控制器设定值 $\boldsymbol{r}_{\rm f} = 0$，可得

$$\boldsymbol{u}_{\rm f} = -\boldsymbol{K} (\boldsymbol{L}_g \hat{\boldsymbol{u}}_{\rm p} + \boldsymbol{L}_h \hat{\boldsymbol{e}}_{\rm p}) \tag{6.40}$$

其中系数矩阵

$$\boldsymbol{K} = \left(\boldsymbol{R}_i + \boldsymbol{L}_u^{\rm T} \boldsymbol{Q}_i \boldsymbol{L}_u \right)^{-1} \boldsymbol{L}_u^{\rm T} \boldsymbol{Q}_i \tag{6.41}$$

$$\begin{bmatrix} \boldsymbol{L}_g & \boldsymbol{L}_h \end{bmatrix} = \boldsymbol{L}_w \tag{6.42}$$

$\boldsymbol{L}_g, \boldsymbol{L}_h$ 为三角矩阵，形式为

$$\boldsymbol{L}_g = \begin{bmatrix} g_1 & g_2 & \cdots & g_{N-1} & g_N \\ g_2 & g_3 & \cdots & g_N & 0 \\ \vdots & \vdots & \iddots & \iddots & \vdots \\ g_N & 0 & 0 & \cdots & 0 \end{bmatrix}, \quad \boldsymbol{L}_h = \begin{bmatrix} l_0 & l_1 & \cdots & l_{N-1} & l_N \\ l_1 & l_2 & \cdots & l_N & 0 \\ \vdots & \vdots & \iddots & \iddots & \vdots \\ l_{N-1} & l_N & 0 & \cdots & 0 \end{bmatrix}$$

$\hat{\boldsymbol{u}}_{\mathrm{p}}, \hat{\boldsymbol{e}}_{\mathrm{p}}$ 为

$$\hat{\boldsymbol{u}}_{\mathrm{p}} = \begin{bmatrix} u_t \\ u_{t-1} \\ \vdots \\ u_{t-N+1} \end{bmatrix}, \quad \hat{\boldsymbol{e}}_{\mathrm{p}} = \begin{bmatrix} e_{t+1} \\ e_t \\ \vdots \\ e_{t-N+1} \end{bmatrix}$$

将式 (6.40) 代入式 (6.37) 中，化简可得

$$\begin{aligned} \boldsymbol{y}_{\mathrm{f}} &= \boldsymbol{L}_g \hat{\boldsymbol{u}} + \boldsymbol{L}_h \hat{\boldsymbol{e}} + \boldsymbol{L}_u \boldsymbol{u}_{\mathrm{f}} + \boldsymbol{L}_e \boldsymbol{e}_{\mathrm{f}} \\ &= (\boldsymbol{I} - \boldsymbol{L}_u \boldsymbol{K}) \boldsymbol{L}_g \hat{\boldsymbol{u}}_{\mathrm{p}} + (\boldsymbol{I} - \boldsymbol{L}_u K) \boldsymbol{L}_h \hat{\boldsymbol{e}}_{\mathrm{p}} + \hat{\boldsymbol{L}}_e \hat{\boldsymbol{e}}_{\mathrm{f}} \end{aligned} \tag{6.43}$$

其中 $\boldsymbol{I}$ 为单位矩阵；$\hat{L}_e, \hat{e}_{\mathrm{f}}$ 为

$$\hat{\boldsymbol{L}}_e = \begin{bmatrix} 0 & 0 & 0 & \cdots & 0 \\ l_0 & 0 & 0 & \cdots & 0 \\ l_1 & l_0 & 0 & \cdots & 0 \\ \vdots & \vdots & \ddots & \ddots & \vdots \\ l_N & l_{N-1} & \cdots & l_0 & 0 \end{bmatrix}, \quad \hat{\boldsymbol{e}}_{\mathrm{f}} = \begin{bmatrix} e_{t+2} \\ e_{t+3} \\ \cdots \\ e_{t+N+1} \end{bmatrix}$$

假设扰动从 $t+1$ 时刻进入，即之前时刻的控制输入和扰动均为 0，可得

$$\boldsymbol{u}_{\mathrm{f}} = -\boldsymbol{K} \boldsymbol{l}_e \boldsymbol{e}_{t+1} = \begin{pmatrix} \psi_0 \\ \psi_1 \\ \vdots \\ \psi_{N-1} \end{pmatrix} \boldsymbol{e}_{t+1} \tag{6.44}$$

$$\boldsymbol{y}_{\mathrm{f}} = (\boldsymbol{I} - \boldsymbol{L}_u \boldsymbol{K}) \boldsymbol{l}_e \boldsymbol{e}_{t+1} = \begin{pmatrix} \gamma_0 \\ \gamma_1 \\ \vdots \\ \gamma_{N-1} \end{pmatrix} \boldsymbol{e}_{t+1} \tag{6.45}$$

其中 $\boldsymbol{l}_e$ 为 $\boldsymbol{L}_e$ 的第 1 列，即噪声模型的脉冲响应，系数

$$\begin{pmatrix} \psi_0 \\ \psi_1 \\ \vdots \\ \psi_{N-1} \end{pmatrix} = -\left(\boldsymbol{R}_i + \boldsymbol{L}_u^{\mathrm{T}} \boldsymbol{Q}_i \boldsymbol{L}_u\right)^{-1} \boldsymbol{L}_u^{\mathrm{T}} \boldsymbol{Q}_i \boldsymbol{l}_e \tag{6.46}$$

$$\begin{pmatrix} \gamma_0 \\ \gamma_1 \\ \vdots \\ \gamma_{N-1} \end{pmatrix} = \left[\boldsymbol{I} - \boldsymbol{L}_u \left(\boldsymbol{R}_i + \boldsymbol{L}_u^{\mathrm{T}} \boldsymbol{Q}_i \boldsymbol{L}_u\right)^{-1} \boldsymbol{L}_u^{\mathrm{T}} \boldsymbol{Q}_i\right] \boldsymbol{l}_e \tag{6.47}$$

输入和输出各分量的方差则可以由下式获得：

$$\mathrm{Var}\left[\boldsymbol{u}_t\right]=\sum_{i=0}^{N-1}\boldsymbol{\psi}_i{}^{\mathrm{T}}\mathrm{Var}\left[\boldsymbol{e}_t\right]\boldsymbol{\psi}_i \tag{6.48}$$

$$\mathrm{Var}\left[\boldsymbol{y}_t\right]=\sum_{i=0}^{N-1}\boldsymbol{\gamma}_i{}^{\mathrm{T}}\mathrm{Var}\left[\boldsymbol{e}_t\right]\boldsymbol{\gamma}_i \tag{6.49}$$

对应不同的权重矩阵 $\boldsymbol{Q}$ 和 $\boldsymbol{R}$，可以获得一组 LQG 控制器下的系统输入的方差 $\mathrm{Var}\left[\boldsymbol{u}_t\right]$ 和输出的方差 $\mathrm{Var}\left[\boldsymbol{y}_t\right]$，改变权重矩阵 $\boldsymbol{Q}$ 和 $\boldsymbol{R}$ 的值，可以获得一系列不同的输入输出方差的值，这些值即为广义的 LQG 控制性能基准。需要注意的是，对于 n 输入 m 输出系统，权重矩阵 $\boldsymbol{Q}$ 和 $\boldsymbol{R}$ 有 $n+m-1$ 个自由度，计算中可以固定其中任意一个元素为 1，为了方便起见，一般固定 $\boldsymbol{Q}$ 和 $\boldsymbol{R}$ 的第一个元素为 1。

假设当前系统为 n 输入 m 输出系统，各回路的输入方差为 $\mathrm{Var}[\boldsymbol{u}_k]'$，各回路的输出方差为 $\mathrm{Var}[\boldsymbol{y}_k]'$，我们关注第 i 个输出的性能，需要改变权重矩阵 $\boldsymbol{Q}$ 和 $\boldsymbol{R}$ 的值，计算一系列的性能基准，搜索出输入 $\mathrm{Var}\left[\boldsymbol{u}_k\right]=\mathrm{Var}[\boldsymbol{u}_k]'\,(k=1,\cdots,n)$，输出 $\mathrm{Var}\left[\boldsymbol{y}_k\right]=\mathrm{Var}[\boldsymbol{y}_k]'\,(k=1,\cdots,m,k\neq i)$ 时的性能基准，这一指标对应的 $\mathrm{Var}[\boldsymbol{y}_i]^{\mathrm{opt}}$ 即为第 i 个输出的方差在 LQG 控制器作用下能够达到的最小值，记当前第 i 个输出的方差为 $\mathrm{Var}\left[\boldsymbol{y}_i\right]$，那么可以定义第 i 个输出的 LQG 性能指标为

$$\eta\left(\boldsymbol{y}_i\right)=\frac{\mathrm{Var}[\boldsymbol{y}_i]^{\mathrm{opt}}}{\mathrm{Var}\left[\boldsymbol{y}_i\right]} \tag{6.50}$$

同样可以定义第 i 个输入的 LQG 性能指标为

$$\eta\left(\boldsymbol{u}_i\right)=\frac{\mathrm{Var}[\boldsymbol{u}_i]^{\mathrm{opt}}}{\mathrm{Var}\left[\boldsymbol{u}_i\right]} \tag{6.51}$$

当 $\boldsymbol{Q}$ 为单位阵，$\boldsymbol{R}$ 为标量 λ 时，本节描述的 LQG 性能基准则可以简化成 6.3.1 节中介绍的权衡曲线。相比于权衡曲线，本节提出的 LQG 性能基准优点在于更一般化，用户可以获得更多的有用信息，甚至可以根据实际需要对性能指标进行改造，例如，用户可以选择若干需要评估的输入或是输出，根据经济性能或是其他因素构造新的性能基准，如 $J=3u_1+5u_3+2y_2$ 等。同时本节的评估方法利用了子空间的方法，属于数据驱动的类型，不需要过程的先验知识，在计算过程中没有辨识出具体的模型，没有对数据进行截断，因而尽可能地保留了原始数据提供的信息。

6.5 精馏塔过程分析

考虑 3.4 节中的精馏塔对象，初始状态下精馏塔正常运行，当运行到 2000s 时，

冷凝器的过程特性发生了变化，使得时滞增加，对 0~4000s 的输入输出数据采样，如图 6.2 和图 6.3 所示。

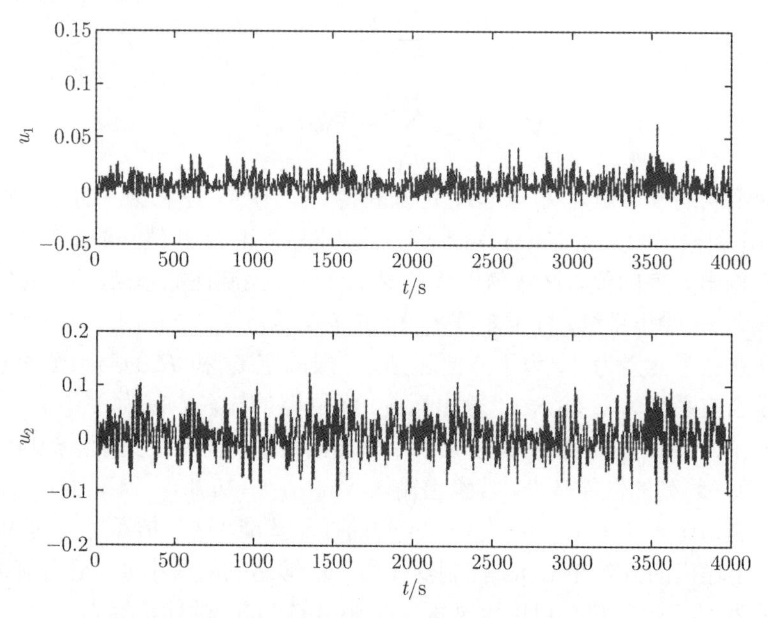

图 6.2　精馏塔过程控制器输出采样

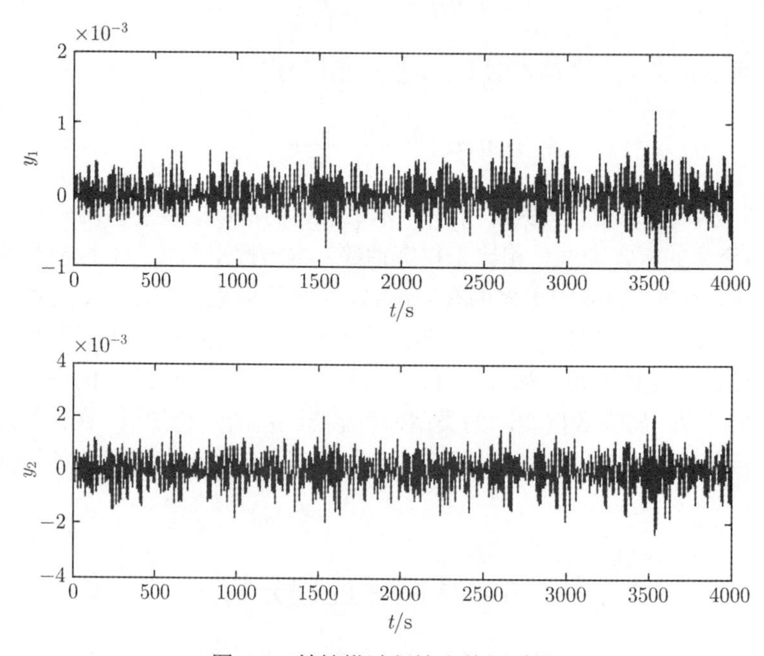

图 6.3　精馏塔过程输出数据采样

虽然过程的时滞增加，特性发生了变化，但是从表观上来看，并不能发现差异。此时若能通过性能评估方法发现过程的性能变差，及时对控制器进行重新整定，则能提高企业的经济效益。

采用基于子空间的 LQG 性能评估方法对 y_1 的方差进行评估，即当 y_2，u_1，u_2 的方差固定时，求在最优 LQG 控制作用下 y_1 的方差，以此作为性能基准，性能指标则为式 (6.50) 的形式。采用采样获得的数据进行性能评估，评估的过程中，子空间矩阵行数 $i=40$，每次评估使用的数据长度 $N=1000$，评估结果如图 6.4 所示。可以发现 2000s 后，性能指标发生了明显的下降，指示控制器的性能变差，此时通过重新整定控制器则可以使得控制器的性能获得显著的提升。

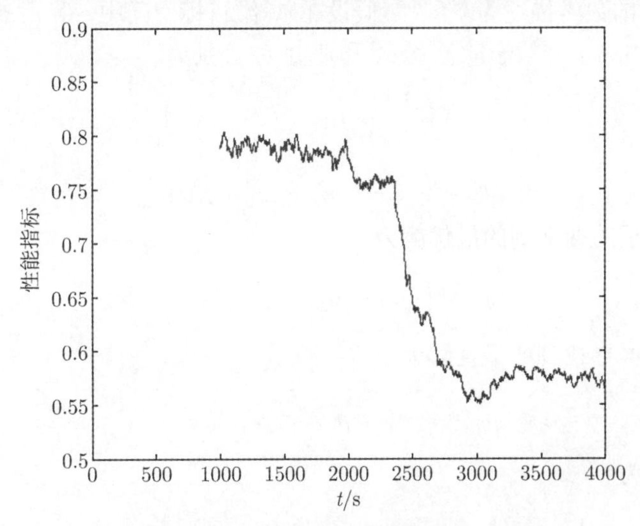

图 6.4　基于子空间 LQG 性能指标的精馏塔性能评估

6.6　基于 LQG 性能基准的控制器优化设计

上文提出了基于子空间的 LQG 性能基准，这一方法可以获得输入输出方差关于权重矩阵 $\boldsymbol{Q}$ 和 $\boldsymbol{R}$ 的函数关系，因此可以用于在已知系统输入输出方差的要求的情况下，进行 LQG 控制器的设计，即给定系统输入输出方差的上限，通过方差与 $\boldsymbol{Q}$ 和 $\boldsymbol{R}$ 的关系，逆向求解对应 $\boldsymbol{Q}$ 和 $\boldsymbol{R}$，进行 LQG 控制器的设计。在逆向求解中，由于方差和 $\boldsymbol{Q}$ 和 $\boldsymbol{R}$ 的函数关系不能直接求逆，因此引入搜索算法，首先进行粒子群优化获得一次最优值，再利用免梯度算法来求解这一无约束非线性优化问题。

6.6.1　粒子群优化算法

粒子群优化算法 (particle swarm optimization,PSO) 首先由 Kennedy [88] 于

1995 年提出，是一种基于群体智能理论的优化算法。PSO 模拟了鸟群觅食的过程，通过个体间的合作与竞争产生的群体智能来进行优化搜索。

在 PSO 算法中，优化问题的每一个潜在解可以认为是 N 维空间上的一个点 p，称为“粒子”，存在一个目标函数 J，来决定该点的适应值 $J(p)$。每一个粒子都会在 N 维空间中飞行，飞行的速度由其自身的经验以及其他粒子的经验来决定，通常粒子将跟随当前最优的粒子飞行，以此迭代搜索。每一次迭代之后，粒子下一次飞行的速度和位移将根据两个值来更新：该粒子寻找到的最优解，即局部最优解，和整个粒子群寻找到的最优解，即全局最优解。当搜索出的结果满足要求或是迭代的次数超过设定值时，搜索则会停止。

PSO 算法的数学描述为 [89, 90]：假设在 N 维目标空间中，由 m 个粒子组成一个粒子群，其中第 i 个粒子的位置 x_i 和速度 v_i 分别为

$$x_i = \begin{pmatrix} x_{i1} & x_{i2} & \cdots & x_{iN} \end{pmatrix} \tag{6.52}$$

$$v_i = \begin{pmatrix} v_{i1} & v_{i2} & \cdots & v_{iN} \end{pmatrix} \tag{6.53}$$

第 i 个粒子的搜索到的最优解为

$$p_i = \begin{pmatrix} p_{i1} & p_{i2} & \cdots & p_{iN} \end{pmatrix} \tag{6.54}$$

整个粒子群寻找到的最优解为

$$p_g = \begin{pmatrix} p_{g1} & p_{g2} & \cdots & p_{gN} \end{pmatrix} \tag{6.55}$$

迭代方式为

$$v_{in}^{k+1} = v_{in}^{k} + c_1 r_1^k \left(p_{in}^k - x_{in}^k\right) + c_2 r_1^k \left(g_{gn}^k - x_{in}^k\right) \tag{6.56}$$

$$x_{in}^{k+1} = x_{in}^{k} + v_{in}^{k+1} \tag{6.57}$$

其中 $i = 1, 2, \cdots, m$，$n = 1, 2, \cdots, N$；加速因子 c_1 和 c_2 是常数，调节个体最优粒子和全局最优粒子的飞行步长。加速因子太小会导致粒子远离目标，太大则容易飞过目标。合适的加速因子可以加快收敛速度并且不容易陷入局部最优，通常令 $c_1 = c_2 = 2$。r_1 和 r_2 是位于 $[0, 1]$ 的随机数。为了减少在搜索过程中，粒子离开目标空间的可能性，需要限制粒子的飞行速度，因此限制 $v_{in} \in [-v_{\max}, v_{\max}]$。

PSO 算法的优点在于需要用户确定的参数不多，同时操作简单，但是缺点在于容易陷入局部最优，并且精度不高。

6.6.2 基于性能基准的 LQG 控制器设计

在实际的工业生产中，厂商对于控制器的要求是实现其综合经济效益最大化，因此这也是控制器设计的目标。为使经济效益最大化，通常希望使生产尽可能靠近

上限实现卡边控制。在经济性能评估与优化层根据厂级优化调度，在保证输出与控制约束的条件下，针对每个生产单元通过稳态优化策略计算最优设定值，作为动态优化层的跟踪目标。对于最下层的控制器，获得的将是系统输入输出方差的上限，需要根据此来设计控制器。对于 LQG 控制器的设计来说，需要确定的参数是权重矩阵 $\boldsymbol{Q}$ 和 $\boldsymbol{R}$ 的值，以满足系统输入输出方差的要求。传统的 LQG 控制器设计是通过人为设置权重矩阵，不断试错来优化权重矩阵的值，但这样的方法解决不了给定系统输入输出方差的情况下，LQG 控制器的设计问题。

本节提出的 LQG 控制器的设计方法，是根据 6.4 节中提出的，利用子空间的方法获得系统输入输出方差关于权重矩阵 $\boldsymbol{Q}$ 和 $\boldsymbol{R}$ 的函数关系，给定系统输入输出方差，通过求解优化问题来获得权重的最优值，是首个系统性解决这一问题的方法。

对于一个 n 入 m 出的离散多变量过程，LQG 控制器的设计目标为输入方差的上限为 x_{tar}，输出方差的上限为 y_{tar}。获得一段系统的开环数据后，根据式 (6.48) 和式 (6.49) 可以获得输入和输出方差关于权重矩阵 $\boldsymbol{Q}$ 和 $\boldsymbol{R}$ 的表达式，记为

$$\begin{aligned}\mathrm{Var}\,(y) &= f_1\,(\boldsymbol{Q},\boldsymbol{R})\\ \mathrm{Var}\,(u) &= f_2\,(\boldsymbol{Q},\boldsymbol{R})\end{aligned} \tag{6.58}$$

计算系统的输入输出方差与目标值在 $n+m$ 维空间上的欧氏距离，并标准化后，定义为需要搜索的目标函数

$$J\,(\boldsymbol{Q},\boldsymbol{R}) = \mathrm{norm}\left[\boldsymbol{F}\,(y_{\mathrm{tar}} - \mathrm{Var}\,(y))\,./\mathrm{Var}\,(y)\right] + \mathrm{norm}\left[\boldsymbol{G}\,(x_{\mathrm{tar}} - \mathrm{Var}\,(x))\,./\mathrm{Var}\,(x)\right] \tag{6.59}$$

其中 norm[ ] 表示求 H_2 范数；./ 表示点除；$\boldsymbol{F},\boldsymbol{G}$ 分别为 m 和 n 维向量，表示每一个输入输出方差在目标函数中的权重。由于 $\boldsymbol{Q}$ 和 $\boldsymbol{R}$ 共计 $m{+}n$ 个自由度，令 $\boldsymbol{Q} = \mathrm{diag}\,[1,q_2,q_3,\cdots,q_m]$，$\boldsymbol{R} = \mathrm{diag}\,[r_1,r_2,\cdots,q_n]$，记 $\boldsymbol{X} = [q_2,q_3,\cdots,q_m,r_1,r_2,\cdots,r_n]$，则式 (6.59) 可记为 $J\,(\boldsymbol{X})$。

搜索目标是求 $J\,(\boldsymbol{X})$ 的最小值，具体过程为：

(1) 设定粒子个数 M 和最大迭代次数 N, 任意粒子可以表示为 $X_i(i=1,2,\cdots,M)$；

(2) 对于任意 i,j，在 $[0,X_{\max}]$ 内服从均匀分布产生 X_{ij}；

(3) 对于任意 i,j，在 $[-V_{\max},V_{\max}]$ 内服从均匀分布产生 V_{ij}；

(4) 对于任意 i，$P_i = X_i$；

(5) 根据 $J\,(\boldsymbol{X})$ 计算每个粒子的适应值；

(6) 对于任意粒子 i，将其适应值与当前全局最优解 $\boldsymbol{G}$ 的适应值作比较，若优于 $\boldsymbol{G}$ 的适应值，则将粒子 i 保存为全局最优解；

(7) 根据式 (6.56) 和式 (6.57) 对粒子的速度和位置作出更新；

(8) 若 $J(\boldsymbol{X})=0$，或者 K 次迭代 $J(\boldsymbol{X})$ 的改善比例小于 σ，此时认为搜索到最优解，返回此时的粒子 $\boldsymbol{X}'$，否则回到步骤 (5)，若迭代次数大于 N，则搜索失败；

(9) 将 $\boldsymbol{X}'$ 作为初值，代入免梯度算法中，搜索获得最优解，记为 $\boldsymbol{X}^o$，可调用 MATLAB 中的函数 fminsearch。

当 $J(\boldsymbol{X}^o)$ 为 0 时，表示给定的目标可以通过 LQG 控制器达到，当 $J(\boldsymbol{X}^o)$ 大于 0 时，表示给定的目标不能通过 LQG 控制器达到，此时通过最优解设计的控制器与目标值的差距最小。

6.7 溶剂回收过程研究

本节以某厂 PTA 装置的溶剂回收过程为例，验证基于 LQG 性能基准的控制器优化设计方法，过程的流程如图 6.5 所示。

回收过程的原料为醋酸和水的混合物，塔底液相经过再沸器加热返回塔内，产出的醋酸返回 PTA 装置，塔顶气相冷凝后进入回流罐，部分返回塔内。在 LQG 控制器中，回流量 u_1 和再沸器温度控制器的设定值 u_2 作为操作变量，塔底电导率 y_1，塔顶电导率 y_2 作为受控变量，再沸器加热蒸汽压力作为干扰变量 [91]。控制目标是在塔底电导率，压差平稳的前提下，尽量降低塔顶电导率，减少醋酸排放量，提高回收率。

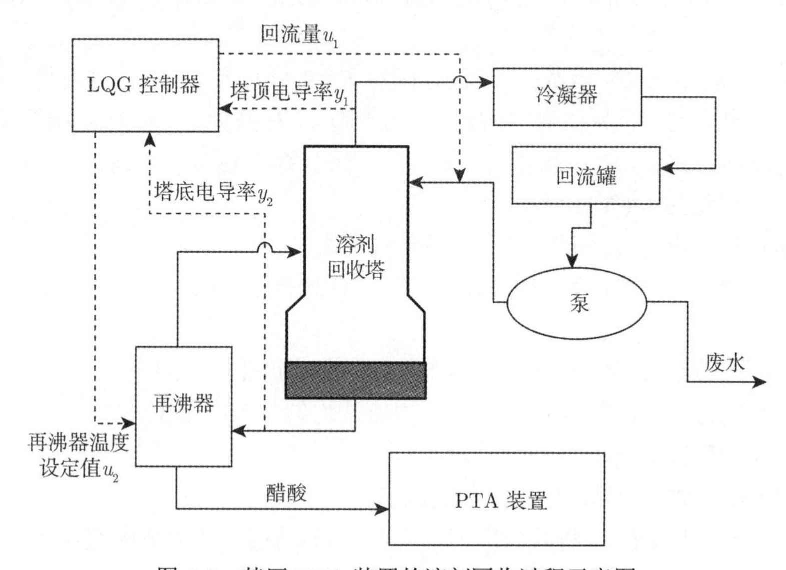

图 6.5　某厂 PTA 装置的溶剂回收过程示意图

在系统运行良好时，对系统的输入输出采样，获得长度为 4000 的数据，如图 6.6 和图 6.7 所示。

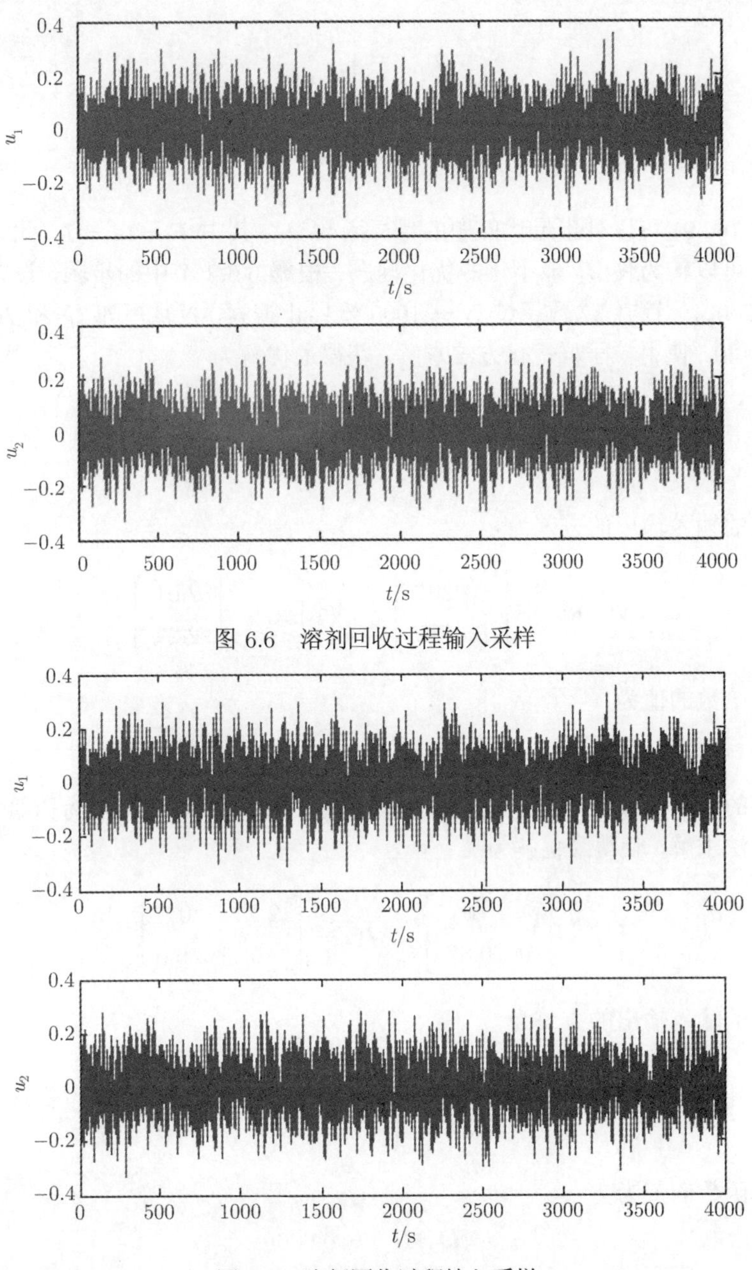

图 6.6　溶剂回收过程输入采样

图 6.7　溶剂回收过程输入采样

利用输入输出数据构造 Hankel 矩阵，我们取矩阵的行数 $i=10$，利用 QR 分

解获得子空间矩阵 $\boldsymbol{L}_u$ 和 $\boldsymbol{l}_e$，其中 $\boldsymbol{L}_u$ 为 20×20 的矩阵，$\boldsymbol{l}_e$ 为 10×2 的矩阵。对于控制器设计的要求是输入输出的方差上限分别为

$$\begin{aligned}\mathrm{Var}[\boldsymbol{u}]_{\mathrm{tar}} &= \begin{bmatrix} 0.03 \\ 0.08 \end{bmatrix} \\ \mathrm{Var}[\boldsymbol{y}]_{\mathrm{tar}} &= \begin{bmatrix} 1.7 \\ 2.2 \end{bmatrix}\end{aligned} \tag{6.60}$$

根据 (6.59) 可以列出最优问题的目标函数 J_1，其中 $\boldsymbol{F}=\boldsymbol{G}=\boldsymbol{I}$，此时控制器的设计就可以转为使 J_1 最小化的优化问题。根据 6.6.2 节中的步骤，设置粒子个数 $M=2000$，当迭代次数超过 $N=1000$ 次停止搜索，权重矩阵 $\boldsymbol{Q}$ 和 $\boldsymbol{R}$ 中元素的上界为 30，使用粒子群优化方法求解，获得最优解为

$$\boldsymbol{Q}_1 = \begin{bmatrix} 1 & 0 \\ 0 & 3.13 \end{bmatrix}, \quad \boldsymbol{R}_1 = \begin{bmatrix} 3.18 & 0 \\ 0 & 10.7 \end{bmatrix} \tag{6.61}$$

对应的输入输出的方差为

$$\mathrm{Var}[\boldsymbol{u}]_1 = \begin{bmatrix} 0.0295 \\ 0.0785 \end{bmatrix}, \quad \mathrm{Var}[\boldsymbol{y}]_1 = \begin{bmatrix} 2.01 \\ 2.22 \end{bmatrix} \tag{6.62}$$

目标函数的值为

$$J_1\left(\boldsymbol{Q}_1, \boldsymbol{R}_1\right) = 0.0335 \tag{6.63}$$

此时的优化结果显然不能满足对控制器的要求，以 $\boldsymbol{Q}_1$ 和 $\boldsymbol{R}_1$ 为初始值，使用无梯度方法求解，获得最优解为

$$\boldsymbol{Q}_2 = \begin{bmatrix} 1 & 0 \\ 0 & 0.87 \end{bmatrix}, \quad \boldsymbol{R}_2 = \begin{bmatrix} 2.24 & 0 \\ 0 & 2.64 \end{bmatrix} \tag{6.64}$$

对应的输入输出的方差为

$$\mathrm{Var}[\boldsymbol{u}]_2 = \begin{bmatrix} 0.0301 \\ 0.0805 \end{bmatrix}, \quad \mathrm{Var}[\boldsymbol{y}]_2 = \begin{bmatrix} 1.79 \\ 2.33 \end{bmatrix} \tag{6.65}$$

目标函数的值为

$$J_1\left(\boldsymbol{Q}_2, \boldsymbol{R}_2\right) = 0.0065 \tag{6.66}$$

$\boldsymbol{Q}_2$ 和 $\boldsymbol{R}_2$ 已经使得最优结果和目标函数在欧氏空间上的距离最小，但优化结果仍不能满足目标，说明控制目标过于苛刻，不能够达到。因此重新设计控制目标：

使系统的输入输出方差最接近式 (6.60)，但根据上层经济性能要求，输入输出的方差在目标函数 (6.59) 有不同的权重，根据上层要求，令

$$\boldsymbol{F} = \begin{bmatrix} 2 & 0 \\ 0 & 3 \end{bmatrix}, \quad \boldsymbol{G} = \begin{bmatrix} 1 & 0 \\ 0 & 1 \end{bmatrix} \tag{6.67}$$

代入式 (6.59) 中获得新的目标函数 J_2, 其他优化参数与前相同，获得粒子群搜索的结果为

$$\boldsymbol{Q}_3 = \begin{bmatrix} 1 & 0 \\ 0 & 1.89 \end{bmatrix}, \quad \boldsymbol{R}_3 = \begin{bmatrix} 2.16 & 0 \\ 0 & 6.25 \end{bmatrix} \tag{6.68}$$

对应的输入输出的方差为

$$\mathrm{Var}[\boldsymbol{u}]_3 = \begin{bmatrix} 0.0285 \\ 0.0773 \end{bmatrix}, \quad \mathrm{Var}[\boldsymbol{y}]_3 = \begin{bmatrix} 1.89 \\ 2.19 \end{bmatrix} \tag{6.69}$$

目标函数的值为

$$J_2\left(\boldsymbol{Q}_3, \boldsymbol{R}_3\right) = 0.0279 \tag{6.70}$$

以 $\boldsymbol{Q}_3$ 和 $\boldsymbol{R}_3$ 为初始值，使用无梯度方法求解，获得最优解为

$$\boldsymbol{Q}_4 = \begin{bmatrix} 1 & 0 \\ 0 & 0.62 \end{bmatrix}, \quad \boldsymbol{R}_4 = \begin{bmatrix} 2.26 & 0 \\ 0 & 1.70 \end{bmatrix} \tag{6.71}$$

对应的输入输出的方差为

$$\mathrm{Var}[\boldsymbol{u}]_4 = \begin{bmatrix} 0.0303 \\ 0.0807 \end{bmatrix}, \quad \mathrm{Var}[\boldsymbol{y}]_4 = \begin{bmatrix} 1.78 \\ 2.26 \end{bmatrix} \tag{6.72}$$

目标函数的值为

$$J_2\left(\boldsymbol{Q}_4, \boldsymbol{R}_4\right) = 0.0113 \tag{6.73}$$

此时利用 $\boldsymbol{Q}_4$ 和 $\boldsymbol{R}_4$ 设计出的 LQG 控制器即满足控制目标。在上述过程中，可以发现利用粒子群优化都不能获得全局最优值，因此进一步使用无梯度算法是必要的。与传统的方法相比，基于子空间的 LQG 性能基准提供了权重矩阵与输入输出方差直接的函数关系，更易于搜索，同时为搜索提供了更多的信息，能够为输入输出的每一个分量设置不同的权重，根据上层的经济效益来确定输入输出不同分量间的权重，并用于优化。

6.8 本章小结

在工业生产中，追求的是经济效益最大化，因此不仅仅追求产品的质量最优，同时也期望控制代价最低，但这两者不能同时实现，而 LQG 控制则为这一问题提供了解决方案。将 LQG 控制代替最小方差控制来作为性能评估的基准，可以在评估某个回路对扰动的抑制能力或者控制代价时，固定其余输入输出的方差，获得在这一情况下，待评估变量的最优值，将这一最优值替代最小方差基准，能够更真实地反映当前过程控制器的运行情况。使用子空间的方法来求解 LQG 性能基准，可以避免求解代数 Riccati 方程，计算简便，可以将其用于实时计算上，能应用于对工业现场大量回路的实时监控。基于子空间的 LQG 性能基准虽然利用了子空间辨识的方法，但是计算过程中没有求出具体的模型，即没有对辨识出的信息作截断的操作，最大程度保留了原始的信息，对于实际过程中非线性，高阶的对象有着较好的适应性。将 LQG 性能基准用于控制器的设计上，则利用了粒子群搜索和无梯度算法，通过给定输入输出的方差，逆向求解 LQG 控制器的权重矩阵。传统的 LQG 控制器设计是通过人为设置权重矩阵，不断试错来获得的，本文提出的方法则是首个在给定输入输出方差的情况下设计 LQG 控制器的方法，可以系统性地解决这一类问题。

第 7 章　基于数据驱动的多工况过程控制性能评估

7.1　引　　言

随着现代工业及科学技术的迅速发展，现代化的流程工业呈现出规模大、结构复杂、生产单元之间强耦合等特点。在复杂工业过程中，控制回路数目众多，这些控制回路大多在运行初期具有良好的性能，在运行一段时间后，受原料性质、对象特征、优化目标变化以及维护不利等各种因素的影响，控制回路性能将会变差，导致产品的质量和工厂的效益受到影响，所以工业界对控制系统性能要求的提高促进了控制系统性能评估这一领域的发展。最初，很多研究主要聚焦在基于最小方差基准（MVC）的 SISO 系统的性能监视方面 [92]。Harris 研究了 MIMO 线性反馈控制系统的性能评价，并对控制变量协方差矩阵的理论下界评价进行了定量分析。Huang[93] 研究了 MIMO 前馈反馈控制器的性能评价，通过对操作数据处理得到前馈反馈最小方差从而作为性能监视的基准。大多数基于 MVC 基准和 LQG 基准的性能评估方法离不开过程的传递函数模型，而实际过程中的过程模型又不易精确获得，使得这些方法的应用受到限制。

针对基于过程传递函数模型来进行性能评估的不足，近年来学者们提出直接利用过程输出的数据来进行性能评估的方法。基于数据驱动方法最大的好处在于不需要过程知识的精确信息且输出数据较容易获得，从数据中挖掘出过程的信息，因此该类方法具有很强的实用性。Yu 等提出了基于数据驱动的性能评估的基准 [7, 94]，把一段理想的历史输出数据作为参考数据基准，通过分析所监视时段数据和基准时段数据的广义特征值，提出相应的性能优 / 劣的特征向量. 进一步利用统计推断方法得出特征值在相应特征方向上的置信区间，以及在优 / 劣子空间下的性能指标，从而评价和监视控制性能的优劣。Gudi[95] 等提出了一种基于对应分析的统计基准上的控制器性能评估基准的思想。

然而，以上基于数据驱动的性能评估方法都有一个前提假设: 基准数据都来自单一的稳定的工况。对于实际工业生产过程而言，在大多数情况下会保持在稳定的常规工况点附近工作，但是由于原料批次、生产负荷、产品特性、原料组分、牌号切换、人员调整等的变化因素的存在，都会导致生产工况发生阶段性改变，继而稳定在一个新的操作点附近工作，其控制系统结构图如图 7.1 所示，其中 Q 为控制器，T 为过程模型，N 为扰动模型。工业多工况过程有别于一般的时变过程，其模型参数并非持续性变化，而是阶段性的线性过程，呈现出分段线性的特点。由于通常工艺流程十分复杂，生产过程往往不是运行在单一的工况，所以必须考虑到工况变化引起的基准调整问题，即在多工况下历史数据库中有多组可选的数据作为基准，如何选择恰当的基准是值得考虑的问题，基准选择的恰当与否关系到性能评估结果的正确与否。本章提出在进行性能评估前，通过分类的方法先确定实时数据所属的工况，从历史数据库中选择恰当工况的数据作为基准，再进行性能评估。采用的多变量分类的方法是结合 PCA 相似因子与几何距离相似因子构成综合相似因子，来衡量两组数据矩阵之间的相似性，从而得到较为准确的分类结果，避免了由于基准数据选择的不恰当影响了控制器性能评估的结果。仿真例子证实了该方法的有效性。

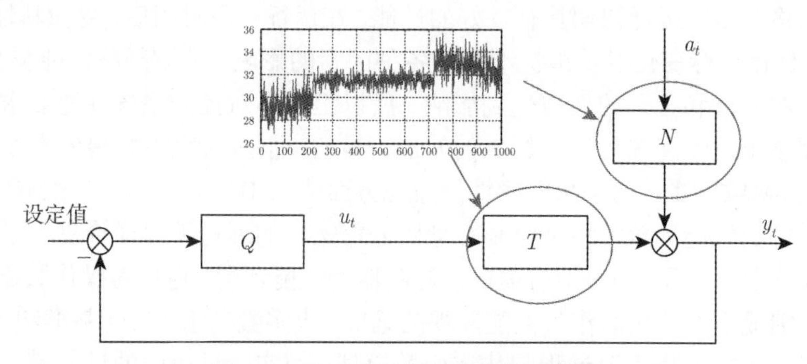

图 7.1　多工况过程系统控制结构图

7.2　基于协方差的数据驱动型的性能评估方法

类同于 SISO 系统的控制器性能评估指标，MIMO 控制系统的性能评价指标定义为最小方差控制输出与实际输出的协方差比值，通常情况下定义如下：

$$\eta = \frac{E(\boldsymbol{y}_{\rm mv}{}^{\rm T}\boldsymbol{W}\boldsymbol{y}_{\rm mv})}{E(\boldsymbol{y}^{\rm T}\boldsymbol{W}\boldsymbol{y})} \tag{7.1}$$

其中，$E\{\cdot\}$ 表示数学期望运算符；$\boldsymbol{y}_{\rm mv}$ 表示在最小方差控制作用下的输出变量向量；$\boldsymbol{y}$ 表示被监控实际控制系统输出变量向量；$\boldsymbol{W}$ 表示对不同输出施加不同权重的加权正定矩阵，$E(\boldsymbol{y}_{\rm mv}{}^{\rm T}\boldsymbol{W}\boldsymbol{y}_{\rm mv})$ 表示最小方差控制律下输出变量的最小加权方差。η 这一性能指标在 0 与 1 之间变动，分析可知：当 η 越接近于 0 时，系统控制效果越差；当 η 越接近于 1 时，系统控制效果越好。

为了减少计算复杂度并且考虑一般情况：权重矩阵 $\boldsymbol{W}=\boldsymbol{I}$，Qin[96] 给出了基于协方差的如下性能指标：

$$\eta = \frac{E(\boldsymbol{y}_{\rm mv}{}^{\rm T}\boldsymbol{W}\boldsymbol{y}_{\rm mv})}{E(\boldsymbol{y}^{\rm T}\boldsymbol{W}\boldsymbol{y})} \approx \frac{{\rm tr}\{{\rm cov}(\boldsymbol{y}_{\rm mv}{}^{\rm T}\boldsymbol{y}_{\rm mv})\}}{{\rm tr}\{{\rm cov}(\boldsymbol{y}^{\rm T}\boldsymbol{y})\}} \tag{7.2}$$

其中 $\mathrm{tr}\{\cdot\}$ 表示矩阵求迹运算符，$\mathrm{cov}(\boldsymbol{y}_{\mathrm{mv}}{}^{\mathrm{T}}\boldsymbol{y}_{\mathrm{mv}})$，$\mathrm{cov}(\boldsymbol{y}^{\mathrm{T}}\boldsymbol{y})$ 分别表示 MVC 控制律和实际控制器对应的协方差。式 (7.2) 只考虑了协方差的对角元素，却忽略了非对角元素，即忽略了变量之间的相关性。对于单变量系统来说，式 (7.2) 表示最小方差控制输出方差与实际输出方差之比，由于都是标量，意义显而易见；对于多变量系统来说，式 (7.2) 表达的意义是两者协方差的比较，由于协方差均是矩阵，需要在某一度量上进行定量比较。另一方面关于最小方差的计算是需要完整的过程知识的，这一点在实际应用中并不能够全部得到满足。

Qin 等 [86] 提出了基于数据驱动的评估基准。即选取一段控制器性能满意的历史数据集作为基准参考数据，将需要评估的实时数据作为数据集 II，Qin 给出的衡量协方差的方法是将它们协方差在某个方向上投影得到类似于方差的标量再进行比较，定义投影方向向量为 $\boldsymbol{p}$，则基准参考数据与待评估数据的协方差在 $\boldsymbol{p}$ 方向上投影后的比值为

$$\lambda = \frac{\boldsymbol{p}^{\mathrm{T}}\mathrm{cov}(\boldsymbol{y}_{\mathrm{II}})\boldsymbol{p}}{\boldsymbol{p}^{\mathrm{T}}\mathrm{cov}(\boldsymbol{y}_{\mathrm{I}})\boldsymbol{p}} \tag{7.3}$$

考察能使两者获得最大比值的方向：

$$\frac{\partial\lambda}{\partial\boldsymbol{p}} = \frac{2\mathrm{cov}(\boldsymbol{y}_{\mathrm{II}})\boldsymbol{p}(\boldsymbol{p}^{\mathrm{T}}\mathrm{cov}(\boldsymbol{y}_{\mathrm{I}})\boldsymbol{p}) - 2(\boldsymbol{p}^{\mathrm{T}}\mathrm{cov}(\boldsymbol{y}_{\mathrm{II}})\boldsymbol{p})\mathrm{cov}(\boldsymbol{y}_{\mathrm{I}})\boldsymbol{p}}{(\boldsymbol{p}^{\mathrm{T}}\mathrm{cov}(\boldsymbol{y}_{\mathrm{I}})\boldsymbol{p})^2} \tag{7.4}$$

将式 (7.3) 代入式 (7.4) 得到

$$\frac{\partial\lambda}{\partial\boldsymbol{p}} = \frac{2\mathrm{cov}(\boldsymbol{y}_{\mathrm{II}})\boldsymbol{p} - 2\lambda\mathrm{cov}(\boldsymbol{y}_{\mathrm{I}})\boldsymbol{p}}{\boldsymbol{p}^{\mathrm{T}}\mathrm{cov}(\boldsymbol{y}_{\mathrm{I}})\boldsymbol{p}} \tag{7.5}$$

令 (7.5) 为 0 得到

$$\mathrm{cov}(\boldsymbol{y}_{\mathrm{II}})\boldsymbol{p} = \lambda\mathrm{cov}(\boldsymbol{y}_{\mathrm{I}})\boldsymbol{p} \tag{7.6}$$

其中 λ 为广义特征值；$\boldsymbol{p}$ 为对应的特征向量。最大的广义特征值为 $\lambda_{\max}$，其对应的特征向量 $\boldsymbol{p}_{\max}$ 为最差性能的投影方向；最小的广义特征值为 $\lambda_{\min}$，其对应的特征向量 $\boldsymbol{p}_{\min}$ 为最好性能的投影方向。若式 (7.6) 解得有 q 个特征值，令 $\boldsymbol{\Lambda} = \mathrm{diag}(\lambda_1, \lambda_2, \cdots, \lambda_q)$，$\boldsymbol{P} = [\boldsymbol{p}_1, \boldsymbol{p}_2, \cdots, \boldsymbol{p}_q]$，则有

$$\mathrm{cov}(\boldsymbol{y}_{\mathrm{II}})\boldsymbol{P} = \mathrm{cov}(\boldsymbol{y}_{\mathrm{I}})\boldsymbol{P}\boldsymbol{\Lambda} \tag{7.7}$$

对等式两端都取行列式，得到

$$|\mathrm{cov}(\boldsymbol{y}_{\mathrm{II}})| \cdot |\boldsymbol{P}| = |\mathrm{cov}(\boldsymbol{y}_{\mathrm{I}})| \cdot |\boldsymbol{P}| \cdot |\boldsymbol{\Lambda}| \tag{7.8}$$

由于 $|\boldsymbol{P}|$ 非奇异，从而可得到表征总体性能的指标 I_V 如下：

$$I_V = \frac{|\mathrm{cov}(\boldsymbol{y}_{\mathrm{II}})|}{|\mathrm{cov}(\boldsymbol{y}_{\mathrm{I}})|} = |\boldsymbol{\Lambda}| = \prod_{i=1}^{q}\lambda_i \tag{7.9}$$

从几何角度来看，$|\mathrm{cov}(\boldsymbol{y}_{\mathrm{I}})|$ 和 $|\mathrm{cov}(\boldsymbol{y}_{\mathrm{II}})|$ 分别表征由数据集 $\boldsymbol{y}_{\mathrm{I}}$ 和 $\boldsymbol{y}_{\mathrm{II}}$ 的协方差所张成的超曲面的体积；从代数角度来看，$|\mathrm{cov}(\boldsymbol{y}_{\mathrm{I}})|$ 和 $|\mathrm{cov}(\boldsymbol{y}_{\mathrm{II}})|$ 考虑了协方差的因素，而不是单纯地考虑对角线元素。由性能指标 (7.9) 大致可得出：当 $I_V > 1$ 时，被评估的控制器性能总体要劣于基准性能；$I_V < 1$ 时，被评估的控制器性能总体要优于基准性能；$I_V = 1$ 时，被评估的控制器性能总体与基准性能相当。

在实际过程中，只能从有限的采集数据样本中获得估计的协方差矩阵，用其得到的统计特征值 l_i 来逼近真实的特征值 λ_i，这样就不可避免在两者之间出现一定程度的误差。因此，即使统计得到的 l_i 大于 1 也不一定意味着 λ_i 一定大于 1，但它们之间应该存在着某种统计推断的关系。

假定基准参考数据与待评估数据所采集的样本数分别为 m 和 n，文献 [7] 最终给出的结论是统计得到的 l_i 满足均值为 0，方差为

$$\mathrm{Var}(l_i) = 2\lambda_i^2 \left(\frac{f_{\mathrm{I}}^{(i)}}{m-1} + \frac{f_{\mathrm{II}}^{(i)}}{n-1} \right) \tag{7.10}$$

的标准正态分布，其中 $f_{\mathrm{I}}^{(i)} = 1 + 2\sum_{j=1}^{m}\left(1 - \frac{j}{m}\right)\rho_{\mathrm{I}(i),j}^2$，$f_{\mathrm{II}}^{(i)} = 1 + 2\sum_{j=1}^{n}\left(1 - \frac{j}{n}\right)$。$\rho_{\mathrm{II}(i),j}^2$，$\rho_{\mathrm{I}(i),j}$ 和 $\rho_{\mathrm{II}(i),j}$ 分别表示基准参考数据序列与待评估数据序列的第 j 个采样样本中对应于第 i 个特征向量的自相关系数。

于是每一个统计得到的特征值 l_i 在置信度为 $(1-\alpha)\times 100\%$ 时进行统计推断的置信区间为

$$P\{L(\lambda_i) \leqslant l_i \leqslant U(\lambda_i)\} = 1 - \alpha \tag{7.11}$$

代入得 $P\left\{ -z_{\alpha/2} \leqslant \sqrt{2\left(\frac{f_{\mathrm{I}}^{(i)}}{m-1} + \frac{f_{\mathrm{II}}^{(i)}}{n-1}\right)}^{-1} \left(\frac{l_i - \lambda_i}{\lambda_i}\right) \leqslant z_{\alpha/2} \right\} = 1 - \alpha$，故 l_i 的置信上限 $U(\lambda_i)$ 和置信下限 $L(\lambda_i)$ 分别为

$$U(\lambda_i) = \left[1 - z_{\alpha/2}\sqrt{2\left(\frac{f_{\mathrm{I}}^{(i)}}{m-1} + \frac{f_{\mathrm{II}}^{(i)}}{n-1}\right)} \right]^{-1} \cdot \lambda_i \tag{7.12}$$

$$L(\lambda_i) = \left[1 + z_{\alpha/2}\sqrt{2\left(\frac{f_{\mathrm{I}}^{(i)}}{m-1} + \frac{f_{\mathrm{II}}^{(i)}}{n-1}\right)} \right]^{-1} \cdot \lambda_i \tag{7.13}$$

当下限 $L(\lambda_i) > 1$ 时，可以判断总体特征值真值 λ_i 大于 1，表明各投影方向向量中性能最好的方向上的方差都比基准性能要差，则整体被评估性能是变差的；当上限 $U(\lambda_i) < 1$，可以判断总体特征值真值 λ_i 小于 1，表明各投影方向向量中性能最差的方向上的方差都比基准性能要好，则整体被评估性能是变好的；当

$L(\lambda_i) < 1 < U(\lambda_i)$，从统计角度可判断总体特征值真值 λ_i 等于 1，表明整体被评估的性能沿此特征值对应的特征向量方向上大致与基准性能差别不大。

在此基础上，可以确定出由所有大于 1 的 w 个特征值 λ_i 对应的 w 个特征向量，以及所构成的恶化性能特征向量子空间 $\boldsymbol{P}_w$。进而将基准数据集 $\boldsymbol{y}_{\mathrm{I}}$，和待评估数据集 $\boldsymbol{y}_{\mathrm{II}}$ 根据

$$\boldsymbol{z}_{\mathrm{I}}^{(w)} = (\boldsymbol{P}_w^{\mathrm{T}}\boldsymbol{P}_w)^{-1}\boldsymbol{P}_w^{\mathrm{T}}\boldsymbol{y}_{\mathrm{I}}, \quad \boldsymbol{z}_{\mathrm{II}}^{(w)} = (\boldsymbol{P}_w^{\mathrm{T}}\boldsymbol{P}_w)^{-1}\boldsymbol{P}_w^{\mathrm{T}}\boldsymbol{y}_{\mathrm{II}} \tag{7.14}$$

分别向 $\boldsymbol{P}_w$ 进行投影得到恶化空间数据集 $\boldsymbol{z}_{\mathrm{I}}^{(w)}$ 和 $\boldsymbol{z}_{\mathrm{II}}^{(w)}$，同式 (7.9)，得到基于协方差数据驱动的恶化子空间性能指标 I_w，即

$$I_w = \frac{|\mathrm{cov}(\boldsymbol{z}_{\mathrm{II}}^{(w)})|}{|\mathrm{cov}(\boldsymbol{z}_{\mathrm{I}}^{(w)})|} = |\varLambda_w| = \prod_{i=1}^{w}\lambda_i \tag{7.15}$$

指标 I_w 解释了恶化数据与基准数据在恶化性能子空间中的性能比值，从几何意义上可作为沿恶化特征方向的性能下降程度的度量。由式 (7.12) 可知，只有满足一定置信度的特征值才被用以表征恶化性能子空间性能指标，从而使得特征向量子空间的选取更具合理性 [97]。

7.3　正确选择性能基准数据的必要性

文献 [7] 所给方法可直观有效地实施控制器性能评估，但只是针对单一工况评估基准确定的情况，未考虑在多工况下评估基准的选择问题，基准选择不当有可能带来的问题是针对控制器性能下降的评估结果，无法判断是控制器性能的真实下降还是由于基准选择不当造成的下降，会造成对结果的误判。为此，如图 7.1 结构的 2 输入 2 输出的仿真例子可以说明这种情况，假定为调节过程，即设定值（setpoint）为 0。$\boldsymbol{N} = \begin{bmatrix} 0.6z^{-1} & 0 \\ 0 & 0.5z^{-1} \end{bmatrix}$，其中白噪声协方差阵 $\boldsymbol{\varSigma}_{\mathrm{a}} = \begin{bmatrix} 0.01 & 0 \\ 0 & 0.01 \end{bmatrix}$，$\boldsymbol{Q} = \begin{bmatrix} 0.5-0.2z^{-1} & 0 \\ 0 & 0.25-0.2z^{-1} \end{bmatrix}$。

考虑两种工况：

工况一：$\boldsymbol{T}_1 = \begin{bmatrix} \dfrac{z^{-3}}{1-0.9z^{-1}} & \dfrac{z^{-3}}{1-0.8z^{-1}} \\ \dfrac{z^{-3}}{1-0.7z^{-1}} & \dfrac{z^{-4}}{1-0.6z^{-1}} \end{bmatrix}$；

工况二：$\boldsymbol{T}_2 = \begin{bmatrix} \dfrac{-z^{-3}}{1-0.9z^{-1}} & \dfrac{z^{-3}}{1-0.8z^{-1}} \\ \dfrac{1.91z^{-3}}{1-0.7z^{-1}} & \dfrac{-z^{-4}}{1-0.6z^{-1}} \end{bmatrix}$。

取两种工况下输出的 1000 组数据作为历史数据库中的两类基准数据，又假定实际采集的数据为工况一条件下白噪声协方差阵变为 $\boldsymbol{\Sigma}_{\mathrm{a}}=\begin{bmatrix}0.001 & 0\\ 0 & 0.01\end{bmatrix}$ 下的数据，三组数据的二维联合分布情况如图 7.2 所示。用文献 [7] 的方法将实际采集的数据分别与两种工况下的基准数据进行评估，得总体特征值阵分别为 $\boldsymbol{\Lambda}_1=\begin{bmatrix}0.3959 & 0\\ 0 & 0.3454\end{bmatrix}$，$\boldsymbol{\Lambda}_2=\begin{bmatrix}5.252 & 0\\ 0 & 1.2107\end{bmatrix}$，由评估结果分析可知：若选取工况一的数据作评估基准，则在各方向上性能均得到改善；若选取工况二的数据作评估基准，在第一个特征方向上，性能显著变差。而实际采集的数据是来自工况一的，由于白噪声的方差变小，性能得到改善是符合事实的。从图 7.2 中也可以直观看出实时采集数据方差椭圆基本在工况一方差椭圆范围内且椭圆方向一致，而与工况二的方差椭圆方向不同。

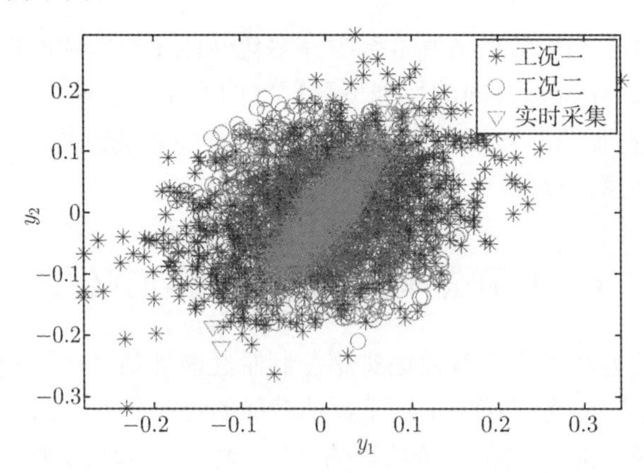

图 7.2　多变量系统输出变量三组数据二维联合分布图

故该采用工况一的数据作为评估基准，倘若选择工况二的数据作为评估基准，则会得到与事实相反的评估结果，将造成误判。

从该仿真例子不难看出，在用基于数据驱动的方法进行性能评估时，控制性能基准的选取是十分重要的，若控制性能基准选取不当，将会在很大程度上影响评估结果的准确性。

7.4　基于综合相似因子的多工况性能评估

上文已阐述了选择性能评估基准的必要性与重要性，针对多变量多工况的条件下，本节提出一种基于综合相似因子距离度量的方法，在进行评估之前，先对所采集的数据与历史数据库中各类工况下的基准数据分别进行匹配，找出所采集数据所属的工况，再进行性能评估，这样方能保证评估结果的正确。

7.4.1 PCA 相似因子

文献 [98]、[99] 给出了一种基于 PCA 相似因子的方法来衡量两类数据矩阵之间的相似性。假设历史数据阵 $\boldsymbol{H}$ 和实时数据阵 $\boldsymbol{S}$，均有 n 个变量 (数据矩阵列数为 n)，它们各自的 PCA 模型中均包含有 k 个主元，$k \leqslant n$，k 按如下原则选取：k 个主元的方差之和占到总方差的 95% 以上，则 $\boldsymbol{H}$ 与 $\boldsymbol{S}$ 相对应的主元子空间分别为 $\boldsymbol{L}$ 和 $\boldsymbol{M}$，根据文献 [98]、[99]，PCA 相似因子按如下公式计算：

$$S_{\mathrm{PCA}}^{\lambda} = \frac{\mathrm{tr}(\boldsymbol{R}^{\mathrm{T}}\boldsymbol{T}\boldsymbol{T}^{\mathrm{T}}\boldsymbol{R})}{\sum\limits_{i=1}^{k} \lambda_i^l \lambda_i^m} \tag{7.16}$$

其中

$$\boldsymbol{R} = \boldsymbol{L}\boldsymbol{\Lambda}_l, \quad \boldsymbol{T} = \boldsymbol{M}\boldsymbol{\Lambda}_m, \quad \boldsymbol{\Lambda} = \begin{bmatrix} \sqrt{\lambda_1} & 0 & \cdots & 0 \\ 0 & \sqrt{\lambda_1} & \ddots & \vdots \\ \vdots & \ddots & \ddots & 0 \\ 0 & \cdots & 0 & \sqrt{\lambda_1} \end{bmatrix} \tag{7.17}$$

特征值 λ_i^l 和 λ_i^m 分别对应于 $\boldsymbol{L}$ 和 $\boldsymbol{M}$ 的第 i 个主元成分，且 $\lambda_1 \geqslant \lambda_2 \geqslant \cdots \geqslant \lambda_k$,$0 \leqslant S_{\mathrm{PCA}}^{\lambda} \leqslant 1$, 且两组数据越相似，$S_{\mathrm{PCA}}^{\lambda}$ 越大。

通过以上公式得到的 PCA 相似因子可以衡量两数据矩阵的相似程度，从几何意义上说，$S_{\mathrm{PCA}}^{\lambda}$ 表征的是两组数据矩阵在空间中分布形状的相似程度，而尚未考虑两组数据之间的几何距离因素，因此还需引入表征几何距离的度量因子才能得到更加准确的分类结果。

7.4.2 几何距离相似因子

倘若两组数据矩阵在空间分布上具有类似的几何分布，但相互之间却隔着一定的空间距离，此时 PCA 相似因子对区分两组数据矩阵几乎不起什么作用，引入几何距离相似因子可以将该条件下的数据阵区分开来。

定义历史数据阵和实时数据阵的中心向量 $\overline{\boldsymbol{X}_H}$，$\overline{\boldsymbol{X}_S}$ 分别为各自的变量采样均值构成的向量，即

$$\begin{aligned} \overline{\boldsymbol{X}_H} &= \frac{1}{m_H}\sum_{i=1}^{m_H}\boldsymbol{X}_i, \quad \boldsymbol{X}_i \in \boldsymbol{H} \\ \overline{\boldsymbol{X}_S} &= \frac{1}{m_S}\sum_{i=1}^{m_S}\boldsymbol{X}_i, \quad \boldsymbol{X}_i \in \boldsymbol{S} \end{aligned} \tag{7.18}$$

m_H 和 m_S 分别为数据阵 $\boldsymbol{H}$ 和 $\boldsymbol{S}$ 的采样数，$\boldsymbol{X}_i$ 为数据阵的第 i 次采样值。两组

中心向量之间的马氏距离定义为

$$\Phi=\sqrt{(\overline{\boldsymbol{X}_H}-\overline{\boldsymbol{X}_S})^{\mathrm{T}}\sum\nolimits_S^{*-1}(\overline{\boldsymbol{X}_H}-\overline{\boldsymbol{X}_S})} \tag{7.19}$$

其中 $\boldsymbol{\Sigma}_S^{*-1}$ 为数据 $\boldsymbol{S}$ 协方差阵 $\boldsymbol{\Sigma}_S^*$ 的伪逆阵, 该伪逆阵能够通过奇异值分解而得，用于计算伪逆阵的奇异值的个数为主元数目 k, 则几何距离因子由下式计算而得:

$$S_{\mathrm{dist}}=\sqrt{\frac{2}{\pi}}\int_{\Phi}^{\infty}\mathrm{e}^{-z^2/2}\mathrm{d}z=2\times\left(1-\frac{1}{\sqrt{2\pi}}\int_{-\infty}^{\Phi}\mathrm{e}^{-z^2/2}\mathrm{d}z\right) \tag{7.20}$$

几何距离因子很好地补充了单用 PCA 因子来衡量两类数据相似性的不足之处。

7.4.3 综合相似因子

在实际应用中，必须综合考虑这两类度量因子的因素，一种简单而有效的方法是将两类因子进行加权组合构成综合相似因子 SF：

$$\mathrm{SF}=\alpha S_{\mathrm{PCA}}^{\lambda}+(1-\alpha)S_{\mathrm{dist}} \tag{7.21}$$

其中 $0\leqslant\alpha\leqslant1$，若无任何先验知识的情况下，$\alpha$ 可取 0.5。实际应用中的具体步骤如下：计算实时采集的数据阵与历史数据库中的每一类工况下的数据阵的 SF 值，选取 SF 最大值所对应的那一类工况作为实时采集数据所属的工况，而后再按照文献 [7] 的方法进行性能评估。

7.4.4 多工况过程性能评估步骤

针对历史数据库中有多种工况下的历史数据，将实时采集的数据阵与历史数据库中的每一类工况的基准数据进行比对，找出相似程度最高的那一类工况，从而将该实时采集的数据判定为那一类工况，而后再进行性能评估。

综上所述，多工况过程基准数据的性能评估过程如下：

(1) 收集所有可能工况的历史基准数据集。

(2) 分别计算实时采集的数据阵与每一类工况基准数据阵的 $S_{\mathrm{PCA}}^{\lambda}$ 因子与 S_{dist} 因子。

(3) 根据已有的先验知识，选择一定的权重 α，计算 SF 综合相似因子。

(4) 选取 SF 最大值所对应的那一类工况作为实时采集数据所属的工况。

(5) 将实时采集数据与其对应工况的基准数据进行基于数据驱动型的性能评估。

7.5 案例分析

7.5.1 仿真例子

7.3 节所给例子中对应的三组输出数据如图 7.3 所示。

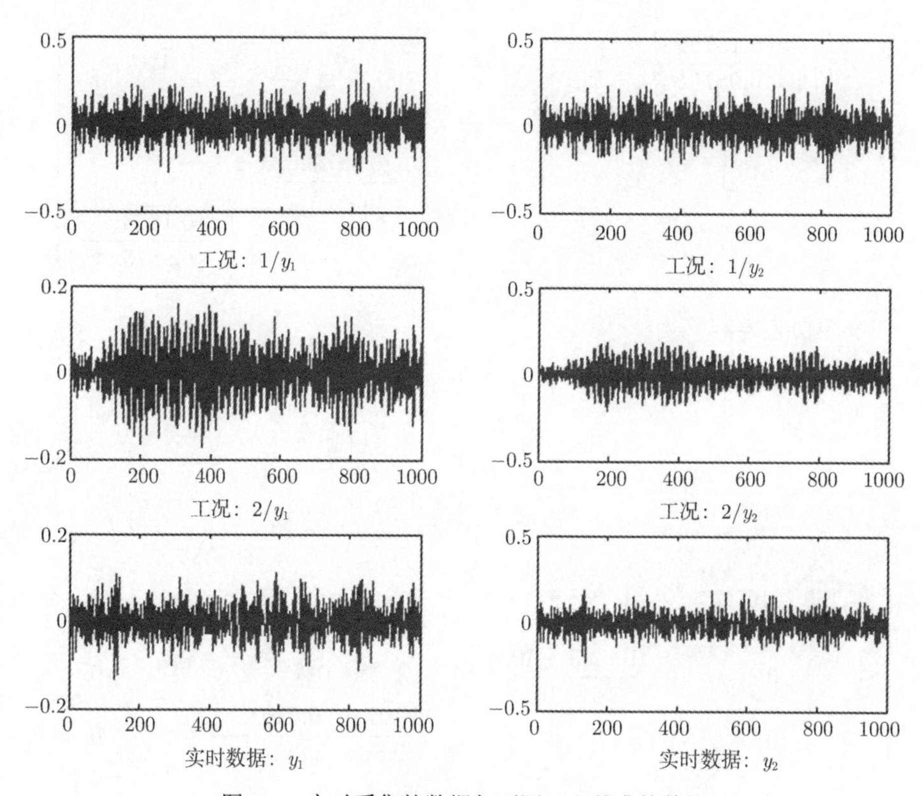

图 7.3　实时采集的数据与不同工况基准的数据

将 SF 综合相似因子应用到以上数据中，将实时采集的数据分别与工况一（I）和工况二（II）下的数据用 SF 综合相似因子进行衡量，得到表 7.1。

表 7.1　采集数据阵与两类工况下数据阵的相似性比较

	S_{PCA}^{λ}	S_{dist}	$\text{SF}=0.5S_{\text{PCA}}^{\lambda}+0.5S_{\text{dist}}$
实时采集与工况 I	0.9434	0.9574	0.9504
实时采集与工况 II	0.8025	0.9375	0.8700

由表中结果可以看出，实时采集的数据与工况一下的数据 SF 因子最大，故实时数据应被归类与工况一下的数据，应选取历史数据库中工况一下的数据作为性

能评估基准，再进行性能评估。该例子证实了用 SF 综合相似因子来衡量数据矩阵之间相似程度的有效性。

7.5.2 工业例子

由 McNabb 和 Qin[100] 提供的 4 输入 4 输出的工业例子如下：

$$\boldsymbol{N}=\begin{bmatrix} \dfrac{1-0.1875z^{-1}}{1-0.9875z^{-1}} & 0 & 0 & 0 \\ 0 & \dfrac{1-0.1875z^{-1}}{1-0.9875z^{-1}} & 0 & 0 \\ 0 & 0 & \dfrac{1-0.1875z^{-1}}{1-0.9875z^{-1}} & 0 \\ 0 & 0 & 0 & \dfrac{1-0.1875z^{-1}}{1-0.9875z^{-1}} \end{bmatrix}$$

其中白噪声协方差阵

$$\boldsymbol{\Sigma}_{\mathrm{a}}=\begin{bmatrix} 1 & 0 & 0 & 0 \\ 0 & 1 & 0 & 0 \\ 0 & 0 & 1 & 0 \\ 0 & 0 & 0 & 1 \end{bmatrix}$$

$$\boldsymbol{Q}=\begin{bmatrix} \dfrac{17.136-16.32z^{-1}}{20-20z^{-1}} & 0 & 0 & 0 \\ 0 & \dfrac{10.625-10z^{-1}}{16-16z^{-1}} & 0 & 0 \\ 0 & 0 & \dfrac{0.71024-0.5262z^{-1}}{2.86-2.86z^{-1}} & 0 \\ 0 & 0 & 0 & \dfrac{2.22-1.85z^{-1}}{5-5z^{-1}} \end{bmatrix}$$

考虑两种工况：

工况一：

$$\boldsymbol{T}_1=\begin{bmatrix} \dfrac{0.05z^{-3}}{1-0.95z^{-1}} & 0 & \dfrac{0.7z^{-3}}{1-0.3z^{-1}} & 0 \\ \dfrac{0.02966z^{-3}}{1-1.627z^{-1}+0.706z^{-2}} & \dfrac{0.0627z^{-6}}{1-0.937z^{-1}} & 0 & 0 \\ 0 & \dfrac{0.235z^{-5}}{1-0.765z^{-1}} & \dfrac{0.5z^{-2}}{1-z^{-1}+0.25z^{-2}} & 0 \\ \dfrac{0.5z^{-5}-0.4875z^{-6}}{1-1.395z^{-1}+0.455z^{-2}} & 0 & 0 & \dfrac{0.2z^{-6}}{1-0.8z^{-1}} \end{bmatrix}$$

工况二：

$$\boldsymbol{T}_2=\begin{bmatrix} \dfrac{0.05z^{-3}}{1-0.95z^{-1}} & 0 & \dfrac{0.7z^{-3}}{1-0.3z^{-1}} & 0 \\ \dfrac{0.02966z^{-3}}{1-1.627z^{-1}+0.706z^{-2}} & \dfrac{0.0627z^{-6}}{1-0.937z^{-1}} & 0 & 0 \\ 0 & \dfrac{0.235z^{-5}}{1-0.765z^{-1}} & \dfrac{2.83z^{-2}}{1-z^{-1}+0.25z^{-2}} & 0 \\ \dfrac{0.5z^{-5}-0.4875z^{-6}}{1-1.395z^{-1}+0.455z^{-2}} & 0 & 0 & \dfrac{0.2z^{-6}}{1-0.8z^{-1}} \end{bmatrix}$$

取两种工况下输出的 1000 组数据作为历史数据库中的两类基准数据，又假定实际采集的数据为工况一条件下白噪声协方差阵变为 $\boldsymbol{\Sigma}_{\mathrm{a}}=\begin{bmatrix} 10 & 0 & 0 & 0 \\ 0 & 1 & 0 & 0 \\ 0 & 0 & 10 & 0 \\ 0 & 0 & 0 & 1 \end{bmatrix}$下的数据。三组数据中回路一与回路二的二维联合分布情况如图 7.4 所示。用文献 [100] 的方法将实际采集的数据分别与两种工况下的基准数据进行评估，得总体特征值阵分别为

$$\boldsymbol{\Lambda}_1=\begin{bmatrix} 138.6471 & 0 & 0 & 0 \\ 0 & 15.3554 & 0 & 0 \\ 0 & 0 & 1.9647 & 0 \\ 0 & 0 & 0 & 0.1226 \end{bmatrix}$$

$$\boldsymbol{\Lambda}_2=\begin{bmatrix} 33.38 & 0 & 0 & 0 \\ 0 & 0.6658 & 0 & 0 \\ 0 & 0 & 0.1429 & 0 \\ 0 & 0 & 0 & 0.0003 \end{bmatrix}$$

由评估结果分析可知：若选取工况一的数据作评估基准，则实时采集的数据整体性能上是显著变差的；若选取工况二的数据作评估基准，则在整体性能上是得到改进的。而实际采集的数据是来自工况一的，由于白噪声的方差变大，控制性能恶化是符合事实的。

采用本章提出的 SF 综合相似因子对所采集的数据进行归类，将实时采集的数据分别与工况一（I）和工况二（II）下的数据用 SF 综合相似因子进行衡量，得到表 7.2。

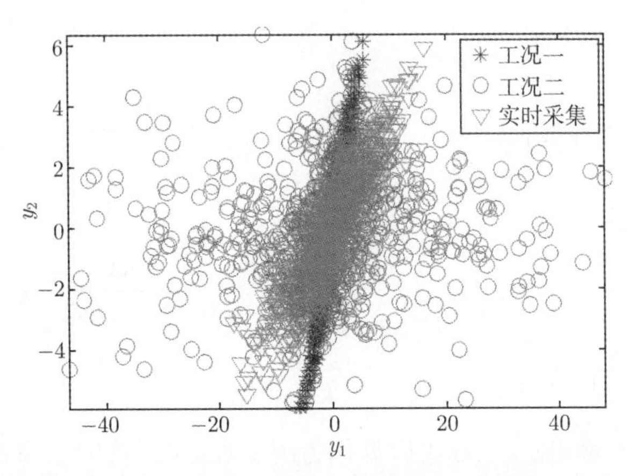

图 7.4　文献 [100] 例子回路一与回路二输出变量三组数据二维联合分布图

表 7.2　文献 [100] 例子中采集数据阵与两类工况下数据阵的相似性比较

	$S_{\mathrm{PCA}}^{\lambda}$	S_{dist}	$\mathrm{SF}=0.5S_{\mathrm{PCA}}^{\lambda}+0.5S_{\mathrm{dist}}$
实时采集与工况 I	0.9438	0.8633	0.9035
实时采集与工况 II	0.7269	0.9077	0.8173

由表中结果可以看出，实时采集的数据与工况一下的数据 SF 因子最大，故实时数据应被归类与工况一下的数据，应选取历史数据库中工况一下的数据作为性能评估基准，再进行性能评估，这样方能得到正确的性能评估的结果。

7.6　本 章 小 结

本章提出一种针对多变量多工况条件下基于数据驱动的性能评估的方法，用仿真例子阐述了在进行性能评估前选取历史数据库中恰当的基准数据的重要性和必要性，采用综合 PCA 相似因子与几何距离因子的 SF 综合相似因子对所采集的数据与历史库中各工况下的数据进行正确的归类，从而才能保证性能评估结果的正确性，仿真例子证实了该方法的有效性。

第8章 模型不确定条件下预测控制经济性能评估

8.1 引 言

之前章节介绍了多工况过程的基础控制层的控制性能评估，其直观表现为对输入输出方差变化情况的衡量，这与上一层约束控制层的经济性能评估密切相关。对经济性能评估采用 MPC 方案的目的是在保证系统安全性和可行性的前提下，减小与经济性能相连的关键变量过程的波动，对其操作点进行卡边控制，获取最大经济效益，如图 8.1 所示，可以看出基础控制层输入输出方差变化的幅度将会影响到对相应关键变量工作点卡边控制的提升空间。

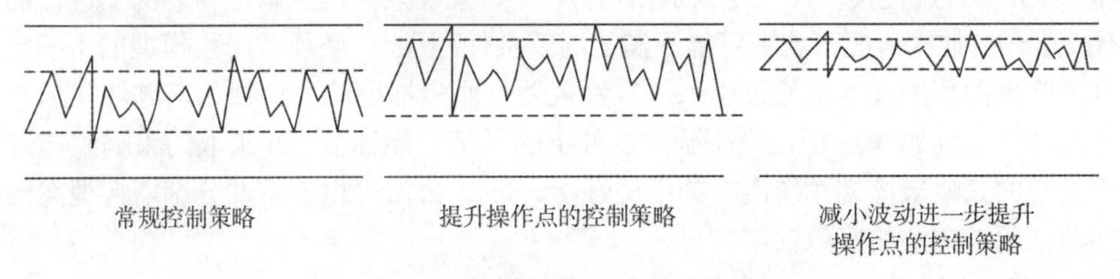

图 8.1 经济性能评估与优化策略

在实际工业控制中，MPC 由稳态目标计算与动态计算优化两部分构成，稳态目标优化的目的是获得与经济期望目标尽可能接近的最优稳态操作点，其与企业产品的经济效益密切相关。再将该操作点作为动态优化层设定值进行动态优化计算。在稳态目标计算中常用线性规划或二次规划的形式来描述反映经济目标，并将它们用来对 MPC 进行经济性能评估。

控制系统经济性能评估为控制工程师提供了一种从经济效益角度来评估当前控制系统控制品质的定量分析方法。通过估计控制系统在采用新的控制策略或对现有控制系统调节的情况下，生产企业可能获得的经济潜能 (效益)，确定提高系统经济性能的最佳途径，并为已有控制系统实施技术改造提供决策依据 [74]。

MPC 先进控制的经济效益主要来自方差的减少和操作点的移动 [94-97]。其经济性能评估的基本思想是 [74]：通过对现有控制系统实施先进控制策略 (这里的先进控制不仅是指预测控制技术等控制策略，同时也包含对现有控制器的调节和整定等措施)，减少系统的波动幅度，降低过程关键变量 (包括质量变量) 的方差，从而使其工作点能够接近控制系统的约束边界，最终能够提高装置的经济效益。方差减少越多，操作点可移动的空间就越大，潜在的经济效益也越大，但实际生产中方差减少有个最低限，即最小方差。另外，先进控制实施过程中，约束设置通常过于保守，倘若约束可以得到一定程度的放松，则操作点亦有可移动的空间，即亦有经济效益可挖掘。于是，提高系统经济效益的着眼点在于方差调整与约束调整两个方面。

文献 [101] 提出了基于方差的经济性能评估方法，并讨论了 MPC 控制系统经济性能评估的基本流程。考虑到工业过程的产品质量 (如纯度等) 在大多数情况下容许在一定范围内波动，文献 [102]~[103] 在经济性能评估问题中引入了机会约束的思想，依据不同的技术指标对过程变量约束设置不同置信度水平，采用随机规划的方法来对系统经济性能进行估计和分析。文献 [104] 采用数据驱动的方法考虑输入方差与输出方差之间的约束对经济性能评估的影响。文献 [105] 采取约束调整与方差调整的策略来挖掘系统潜在的经济性能。然而，目前的文献大都假设过程模型是精确已知的，而在工业实际情况中，由于工业对象的过于复杂以及辨识技术的误差，都会导致过程模型在一定的范围内波动，如果仅按照模型确定的情况下进行优化，那么在某些情况下就有可能不满足约束条件。因此，必须考虑由模型的不确定性所带来的影响。本章通过引入二次锥规划将原先标准的线性规划问题转化为鲁棒线性规划问题来进行模型不确定条件下的经济性能评估，并采取约束调整与方差调整的策略来挖掘系统潜在的经济性能。Shell 公司提供的重油分馏塔典型案例实验证明该方法的有效性。

8.2 MPC 经济性能评估

考虑一个包含 m 个输出（$\boldsymbol{y}\in\mathbb{R}^m$）$n$ 个输入（$\boldsymbol{u}\in\mathbb{R}^n$）的多变量预测控制系统，其系统模型的稳态增益矩阵为 $\boldsymbol{K}$。假定控制系统当前平均工作点为 $(\overline{y}_{i0},\overline{u}_{j0})$，假设 $(\overline{y}_i=\overline{y}_{i0}+\Delta\overline{y}_i,\overline{u}_j=\overline{u}_{j0}+\Delta\overline{u}_j)$ 是每次控制周期经移动 $(\Delta\overline{y}_i,\Delta\overline{u}_j)$ 更新后所达到的操作点，$(\Delta\overline{y}_i,\Delta\overline{u}_j)$ 满足 $\sum\limits_{j=1}^{n}K_{ij}\times\Delta\overline{u}_j=\Delta\overline{y}_i, i=1,2,\cdots,m$，则能使经济性能指标达到最优的操作点 $(\boldsymbol{y}_s=[\overline{y}_1,\cdots,\overline{y}_m]^{\mathrm{T}},\boldsymbol{u}_s=[\overline{u}_1,\cdots,\overline{u}_n]^{\mathrm{T}})$ 可以通过求解下列优化问题获得

$$
\begin{aligned}
&\min_{u_s,y_s} J=\boldsymbol{c}^{\mathrm{T}}\boldsymbol{u}_s+\boldsymbol{d}^{\mathrm{T}}\boldsymbol{y}_s\\
&\text{s.t.}\quad \boldsymbol{y}_s-\overline{\boldsymbol{y}}_0=\boldsymbol{K}(\boldsymbol{u}_s-\overline{\boldsymbol{u}}_0)+\boldsymbol{r}\\
&\qquad\ \boldsymbol{u}_{\min}\leqslant\boldsymbol{u}_s\leqslant\boldsymbol{u}_{\max}\\
&\qquad\ \boldsymbol{y}_{\min}\leqslant\boldsymbol{y}_s\leqslant\boldsymbol{y}_{\max}
\end{aligned}
\tag{8.1}
$$

其中 J 表示经济性能目标函数。考虑到扰动的影响，在每一个控制周期内引入扰动误差 $\boldsymbol{r}=\boldsymbol{y}-\widehat{\boldsymbol{y}}$，即当前控制周期内测量到的输出值 $\boldsymbol{y}$ 与当前预测输出值 $\widehat{\boldsymbol{y}}$ 之

差。为使经济效益最大化，通常希望使生产尽可能靠近边界实现卡边控制。经济性能评估层根据厂级优化调度，在保证输出与控制约束的条件下，针对每个生产单元通过稳态优化策略计算最优设定值，作为动态优化层的跟踪目标。但由于生产过程中存在不确定性和扰动（系统噪声、测量噪声），导致控制不平稳，过程关键变量存在波动，经济性能评估与优化层期望的最优设定值难以实现。为避免不确定干扰造成的波动导致过程参数超出约束范围，保证生产安全和产品品质，工业过程中通常根据生产经验，在稳态优化计算时人工收缩参数约束范围，通过减小可行域的退避（back-off）机制使生产指标距边界有一定的余量 [106]，保证动态优化控制层执行设定值的可行性。故 $\boldsymbol{y}_s$，$\boldsymbol{u}_s$ 约束条件的具体形式为 [104]：

$$L_{y,i}-\lambda_{y,i}\alpha_{y,i}+2\sigma_{y,i}(1+v_i)\leqslant\overline{y}_i\leqslant H_{y,i}+\mu_{y,i}\alpha_{y,i}-2\sigma_{y,i}(1+v_i) \tag{8.2}$$

$$L_{u,j}-\lambda_{u,j}\alpha_{u,j}+2\sigma_{u,j}\leqslant\overline{u}_j\leqslant H_{u,j}+\mu_{u,j}\alpha_{u,j}-2\sigma_{u,j} \tag{8.3}$$

$L_{y,i}$ 和 $H_{y,i}$ 表示为被控变量 y_i 的约束上下限；$L_{u,j}$ 和 $H_{u,j}$ 表示为操纵变量 u_j 的约束上下限；$\sigma_{y,i}$ 表示输出变量 y_i 在基本操作工况下的标准差，$\sigma_{u,j}$ 表示在最小能量控制基准下输入变量 u_j 的标准差，$\lambda_{y,i}$，$\mu_{y,i}$，$\lambda_{u,j}$，$\mu_{u,j}$ 分别是指用户为被控变量 y_i 和操纵变量 u_j 所规定的上下界约束松弛的百分比；$\alpha_{y,i}$，$\alpha_{u,j}$ 定义了变量 y_i 和 u_j 的约束区域的一半；v_i 表示被控变量方差的调节百分比。通过调节 $\boldsymbol{\lambda}$ 和 v_i 的大小便可对限制条件分别进行约束调整与方差调整。

在实际工业过程中，系统常处在不同的操作工况下 [74]，其经济性能作如下分析：

基本操作工况下的经济性能 J_0：对于基本操作工况，经济优化问题目标函数值求取可以直接将 (8.1) 中经济性能目标函数 J 中的 (y_s,u_s) 用当前平均操作点 $(\overline{y}_{i0},\overline{u}_{j0})$ 代替。

理想操作工况下的经济性能 J_I[74]：假定系统处在一种理想的操作状态下，过程模型为标称稳态模型，系统的外部扰动对控制器的影响不作考虑。这样处理扰动的“后退”策略不再考虑，不考虑被控变量方差对约束上下界的影响。即在 $\lambda_{y,i}=\mu_{y,i}=\lambda_{u,j}=\mu_{u,j}=0$，$v_i=-1$ 的条件下求解式 (8.1)。所表示的优化问题可以获得理想操作点和相应的目标函数为 J_I。因此，理想工况下控制系统的经济潜能 $\Delta J_I=J_0-J_I$。

现有方差操作工况下的经济性能 J_E：假定过程模型为标称稳态模型，经济性能评估过程只考虑系统当前的扰动强度，对系统输出方差不采取任何降低方差强度的控制策略。这种情况下控制系统的经济潜能可以通过调整系统平均工作点向最优工作点靠近来实现。即在 $\lambda_{y,i}=\mu_{y,i}=\lambda_{u,j}=\mu_{u,j}=v_i=0$ 的条件下求解式 (8.1)。所表示的优化问题可得该工况下的最优工作点为 $(\overline{y}_{iE},\overline{u}_{jE})$，对应的目标函数为 J_E。则现有方差工况下经济潜能 ΔJ_E 为 $\Delta J_E=J_0-J_E$。

对于极小化的经济性能目标函数来说，$J_0 > J_E > J_I$，故 $\Delta J_E < \Delta J_I$。为了进一步分析控制系统的经济性能，定义当前经济性能指数 $\eta_E = \Delta J_E/\Delta J_I$，$0 \leqslant \eta_E \leqslant 1$，表示系统在通过调整当前操作点接近最优工作点的过程中，所产生的经济潜能与理想工况下经济潜能的比值，该指标可以为进一步通过调整控制器来提高系统经济效益提供决策依据。

8.3 模型不确定性及鲁棒线性规划

以上的经济性能评估的过程模型为精确已知的标称稳态模型。然而在工业实际过程中由于各种扰动的不确定性影响、操作条件的改变或者非线性影响等原因造成模型误差，使得实际的稳态模型经常偏离标称稳态模型，在一个范围内波动，无法准确给出。当稳态模型变化很大时，常规的线性规划求解的结果难以达到经济上的最优，甚至有可能导致原本满足约束条件的被控变量在模型变化后超出所设定的约束条件，造成控制系统的波动或不稳定，发出警报。因此，原来标称模型下的性能评估方法已无法应对模型不确定性带来的影响，需要研究如何在模型波动的情况下正确地进行系统的经济性能评估。

8.3.1 二次锥规划

二次锥规划是一类基本的规划问题，它有如下形式：

$$\begin{aligned}
\min_{\boldsymbol{x}} \quad & \boldsymbol{f}^{\mathrm{T}}\boldsymbol{x} \\
\text{s.t.} \quad & \|\boldsymbol{A}_i\boldsymbol{x} + \boldsymbol{b}_i\|_2 \leqslant \boldsymbol{c}_i^{\mathrm{T}}\boldsymbol{x} + \boldsymbol{d}_i, \quad i = 1, \cdots, N \\
& \boldsymbol{G}\boldsymbol{x} = \boldsymbol{g}
\end{aligned} \tag{8.4}$$

其中各个参数均有恰当的维数，$\|\cdot\|$ 是标准的欧氏范数，特别当 $\boldsymbol{A}_i = 0$ 时，二次锥规划退化成标准的线性规划。

8.3.2 鲁棒线性规划

对于标准的线性规划问题：

$$\begin{aligned}
\min_{\boldsymbol{x}} \quad & \boldsymbol{c}^{\mathrm{T}}\boldsymbol{x} \\
\text{s.t.} \quad & \boldsymbol{a}_i^{\mathrm{T}}\boldsymbol{x} \leqslant \boldsymbol{b}_i, \quad i = 1, \cdots, m
\end{aligned} \tag{8.5}$$

参数 $\boldsymbol{a}_i$ 具有椭球范围内的不确定性，即 $\boldsymbol{a}_i \in \varepsilon_i = \left\{\overline{\boldsymbol{a}}_i + \beta \boldsymbol{V}^{1/2}\boldsymbol{s} : \|\boldsymbol{s}\|_2 \leqslant 1\right\}$，要求对于所有在范围内变化的 $\boldsymbol{a}_i$ 值，都必须满足约束条件，这就是所谓的鲁棒线性规划问题：

$$\begin{aligned} &\min_{\boldsymbol{x}} \ \boldsymbol{c}^{\mathrm{T}}\boldsymbol{x} \\ &\text{s.t.} \ \ \boldsymbol{a}_i^{\mathrm{T}}\boldsymbol{x} \leqslant \boldsymbol{b}_i, \quad \boldsymbol{a}_i \in \varepsilon_i, \quad i=1,\cdots,m \end{aligned} \tag{8.6}$$

根据文献 [62]，鲁棒线性规划问题最终可转化为二次锥规划问题：

$$\begin{aligned} &\min_{\boldsymbol{x}} \ \boldsymbol{c}^{\mathrm{T}}\boldsymbol{x} \\ &\text{s.t.} \ \ \overline{\boldsymbol{a}}_i^{\mathrm{T}}\boldsymbol{x} + \beta\left\|\boldsymbol{V}^{1/2}\boldsymbol{x}\right\|_2 \leqslant \boldsymbol{b}_i, \ \ i=1,\cdots,m \end{aligned} \tag{8.7}$$

对于稳态增益阵 $\boldsymbol{K}=[\boldsymbol{k}_1,\boldsymbol{k}_2,\cdots,\boldsymbol{k}_m]^{\mathrm{T}}$ 来说，$\boldsymbol{k}_i$ 是列向量代表 $\boldsymbol{K}$ 的第 i 行，假设系统输出是独立的随机变量，对于标称稳态增益矩阵 $\widetilde{\boldsymbol{K}}$ 来说，其在外界扰动的影响下变为 $\boldsymbol{K}=\widetilde{\boldsymbol{K}}\pm\Delta\boldsymbol{K}$,$\boldsymbol{V}_i$ 是从第 i 个输出 $\boldsymbol{k}_i$ 经多次采样后获得的协方差矩阵，所以 $\boldsymbol{V}=\mathrm{diag}(\boldsymbol{V}_1,\boldsymbol{V}_2,\cdots,\boldsymbol{V}_m)$，则 $\boldsymbol{k}_i\in\varepsilon_i=\left\{\overline{\boldsymbol{k}}_i+\beta\boldsymbol{V}^{1/2}\boldsymbol{s}:\|\boldsymbol{s}\|_2\leqslant 1\right\}$。

将优化问题式 (8.1) 换成以增量形式 $(\Delta\overline{\boldsymbol{y}},\Delta\overline{\boldsymbol{u}})$[107] 表达的优化问题式 (8.8)：

$$\begin{aligned} &\min_{\Delta\overline{\boldsymbol{y}},\Delta\overline{\boldsymbol{u}}} J=\boldsymbol{c}^{\mathrm{T}}\Delta\overline{\boldsymbol{u}}+\boldsymbol{d}^{\mathrm{T}}\Delta\overline{\boldsymbol{y}} \\ &\text{s.t.} \ \ \Delta\overline{\boldsymbol{y}}=\boldsymbol{K}\Delta\overline{\boldsymbol{u}}+\boldsymbol{r} \\ &\qquad \boldsymbol{A}_u\Delta\overline{\boldsymbol{u}}\leqslant\boldsymbol{b}_u \\ &\qquad \boldsymbol{A}_y\Delta\overline{\boldsymbol{y}}\leqslant\boldsymbol{b}_y \end{aligned} \tag{8.8}$$

其中$\boldsymbol{A}_u=\begin{bmatrix}\boldsymbol{I}_n\\-\boldsymbol{I}_n\end{bmatrix},\boldsymbol{b}_u=\begin{bmatrix}\boldsymbol{u}_{\max}-\overline{\boldsymbol{u}}_0\\-\boldsymbol{u}_{\min}+\overline{\boldsymbol{u}}_0\end{bmatrix},\boldsymbol{A}_y=\begin{bmatrix}\boldsymbol{I}_m\\-\boldsymbol{I}_m\end{bmatrix},\boldsymbol{b}_y=\begin{bmatrix}\boldsymbol{y}_{\max}-\overline{\boldsymbol{y}}_0\\-\boldsymbol{y}_{\min}+\overline{\boldsymbol{y}}_0\end{bmatrix}$。考虑到模型的不确定性，式 (8.8) 变为

$$\begin{aligned} &\min_{\Delta\overline{\boldsymbol{u}}} \ J=\boldsymbol{c}^{\mathrm{T}}\Delta\overline{\boldsymbol{u}}+\boldsymbol{d}^{\mathrm{T}}\widetilde{\boldsymbol{K}}\Delta\overline{\boldsymbol{u}}+\boldsymbol{d}^{\mathrm{T}}\boldsymbol{r} \\ &\text{s.t.} \ \ \boldsymbol{A}_u\Delta\overline{\boldsymbol{u}}\leqslant\boldsymbol{b}_u \\ &\qquad \boldsymbol{A}_y\boldsymbol{K}\Delta\overline{\boldsymbol{u}}\leqslant\boldsymbol{b}_y-\boldsymbol{A}_y\boldsymbol{r}, \quad \boldsymbol{K}\in\widetilde{\boldsymbol{K}}\pm\Delta\boldsymbol{K} \end{aligned} \tag{8.9}$$

将式 (8.9) 中的不确定项展开后的具体形式为 $\sum\limits_j a_{yij}\boldsymbol{k}_j^{\mathrm{T}}\Delta\overline{\boldsymbol{u}}\leqslant\boldsymbol{b}_{yi}-\boldsymbol{A}_{yi}\boldsymbol{r},\boldsymbol{K}\in\widetilde{\boldsymbol{K}}\pm\Delta\boldsymbol{K},i=1,\cdots,m$，该式能够被重构成 $\boldsymbol{k}_j^{\mathrm{T}}(\boldsymbol{D}_i\Delta\overline{\boldsymbol{u}})\leqslant\boldsymbol{b}_{yi},\boldsymbol{D}_i=[\mathrm{diag}(a_{yi1}\boldsymbol{e})\ \mathrm{diag}(a_{yi2}\boldsymbol{e})\ \cdots\ \mathrm{diag}(a_{yim}\boldsymbol{e})]^{\mathrm{T}},\boldsymbol{e}=[1,1,\cdots,1]^{\mathrm{T}}$，于是根据式 (8.6) 与式 (8.7)，式 (8.9) 中的不确定性描述可以转换成 $\widetilde{\boldsymbol{k}}_j^{\mathrm{T}}(\boldsymbol{D}_i\Delta\overline{\boldsymbol{u}})+\beta\left\|\boldsymbol{V}^{1/2}\boldsymbol{D}_i\Delta\overline{\boldsymbol{u}}\right\|_2\leqslant\boldsymbol{b}_{yi}$。因此可将

式 (8.9) 转化为一个基于二次锥规划的鲁棒线性规划标准问题：

$$\begin{aligned}\min_{\Delta\overline{u}} \quad & J = \boldsymbol{c}^{\mathrm{T}}\Delta\overline{\boldsymbol{u}} + \boldsymbol{d}^{\mathrm{T}}\widetilde{\boldsymbol{K}}\Delta\overline{\boldsymbol{u}} + \boldsymbol{d}^{\mathrm{T}}\boldsymbol{r} \\ \text{s.t.} \quad & \boldsymbol{A}_u\Delta\overline{\boldsymbol{u}} \leqslant \boldsymbol{b}_u \\ & \widetilde{\boldsymbol{k}}_j^{\mathrm{T}}(\boldsymbol{D}_i\Delta\overline{\boldsymbol{u}}) + \beta\left\|\boldsymbol{V}^{1/2}\boldsymbol{D}_i\Delta\overline{\boldsymbol{u}}\right\|_2 \leqslant \boldsymbol{b}_{yi} - \boldsymbol{A}_{yi}\boldsymbol{r}, \quad i = 1,\cdots,m\end{aligned} \tag{8.10}$$

可以利用原对偶内点法求解二次锥规划问题。在每个控制周期内均要求解该优化问题，为下层动态优化提供设定值。

8.4 模型不确定条件下的约束调整与方差调整

倘若 η_E 较小，说明该系统的经济性能有较大的提升空间，所以依据理论优化的结果，通过调节或更改 MPC 控制器的设定点 (操作点)，调节相应回路的设定点，使操作点更接近操作约束边界，从而提高控制系统的经济收益。通常考虑到外部的扰动与约束，采用“退避”策略，操作点从约束边界上“退避”一段距离，方差越大，距离越远；另一方面，在控制器设计和调试阶段常采用相对保守的设计方法(这在过程控制过程中是比较常见的，为了确保系统在存在扰动和非线性建模动态的情况下仍能够稳定运行，牺牲了系统的经济性)，约束条件设置的过于保守 [74]。所以，要使操作点更接近操作约束边界，提升系统经济效益的方法主要有方差调整与约束调整两种方法。

约束调整 [108]：通过对允许放松的上下限进行最小幅度的约束调整来获得经济性能的较大提升，于是有如下优化问题 2(式 (8.11)~(8.22))：

$$\min_{\overline{y}_i,\overline{u}_j,\lambda_{y,i},\mu_{y,i},\lambda_{u,j},\mu_{u,j}} \sum_{i=1}^{m}(\lambda_{y,i}+\mu_{y,i}) + \sum_{j=1}^{n}(\lambda_{u,j}+\mu_{u,j}) \tag{8.11}$$

$$\text{s.t.} \quad \overline{\lambda}_{y,i} \geqslant \lambda_{y,i} \geqslant 0, \quad \mathrm{flag}_{\lambda_{y,i}} = 1 \tag{8.12}$$

$$\lambda_{y,i} = 0, \quad \mathrm{flag}_{\lambda_{y,i}} = 0 \tag{8.13}$$

$$\overline{\mu}_{y,i} \geqslant \mu_{y,i} \geqslant 0, \quad \mathrm{flag}_{\mu_{y,i}} = 1 \tag{8.14}$$

$$\mu_{y,i} = 0, \quad \mathrm{flag}_{\mu_{y,i}} = 0 \tag{8.15}$$

$$\overline{\lambda}_{u,j} \geqslant \lambda_{u,j} \geqslant 0, \quad \mathrm{flag}_{\lambda_{u,j}} = 1 \tag{8.16}$$

$$\lambda_{u,j} = 0, \quad \mathrm{flag}_{\lambda_{u,j}} = 0 \tag{8.17}$$

$$\overline{\mu}_{u,j} \geqslant \mu_{u,j} \geqslant 0, \quad \mathrm{flag}_{\mu_{u,j}} = 1 \tag{8.18}$$

$$\mu_{u,j} = 0, \quad \text{flag}_{\mu_{u,j}} = 0 \tag{8.19}$$

$$\frac{J_0 - J}{\Delta J_I} \geqslant R_C \tag{8.20}$$

$$L_{y,i} - \lambda_{y,i}\alpha_{y,i} + 2\sigma_{y,i} \leqslant \overline{y}_i \leqslant H_{y,i} + \mu_{y,i}\alpha_{y,i} - 2\sigma_{y,i} \tag{8.21}$$

$$L_{u,j} - \lambda_{u,j}\alpha_{u,j} + 2\sigma_{u,j} \leqslant \overline{u}_j \leqslant H_{u,j} + \mu_{u,j}\alpha_{u,j} - 2\sigma_{u,j} \tag{8.22}$$

其中 $\overline{\lambda}_{y,i}, \overline{\mu}_{y,i}, \overline{\lambda}_{u,j}, \overline{\mu}_{u,j}$ 是决策变量 $\lambda_{y,i}, \mu_{y,i}, \lambda_{u,j}, \mu_{u,j}$ 的给定上界，$\lambda_{y,i}, \mu_{y,i}, \lambda_{u,j}, \mu_{u,j}$ 的作用是使约束条件在一定程度上得以放松。$\text{flag}_{\lambda_{y,i}}, \text{flag}_{\mu_{y,i}}, \text{flag}_{\lambda_{u,j}}, \text{flag}_{\mu_{u,j}}$ 是开关变量，其作用是决定 $\lambda_{y,i}, \mu_{y,i}, \lambda_{u,j}, \mu_{u,j}$ 的上下界是否可以放松。R_C 是通过约束调整后所期望获得的经济性能提升的幅度，被定义为所期望经济性能提升幅度与理想状态下经济性能提升幅度的比值，$0 \leqslant R_C \leqslant 1$。倘若考虑到各个 $\lambda_{y,i}, \mu_{y,i}, \lambda_{u,j}, \mu_{u,j}$ 重要性程度不同，可以在优化目标式 (8.11) 中加入相应的权重考量：$\sum\limits_{i=1}^{m} w_{y,i}(\lambda_{y,i} + \mu_{y,i}) + \sum\limits_{j=1}^{n} w_{u,j}(\lambda_{u,j} + \mu_{u,j})$。

方差调整：类似于约束调整，通过改变输出变量的方差大小来获得经济性能所期望的提升，于是有如下优化问题 3(式 (8.23)~ 式 (8.28))：

$$\min_{\overline{y}_i, \overline{u}_j, v_i} \sum_{i=1}^{m} |v_i| \tag{8.23}$$

$$\text{s.t.} \quad 0 \geqslant v_i \geqslant \underline{v_i}, \quad \text{flag}_{v_i} = 1 \tag{8.24}$$

$$v_i = 0, \quad \text{flag}_{v_i} = 0 \tag{8.25}$$

$$\frac{J_0 - J}{\Delta J_I} \geqslant R_V \tag{8.26}$$

$$L_{y,i} + 2\sigma_{y,i}(1 + v_i) \leqslant \overline{y}_i \leqslant H_{y,i} - 2\sigma_{y,i}(1 + v_i) \tag{8.27}$$

$$L_{u,j} + 2\sigma_{u,j} \leqslant \overline{u}_j \leqslant H_{u,j} - 2\sigma_{u,j} \tag{8.28}$$

其中 $\underline{v_i}$ 是输出变量方差减小的给定下界值，$0 \geqslant \underline{v_i} \geqslant -1$；$\text{flag}_{v_i}$ 是决定方差是否可以变化的开关变量。R_V 是通过方差调整后所期望获得的经济性能提升的幅度，被定义为所期望经济性能提升幅度与理想状态下经济性能提升幅度的比值，$0 \leqslant R_V \leqslant 1$。考虑到 v_i 是负的，故式 (8.23) 可变为 $\min\limits_{\overline{y}_i, \overline{u}_j, v_i} \sum\limits_{i=1}^{m} -v_i$，倘若再需要考虑到各个 v_i 重要性程度不同，可以在优化目标式 (8.23) 中加相应的权重考量：$\sum\limits_{i=1}^{m} -w_i v_i$。

工业实际过程中由于外部的干扰，使得原来满足约束条件的输出值在扰动下逃出约束范围，原先的调整方法已不再满足条件，必须在考虑所有变化范围内的模型都能满足约束条件的调整方法来改善系统的经济性能，于是原优化问题 2 的式 (8.20) 展开为 $(\boldsymbol{c}^{\mathrm{T}}+\boldsymbol{d}^{\mathrm{T}}\boldsymbol{K})\Delta\overline{\boldsymbol{u}} \leqslant J_0 - R_C\cdot\Delta J_I - \boldsymbol{d}^{\mathrm{T}}\boldsymbol{r}$, 在模型不确定的情况下转换为

$$(\boldsymbol{c}^{\mathrm{T}}+\boldsymbol{d}^{\mathrm{T}}\widetilde{\boldsymbol{K}})\Delta\overline{\boldsymbol{u}}+\beta\left\|\boldsymbol{V}_K{}^{1/2}\Delta\overline{\boldsymbol{u}}\right\|_2 \leqslant J_0 - R_C\cdot\Delta J_I - \boldsymbol{d}^{\mathrm{T}}\boldsymbol{r} \tag{8.29}$$

输出的约束调整式 (8.21) 在模型不确定的影响下变为鲁棒条件下的约束调整：

$$\widetilde{\boldsymbol{k}}_j^{\mathrm{T}}(\boldsymbol{D}_i\Delta\overline{\boldsymbol{u}})+\beta\left\|\boldsymbol{V}^{1/2}\boldsymbol{D}_i\Delta\overline{\boldsymbol{u}}\right\|_2 \leqslant \boldsymbol{b}_{yCi} \tag{8.30}$$

其中$\beta = \Phi^{-1}(1-\alpha), \Phi(x) = \dfrac{1}{\sqrt{2\pi}}\displaystyle\int_{-\infty}^{x}\mathrm{e}^{-1/2s^2}\mathrm{d}s, 1-\alpha$ 为置信区间（α 通常取 0.05），$\boldsymbol{D}_i = [\mathrm{diag}(a_{yi1}\boldsymbol{e})\ \mathrm{diag}(a_{yi2}\boldsymbol{e})\ \cdots\ \mathrm{diag}(a_{yim}\boldsymbol{e})]^{\mathrm{T}}, \boldsymbol{e} = [1,1,\cdots,1]^{\mathrm{T}}$，$\boldsymbol{b}_{yC} = \begin{bmatrix} \boldsymbol{H}_y+\mu_y a_y - 2\sigma_y - \overline{\boldsymbol{y}}_0 - \boldsymbol{r} \\ -(\boldsymbol{L}_y - \lambda_y\alpha_y + 2\sigma_y)+\overline{\boldsymbol{y}}_0+\boldsymbol{r}\end{bmatrix}$。于是，求解模型不确定条件下的约束调整方法对应的优化问题 4 为

$$\min_{\overline{u}_j,\lambda_{y,i},\mu_{y,i},\lambda_{u,j},\mu_{u,j}} \sum_{i=1}^{m}(\lambda_{y,i}+\mu_{y,i})+\sum_{j=1}^{n}(\lambda_{u,j}+\mu_{u,j})$$
$$\text{s.t.}\quad 式 (8.12)\sim 式 (8.19)，式 (8.22)，式 (8.29)，式 (8.30)$$

同理得到模型不确定条件下的方差调整方法对应的优化问题 5 为

$$\min_{\overline{u}_j,v_i}\sum_{i=1}^{m}|v_i|$$
$$\text{s.t.}\quad 式 (8.24)，式 (8.25)，式 (8.28)$$

$$(\boldsymbol{c}^{\mathrm{T}}+\boldsymbol{d}^{\mathrm{T}}\widetilde{\boldsymbol{K}})\Delta\overline{\boldsymbol{u}}+\beta\left\|\boldsymbol{V}_K{}^{1/2}\Delta\overline{\boldsymbol{u}}\right\|_2 \leqslant J_0 - R_V\cdot\Delta J_I - \boldsymbol{d}^{\mathrm{T}}\boldsymbol{r} \tag{8.31}$$

$$\widetilde{\boldsymbol{k}}_j^{\mathrm{T}}(\boldsymbol{D}_i\Delta\overline{\boldsymbol{u}})+\beta\left\|\boldsymbol{V}^{1/2}\boldsymbol{D}_i\Delta\overline{\boldsymbol{u}}\right\|_2 \leqslant \boldsymbol{b}_{yVi} \tag{8.32}$$

其中 $\boldsymbol{b}_{yV} = \begin{bmatrix} \boldsymbol{H}_y - 2\sigma_y(1+v) - \overline{\boldsymbol{y}}_0 - \boldsymbol{r} \\ -(\boldsymbol{L}_y + 2\sigma_y(1+v))+\overline{\boldsymbol{y}}_0+\boldsymbol{r}\end{bmatrix}$。

通过优化问题 4 或者 5 中的鲁棒线性规划，所有在变化范围内的模型均能够满足约束条件，并且还可以挖掘由于模型变化产生的约束保守性带来的潜在经济效益。

综上所述，模型不确定条件下预测控制经济性能评估的步骤可归纳如下。

(1) 获得日常运行过程数据, 确定各参数及模型变化范围。

(2) 计算理想经济潜能 ΔJ_I 和现有方差的经济潜能，设定期望经济指数 R_V, R_C。

(3) 求解优化问题 4 和 5 进行经济性能评估。

(4) 根据评估结果对相关约束或方差进行调整。

(5) 继续监测各控制回路，在下个控制周期需要时重复上述步骤。

8.5　仿真分析

Shell 控制问题是 Prett 等提出的的重油分馏塔控制问题 [109]，目前已成为多变量控制系统设计与性能评估中的典型仿真对象。重油分馏塔的流程示意图及相关变量位置如图 8.2 所示。该模型由 3 个操作变量和 3 个被控变量构成。

被控变量：塔顶产品组成 y_1，塔侧产品组成 y_2，塔底再沸温度 y_3；

操作变量：塔顶回流量 u_1，侧线抽出量 u_2，塔底再沸加热蒸汽量 u_3。

其过程模型传递函数矩阵为 $\widetilde{\boldsymbol{K}}(s)=\begin{bmatrix}\dfrac{4.05\mathrm{e}^{-27s}}{50s+1} & \dfrac{1.77\mathrm{e}^{-28s}}{60s+1} & \dfrac{5.88\mathrm{e}^{-27s}}{50s+1}\\ \dfrac{5.39\mathrm{e}^{-18s}}{50s+1} & \dfrac{5.72\mathrm{e}^{-14s}}{60s+1} & \dfrac{6.9\mathrm{e}^{-15s}}{40s+1}\\ \dfrac{4.38\mathrm{e}^{-20s}}{33s+1} & \dfrac{4.42\mathrm{e}^{-22s}}{44s+1} & \dfrac{7.2\mathrm{e}^{-0s}}{19s+1}\end{bmatrix}$，

稳态模型波动范围 $\Delta\boldsymbol{K}=\begin{bmatrix}2.11 & 0.39 & 2.62\\ 3.29 & 0.57 & 1.82\\ 2.32 & 1.52 & 0.32\end{bmatrix}$，扰动模型为 $\boldsymbol{G}_F(s)=\begin{bmatrix}\dfrac{1.20\mathrm{e}^{-27s}}{54s+1} & \dfrac{1.44\mathrm{e}^{-27s}}{40s+1}\\ \dfrac{1.52\mathrm{e}^{-15s}}{25s+1} & \dfrac{1.83\mathrm{e}^{-15s}}{20s+1}\\ \dfrac{1.14}{27s+1} & \dfrac{1.26}{32s+1}\end{bmatrix}$。

由于每个控制周期引入的可测扰动热负荷 $d=[d_1,d_2]$ 为常数，不影响计算过程，为方便计算，令 $d_1=d_2=0$，并假设系统初始输出为零，各项约束条件为 $u_1,u_2,u_3\in[-0.5,0,5]$，$y_1,y_2,y_3\in[-0.5,0,5]$，$\sigma_y=[0.15;0.15;0.15]$，$\sigma_u=[0.05;0.1;0.1]$，根据分馏塔的操作特性，可设经济目标函数为 $J_1=-2u_1-u_2+u_3$，这是因为分馏塔的塔顶产品和侧线产品是塔的重要产物，过程优化要根据产品的价值合理分配塔的两种产品的抽出量，而热负荷的增加则在一定程度上增加了操作费用。

首先算得 $J_0=0,J_I=-2.0377,J_E=-1.1721$，则 $\eta_E=57.52\%$，说明该系统在经济性能方面还有较大的提升空间。若期望采用放松约束的方法让经济性能提升的幅度能够至少达到理想状况下经济提升潜能的 70%，即 $R_C=0.7$。并设定

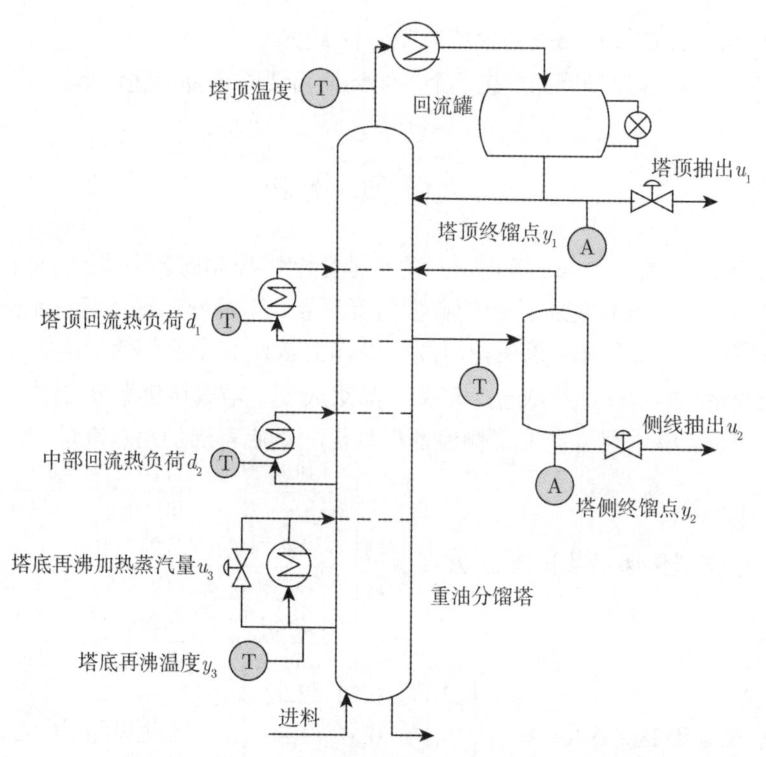

图 8.2 Shell 控制问题重油分馏塔流程与变量示意图

$\overline{\lambda}_{y,i}=\overline{\mu}_{y,i}=\overline{\lambda}_{u,j}=\overline{\mu}_{u,j}=1$，允许所有输出变量的上下界均可调整，即 $\text{flag}_{\lambda_{y,i}}=\text{flag}_{\mu_{y,i}}=\text{flag}_{\lambda_{u,j}}=\text{flag}_{\mu_{u,j}}=1$。若不考虑模型的不确定性，对标称模型采用优化 2 的方法进行计算得到 $J_C{}'=-1.8982, \eta_C'=93.15\%$，各约束几乎均不放松; 若考虑模型的不确定性，采用本章中所给优化 5 的方法得到 $J_C=-1.5059, \eta_C=73.9\%$，各约束变量的放松情况如表 8.1 所示。由仿真结果可见，模型不确定性的存在使得原来的约束得不到满足，需要在给定允许的条件下对原约束进行更大程度地放松，另一方面考虑模型的不确定性增强了系统的鲁棒性却牺牲了系统的经济性能，由于模型不确定性的干扰，使得卡边控制无法卡得那么“紧”，原先模型确定条件下可达的经济性能指标便不能完全达到。

表 8.1 模型不确定条件下各变量上下界放松系数

	u_1	u_2	u_3	y_1	y_2	y_3
下界放松系数	0.0018	0.0018	0.0017	0.0018	0.0016	0.0016
上界放松系数	0.0017	0.0018	0.0016	0.0018	0.0016	0.0016

8.6　本章小结

本章提出了一种基于二次锥规划的鲁棒线性规划的方法来考虑在模型不确定的条件下对系统进行经济性能评估，并采取约束调整与方差调整的策略在给定的约束指标下最大程度地挖掘系统的经济效益潜能。通过对 Shell 模型的仿真研究，验证了该方法的有效性。

第 9 章　基于多参数规划的 MPC 稳态层软约束优化处理

9.1　引　　言

模型预测控制（MPC）自 20 世纪 70 年代诞生以来，在理论研究和工程实践方面都得到了蓬勃发展，特别是在流程工业中得到了广泛应用 [110, 111]。在实际工程运用中，几乎所有的商品化 MPC 软件包在执行 MPC 控制功能之前将运行一个独立的局部稳态优化操作，用于计算稳态控制输入、状态及被控输出的期望目标值，这一操作被命名为稳态目标计算 (steady-state target calculation)[112]，其主要目的是跟踪局部经济优化的计算结果或在 MPC 现有配置模式下根据过程本身的情况进行以经济性为目的的自优化 [113]，此时 MPC 作用的实质是解决生产过程中多变量约束的优化控制难题。

对于 MPC 稳态目标计算问题，可将其优化求解过程分解为两个阶段：①可行性阶段，要确保优化问题是可行的；②最优化阶段，在可行解域内进行寻优。这种划分方法易于理解：首先由可行性问题判定由约束条件所形成的解空间是否存在，若存在则在其中进行寻优；若不存在，则通过软约束调整来获得可行空间，然后再进行求解。

之前有关软约束处理 [114] 的文献如文献 [115] 利用代数方法将稳态目标优化问题的可行性分析及软约束调整归纳为一线性规划问题，不可行时约束的处理需要用户人为地干预，且可行域的范围可能十分有限。文献 [116] 则从凸体几何的角度将稳态目标计算的可行性判定及不可行时的软约束处理问题转化为关于凸多面体相交的一系列优化问题。它们 [112-115] 都仅考虑了将软约束调整使得原问题变得可行，而在执行过程中对各软约束放松权重系数的选择却完全根据经验或操作者个人偏好（如文献 [115] 中将各软约束放松权重统一默认设置为 1），而选择不同的权重系数则会导致不同的软约束放松结果，从而也会得到不同的稳态经济目标。之前的文献并未根据现场工艺的需求将软约束处理与稳态经济目标最优性结合在一起，考虑不同权重系数导致的不同软约束放松方法对稳态经济目标的影响，凭经验选取各变量权重系数的软约束不能确定一定能够取得最优的稳态经济目标。本章从多参数规划的角度将各软约束放松的权重系数变化范围划分为不同的区域，在此基础上提出一种新的算法能够直接确定软约束处理下最优的稳态经济目标以及与其对应的最优的软约束处理方式，并在 shell 过程中进行仿真分析，得到验证。

9.2 问题描述

MPC 稳态目标计算优化问题描述如下：假设稳定线性时不变多入多出系统 $\boldsymbol{H}$ 的输入 $\boldsymbol{u}\in\mathbb{R}^m$，输出 $\boldsymbol{y}\in\mathbb{R}^n$。系统输入输出传递函数模型为 $\boldsymbol{y}(s)=\boldsymbol{H}(s)\boldsymbol{u}(s)$，$\boldsymbol{H}(s)=[h_{ji}(s)]\in\mathbb{R}^{n\times m}(i=1,\cdots,n,j=1,\cdots,m)$，稳态增益阵 $\boldsymbol{H}=[h_{ji}(s)|_{s=0}]=[h_{ji}]\in\mathbb{R}^{n\times m}$。则稳态目标计算问题描述为如下的线性规划问题：

$$
\begin{aligned}
\min_{\boldsymbol{u}_s}\quad & J_1=\boldsymbol{c}_1^{\mathrm{T}}\boldsymbol{u}_s\\
\text{s.t.}\quad & \boldsymbol{y}_s=\boldsymbol{H}\boldsymbol{u}_s\\
& \boldsymbol{u}_{\min}\leqslant\boldsymbol{u}_s\leqslant\boldsymbol{u}_{\max}\\
& \boldsymbol{y}_{\min}\leqslant\boldsymbol{y}_s\leqslant\boldsymbol{y}_{\max}
\end{aligned}
\tag{9.1}
$$

其中 $\boldsymbol{u},\boldsymbol{y}$ 的期望稳态值为 $\boldsymbol{u}_s,\boldsymbol{y}_s$，$\boldsymbol{u}_{\min},\boldsymbol{u}_{\max}\in\mathbb{R}^m$，$\boldsymbol{y}_{\min},\boldsymbol{y}_{\max}\in\mathbb{R}^n$ 分别是输入输出的上下限。对优化问题 (9.1) 进行解的可行性判定，对于解的可行性判定，已有文献 [115, 116] 详细阐述，此处不再具体展开。当 (9.1) 无可行解时，需对其进行软约束处理，即求解线性规划问题 (9.2)：

$$
\begin{aligned}
\min_{\boldsymbol{u}_s,\varepsilon_{y\max},\varepsilon_{y\min},\varepsilon_{u\max},\varepsilon_{u\min}}\quad & \boldsymbol{c}_2^{\mathrm{T}}\left[\varepsilon_{y\max}\varepsilon_{y\min}\varepsilon_{u\max}\varepsilon_{u\min}\right]\\
\text{s.t.}\quad & \boldsymbol{y}_s=\boldsymbol{H}\boldsymbol{u}_s\\
& -\varepsilon_{u\min}+\boldsymbol{u}_{\min}\leqslant\boldsymbol{u}_s\leqslant\boldsymbol{u}_{\max}+\varepsilon_{u\max}\\
& -\varepsilon_{y\min}+\boldsymbol{y}_{\min}\leqslant\boldsymbol{y}_s\leqslant\boldsymbol{y}_{\max}+\varepsilon_{y\max}\\
& \boldsymbol{0}\leqslant\varepsilon_{y\max}\leqslant\varepsilon_{1\max}\\
& \boldsymbol{0}\leqslant\varepsilon_{y\min}\leqslant\varepsilon_{2\max}\\
& \boldsymbol{0}\leqslant\varepsilon_{u\max}\leqslant\varepsilon_{3\max}\\
& \boldsymbol{0}\leqslant\varepsilon_{u\min}\leqslant\varepsilon_{4\max}
\end{aligned}
\tag{9.2}
$$

其中变量 $\varepsilon_{y\min},\varepsilon_{y\max},\varepsilon_{u\min},\varepsilon_{u\max}$ 表示 $\boldsymbol{y},\boldsymbol{u}$ 需要放松的幅度，$\varepsilon_{1\max},\varepsilon_{2\max},\varepsilon_{3\max},\varepsilon_{4\max}$ 表示 $\boldsymbol{y},\boldsymbol{u}$ 的最大允许放松界，根据工艺确定。通过求解 (9.2) 得到最优解 $\varepsilon_{y\min}^*,\varepsilon_{y\max}^*,\varepsilon_{u\min}^*,\varepsilon_{u\max}^*$，而后将 (9.1) 中的条件 $\boldsymbol{y}_{\min}\leqslant\boldsymbol{y}_s\leqslant\boldsymbol{y}_{\max},\boldsymbol{u}_{\min}\leqslant\boldsymbol{u}_s\leqslant\boldsymbol{u}_{\max}$ 放松为 $-\varepsilon_{y\min}^*+\boldsymbol{y}_{\min}\leqslant\boldsymbol{y}_s\leqslant\boldsymbol{y}_{\max}+\varepsilon_{y\max}^*,-\varepsilon_{u\min}^*+\boldsymbol{u}_{\min}\leqslant\boldsymbol{u}_s\leqslant\boldsymbol{u}_{\max}+\varepsilon_{u\max}^*$ 再求解问题 (9.1)，得到最优操作点。(9.1) 中的 $\boldsymbol{c}_1$ 表示各控制输入变量的标准化效益或成本构建的代价系数向量，针对具体问题是确定已知的。(9.2) 中的权重系数 $\boldsymbol{c}_2=[c_{21},\cdots,c_{2(2n)}]$（各项元素都不小于零）表示对不同约束放松的偏好。

因此，在 (9.1) 不可行的情况下，MPC 稳态目标计算问题可以看做一个两层优化问题，由外层 (9.1) 与内层 (9.2) 构成。先由 (9.2) 确定出软约束放松的裕量，

再将此替换 (9.1) 中对应的条件而后求解 (9.1) 最终确定最优操作点。而以往的文献都将问题 (9.1) 与 (9.2) 独立看待 [109-111]，没有考虑 $\boldsymbol{c}_2$ 的选取对最终经济目标 J_1 的影响，大部分文献认为 $\boldsymbol{c}_2$ 可取输出变量对应的产品或者原料的经济指标 (如价格) 向量，即取 $\boldsymbol{c}_2=\boldsymbol{c}_1$。而实际上内层优化问题的参数将会影响到外层优化目标函数的取值，即软约束放松权重系数 $\boldsymbol{c}_2$ 的选择是与最终经济目标息息相关的。因为不难看出不同的权重 $\boldsymbol{c}_2$ 将得到不同的 $\varepsilon^*_{y\min},\varepsilon^*_{y\max},\varepsilon^*_{u\min},\varepsilon^*_{u\max}$，从而针对问题 (9.1) 中 y_s,u_s 的上下限将放松到不同的程度，也将影响 y_s,u_s 的取值，并最终影响 J_1 的取值。

本书采用一个二维的例子说明：选取 $J_1=-2u_1-u_2+u_3$，以 u_1,u_2,u_3 为操作变量控制 y_1,y_2 在一定范围内，分别为 $y_1\in[0.3,0.4]$，$y_2\in[2.7,2.8]$。操作变量范围均为 $[-0.5,0.5]$，$\varepsilon_{1\max}=\varepsilon_{2\max}=\begin{bmatrix}0.2\\0.2\end{bmatrix},\varepsilon_{3\max}=\varepsilon_{4\max}=\begin{bmatrix}0\\0\\0\end{bmatrix},\boldsymbol{H}=\begin{bmatrix}4.05 & 1.77 & 5.88\\5.39 & 5.72 & 6.9\end{bmatrix}$，取 $\boldsymbol{c}_2=[q,1,q,1]^{\mathrm{T}}$,$q$ 为从 0 到 4 连续变化的自变量，反映的是两输出调整的相对权重的大小，则 J_1 与 q 的关系如图 9.1 所示。可见，q 的不同选择能够影响到 J_1 的取值。至于呈现出的分段阶跃的图像，这可从线性规划的性质得到很好的解释：线性规划的所有可行解构成的集合可能是凸集或者是无界域；若可行域有界，该问题的目标函数一定可以在其可行域的顶点处达到最优。对于本书描述的两层优化问题来说，内层的最优顶点与外层的目标函数所取的值是一一对应的，q 可看做是线性目标函数（二维时）的斜率，当 q 在某一范围内变化时，最优解均是选取某一定点；q 的变化超出某一界限时，最优解的选取则是跳到另一个顶点上，故而图像呈现出分段的形式。

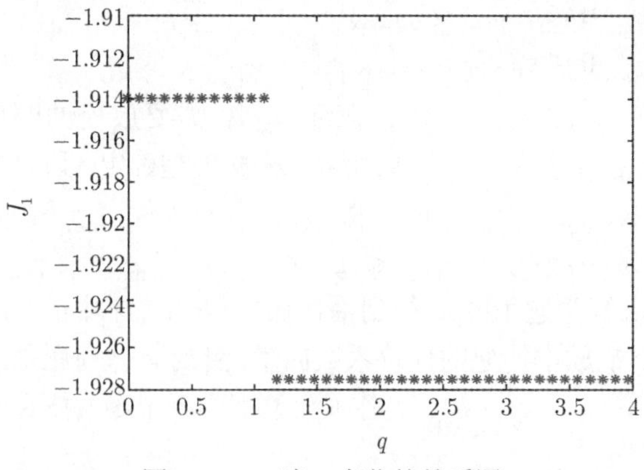

图 9.1　J_1 随 q 变化的关系图

由此可见取值将影响最终可以达到的经济目标。于是如何恰当地对软约束进行放松能够达到最优的经济目标将是本论文研究的主要问题。以下将从多参数规划角度考虑这一问题。

9.3　多参数线性规划

参数规划 [117, 118] 指约束条件中某个标量参数在给定区域变化时，优化问题的解的变化规律。若规划问题以多个标量作为参数，则称该规划为多参数规划。多参数规划中的标量参数被总称为参数向量。在一些实际应用场合中，数学规划中的多个参数受到某种不确定性的影响，多参数规划将参数的不确定区域划分为若干区域，明确给出当参数向量落在各个区域内时，以参数向量为自变量的最优解的解析表达式。因此，多参数规划为决策者提供了更多的决策支持信息。

9.3.1　参数规划理论分析与算法

对于一般的参数规划问题，其描述如下 [119]：

$$
\begin{aligned}
& J(\theta)=\min_{\boldsymbol{x}} f(\boldsymbol{x},\theta) \\
& \text{s.t.}\quad g_i(\boldsymbol{x},\theta)\leqslant 0,\quad \forall i=1,\cdots,p \\
& \qquad\ \ h_j(\boldsymbol{x},\theta)=0,\quad \forall j=1,\cdots,q \\
& \qquad\ \ \boldsymbol{x}\in\mathbb{R}^n,\quad \theta\in\mathbb{R}^m
\end{aligned}
\tag{9.3}
$$

其中 $\boldsymbol{x}$ 为自变量；θ 为参数变量；f,g,h 均对 $\boldsymbol{x}$ 与 θ 连续二阶可微。

关于多参数规划的求解方法已有大量文献详细叙述，其计算方法的基本思想是，首先在参数 θ 的可行域内确定一初值并根据一阶 KKT 条件求解相关公式 (9.3)，可得最优解及广义拉格朗日乘子向量 $\boldsymbol{\lambda}$，根据 $\boldsymbol{\lambda}$ 中元素是否恒为零确定其对应的约束条件为积极约束还是非积极约束，然后将原参数 θ 可行域中除去非积极约束的不等式约束外的区域构成新的参数变化区域，重复上述步骤直到不能再划分区域为止。这样最终就将参数变化范围划分为不同的求解区域。在每个区域中，$\boldsymbol{x}$ 都是参数 θ 的线性函数，全局来看 $J(\theta)$ 是 θ 的分段线性连续凸函数，在每一区域求得 $J(\theta)$，比较各区域 $J(\theta)$ 的大小，即可求得 $J(\theta)$ 相对于 θ 的全局最优解。

对于 (9.3) 的一阶 KKT 条件为

$$
\begin{aligned}
& \nabla f(\boldsymbol{x},\theta)+\sum_{i=1}^{p}\lambda_i\nabla g_i(\boldsymbol{x},\theta)+\sum_{j=1}^{q}\mu_j\nabla h_j(\boldsymbol{x},\theta)=0 \\
& \lambda_i g_i(\boldsymbol{x},\theta)=0,\quad \lambda_i\geqslant 0,\quad \forall i=1,\cdots,p \\
& h_j(\boldsymbol{x},\theta)=0,\quad \forall j=1,\cdots,q
\end{aligned}
\tag{9.4}
$$

对其主要的敏感度分析结果见定理 9.1。

定理 9.1 敏感度

敏感度基础理论 [120]：定义 $\boldsymbol{\theta}_0$ 为参数值向量，$(\boldsymbol{x}_0, \lambda_0, \mu_0)$ 为满足式 (9.4)KKT 条件的一组解，其中 λ_0 非负，$\boldsymbol{x}_0$ 为式 (9.3) 的一个可行解。假定以下三个条件成立：①满足严格的互补松弛性条件；②其紧约束梯度是线性独立的（线性独立约束限定）；③满足二阶充分条件。那么在 θ_0 的邻域内存在唯一的一个连续可微函数 $(\boldsymbol{x}(\theta), \lambda(\theta), \mu(\theta))$ 满足式 (9.4)，并且存在 $(\boldsymbol{x}(\theta_0), \lambda(\theta_0), \mu(\theta_0)) = (\boldsymbol{x}_0, \lambda_0, \mu_0)$，其中 $\boldsymbol{x}(\theta)$ 是式 (9.3) 唯一的孤立最优解，并且

$$\begin{bmatrix} \dfrac{\mathrm{d}\boldsymbol{x}(\theta_0)}{\mathrm{d}\theta} \\ \dfrac{\mathrm{d}\lambda(\theta_0)}{\mathrm{d}\theta} \\ \dfrac{\mathrm{d}\mu(\theta_0)}{\mathrm{d}\theta} \end{bmatrix} = -(\boldsymbol{M}_0)^{-1}\boldsymbol{N}_0 \tag{9.5}$$

其中

$$\boldsymbol{M}_0 = \begin{bmatrix} \nabla^2 L & \nabla g_1 & \cdots & \nabla g_p & \nabla h_1 & \cdots & \nabla h_q \\ -\lambda_1 \nabla^{\mathrm{T}} g_1 & -g_1 & & & & & \\ \vdots & & \ddots & & & & \\ -\lambda_p \nabla^{\mathrm{T}} g_p & & & -g_p & & & \\ \nabla^{\mathrm{T}} h_1 & & & & & & \\ \vdots & & & & & & \\ \nabla^{\mathrm{T}} h_q & & & & & & \end{bmatrix} \tag{9.6}$$

$$\boldsymbol{N}_0 = (\nabla^2_{\theta\boldsymbol{x}} L, -\lambda_1 \nabla^{\mathrm{T}}_{\theta} g_1, \cdots, -\lambda_p \nabla^{\mathrm{T}}_{\theta} g_p, \nabla^{\mathrm{T}}_{\theta} h_1, \cdots, \nabla^{\mathrm{T}}_{\theta} h_q)^{\mathrm{T}}$$

且

$$L(\boldsymbol{x}, \boldsymbol{\lambda}, \boldsymbol{\mu}, \theta) = f(\boldsymbol{x}, \theta) + \sum_{i=1}^{p} \lambda_i g_i(\boldsymbol{x}, \theta) + \sum_{j=1}^{q} \mu_j h_j(\boldsymbol{x}, \theta)$$

多参数二次规划是一类常见的参数规划：式 (9.3) 中的目标函数为二次函数，约束为线性的并且参数出现在约束条件的右侧，其形式如下：

$$\begin{aligned} & J(\theta) = \min_{\boldsymbol{x}} \boldsymbol{c}^{\mathrm{T}}\boldsymbol{x} + \frac{1}{2}\boldsymbol{x}^{\mathrm{T}}\boldsymbol{Q}\boldsymbol{x} \\ & \text{s.t.} \quad \boldsymbol{A}\boldsymbol{x} \leqslant \boldsymbol{b} + \boldsymbol{F}\theta \\ & \qquad \boldsymbol{x} \in \mathbb{R}^n, \quad \theta \in \mathbb{R}^m \end{aligned} \tag{9.7}$$

其中 $\boldsymbol{c} \in \mathbb{R}^n, \boldsymbol{b} \in \mathbb{R}^p$ 是常数向量，$\boldsymbol{Q} \in {}^{n\times n}$ 是对称正半定常数矩阵，$\boldsymbol{A} \in \mathbb{R}^{p\times n}, \boldsymbol{F} \in \mathbb{R}^{p\times m}$ 均为常数矩阵。需要提及的是二次规划中关于 $\boldsymbol{x}$ 与 θ 的二次交叉项 $\theta^{\mathrm{T}}\boldsymbol{P}\boldsymbol{x}$ 也会出现在目标函数中，但它们最终都能够通过变换 $\boldsymbol{x} = \boldsymbol{s} - \boldsymbol{Q}^{-1}\boldsymbol{P}^{\mathrm{T}}\theta$ 将其转化为 (9.7) 中目标函数的形式, 其中 $\boldsymbol{s}$ 为转换后的自变量, $\boldsymbol{P} \in \mathbb{R}^{m\times n}$ 为常数矩阵。通过下面的定理 9.2 的证明可以得出式 (9.7) 最优解中的 $\boldsymbol{x}$ 与 λ 均为 θ 的仿射函数。

定理 9.2　仿射性

在 $\boldsymbol{Q}$ 为对称正半定矩阵和定理 9.1 都成立的条件下，$\boldsymbol{x}$ 与 $\boldsymbol{\lambda}$ 均为 θ 的仿射函数。

证明　多参数二次规划的一阶 KKT 条件为

$$\boldsymbol{c} + \boldsymbol{Q}\boldsymbol{x} + \boldsymbol{A}^{\mathrm{T}}\boldsymbol{\lambda} = \boldsymbol{0} \tag{9.8}$$

$$\lambda_i[\boldsymbol{A}(i,:)\boldsymbol{x} - \boldsymbol{b}(i,:) - \boldsymbol{F}(i,:)\theta] = 0, \quad \lambda_i \geqslant 0, \quad \forall i = 1, \cdots, p \tag{9.9}$$

符号 $Ma(i,:)$ 表示矩阵 Ma 第 i 行。由式 (9.8) 得

$$\boldsymbol{x} = -\boldsymbol{Q}^{-1}(\boldsymbol{A}^{\mathrm{T}}\boldsymbol{\lambda} + \boldsymbol{c}) \tag{9.10}$$

上式显示 $\boldsymbol{x}$ 是 $\boldsymbol{\lambda}$ 的仿射函数。定义 $\overline{\boldsymbol{\lambda}}$ 和 $\widetilde{\boldsymbol{\lambda}}$ 分别为非积极约束与积极约束对应的拉格朗日乘子。对于非积极约束而言，$\overline{\boldsymbol{\lambda}} \equiv 0$ 显然是 θ 的仿射函数。对于积极约束而言

$$\widetilde{\boldsymbol{A}}\boldsymbol{x} - \widetilde{\boldsymbol{b}} - \widetilde{\boldsymbol{F}}\theta = 0 \tag{9.11}$$

其中 $\widetilde{\boldsymbol{A}}, \widetilde{\boldsymbol{b}}, \widetilde{\boldsymbol{F}}$ 为 $\boldsymbol{A}, \boldsymbol{b}, \boldsymbol{F}$ 中积极约束对应的部分。将式 (9.10) 代入式 (9.11) 中得到

$$\widetilde{\boldsymbol{\lambda}} = -(\widetilde{\boldsymbol{A}}\boldsymbol{Q}^{-1}\widetilde{\boldsymbol{A}}^{\mathrm{T}})^{-1}(\widetilde{\boldsymbol{A}}\boldsymbol{Q}^{-1}\boldsymbol{c} + \widetilde{\boldsymbol{b}} + \widetilde{\boldsymbol{F}}\theta) \tag{9.12}$$

上式显然说明 $\widetilde{\boldsymbol{\lambda}}$ 是 θ 的仿射函数。从式 (9.10) 与式 (9.12) 可以得出 $\boldsymbol{x}$ 是 θ 的仿射函数。由于定理 9.1 中第 2 个条件成立，即 $\widetilde{\boldsymbol{A}}$ 的行是线性独立的，所以 $(\widetilde{\boldsymbol{A}}\boldsymbol{Q}^{-1}\widetilde{\boldsymbol{A}}^{\mathrm{T}})^{-1}$ 是存在的。**证毕**。 □

现在可以推导得到 $\boldsymbol{x}$ 与 λ 关于 θ 的仿射函数，对式 (9.7) 在 $[\boldsymbol{x}(\theta_{\boldsymbol{Q}}), \theta_{\boldsymbol{Q}}]$ 处应用定理 9.1 得到如下计算结果：

$$\begin{bmatrix} \dfrac{\mathrm{d}\boldsymbol{x}(\theta_{\boldsymbol{Q}})}{\mathrm{d}\theta} \\ \dfrac{\mathrm{d}\lambda(\theta_{\boldsymbol{Q}})}{\mathrm{d}\theta} \end{bmatrix} = -(\boldsymbol{M}_{\boldsymbol{Q}})^{-1}\boldsymbol{N}_{\boldsymbol{Q}} \tag{9.13}$$

其中

$$
\boldsymbol{M}_{\boldsymbol{Q}}=\begin{bmatrix} \boldsymbol{Q} & \boldsymbol{A}_1^{\mathrm{T}} & \cdots & \boldsymbol{A}_P^{\mathrm{T}} \\ -\lambda_1\boldsymbol{A}_1 & -\boldsymbol{V}_1 & & \\ \vdots & & \ddots & \\ -\lambda_p\boldsymbol{A}_p & & & -\boldsymbol{V}_p \end{bmatrix} \tag{9.14}
$$

$$
\boldsymbol{N}_{\boldsymbol{Q}}=(\boldsymbol{Y},\lambda_1\boldsymbol{F}_1,\cdots,\lambda_p\boldsymbol{F}_p)^{\mathrm{T}}
$$

其中 $\boldsymbol{V}_i=\boldsymbol{A}(i,:)\boldsymbol{x}(\theta_{\boldsymbol{Q}})-\boldsymbol{b}(i,:)-\boldsymbol{F}(i,:)\theta_{\boldsymbol{Q}},\boldsymbol{Y}\in\mathbb{R}^{n\times m}$ 是零元素矩阵。运用式 (9.13) 的结果可以按下式计算得到最优解到 $\boldsymbol{x}$ 与 λ，它们均为关于 θ 的仿射函数:

$$
\begin{bmatrix} \boldsymbol{x}_{\boldsymbol{Q}}(\theta) \\ \lambda_{\boldsymbol{Q}}(\theta) \end{bmatrix}=-(\boldsymbol{M}_{\boldsymbol{Q}})^{-1}\boldsymbol{N}_{\boldsymbol{Q}}(\theta-\theta_{\boldsymbol{Q}})+\begin{bmatrix} \boldsymbol{x}(\theta_{\boldsymbol{Q}}) \\ \lambda(\theta_{\boldsymbol{Q}}) \end{bmatrix} \tag{9.15}
$$

由于上式并不需要区分积极约束和非积极约束，因此从计算实施的角度来看是易于实现的。满足最优解为 $[\boldsymbol{x}_{\boldsymbol{Q}}(\theta),\lambda_{\boldsymbol{Q}}(\theta)]$ 的适用约束区域称为判别区域（critical region, CR^{Q}），它能够从优化问题的可行性条件和最优性条件中获得。定义符号 CR 表示为确定 θ 区域边界的不等式约束集。可行性条件要求 $\boldsymbol{x}_{\boldsymbol{Q}}(\theta)$ 满足 (9.7) 中的非积极约束，而最优性条件由 $\widetilde{\lambda}_{\boldsymbol{Q}}(\theta)\geqslant 0$ 给出，其中 $\widetilde{\lambda}_{\boldsymbol{Q}}(\theta)$ 为对应于积极约束的拉格朗日乘子向量。通过上述两条件得到的结果最终呈现为一组关于参数 θ 的约束集合，将其表示为

$$
\mathbf{CR}^{R}=\{\overline{\boldsymbol{A}}\boldsymbol{x}_{\boldsymbol{Q}}(\theta)\leqslant\overline{\boldsymbol{b}}+\overline{\boldsymbol{F}}\theta,\widetilde{\lambda}_{\boldsymbol{Q}}(\theta)\geqslant 0,\boldsymbol{CR}^{IG}\} \tag{9.16}
$$

其中 $\overline{\boldsymbol{A}},\overline{\boldsymbol{b}},\overline{\boldsymbol{F}}$ 为 $\boldsymbol{A},\boldsymbol{b},\boldsymbol{F}$ 中非积极约束对应的部分，$\mathbf{CR}^{IG}$ 定义为参变量 θ 初始给定区域的线性不等式约束集合。(9.16) 中的不等式约束集合里会存在一些冗余的不等式约束，本论文将去除冗余不等式后的集合定义为 $\mathbf{CR}^{Q}$:

$$
\mathbf{CR}^{Q}=\Delta\{\mathbf{CR}^{R}\} \tag{9.17}
$$

其中 Δ 定义为移除冗余约束的运算符。注意到 $\mathbf{CR}^{Q}$ 形成的是一个多面体区域，一旦 $\mathbf{CR}^{Q}$ 被确定了，该区域中的最优解 $[\boldsymbol{x}(\theta_{\boldsymbol{Q}}),\theta_{\boldsymbol{Q}}]$ 也就被决定了，下一步就是确定除 $\mathbf{CR}^{Q}$ 之外其他区域的最优解，定义除 $\mathbf{CR}^{Q}$ 之外剩余区域为

$$
\mathbf{CR}^{\mathrm{rest}}=\mathbf{CR}^{IG}-\mathbf{CR}^{Q} \tag{9.18}
$$

可按如下方法划分剩余区域，得到剩余每一块区域的边界不等式约束集。为简洁说明该方法，选取参变量 $\theta=[\theta_1,\theta_2]$ 为二维的情况加以说明，如图 9.2 所示，初始区域 $\mathbf{CR}^{IG}$ 由不等式组 $\{\theta_1^L\leqslant\theta_1\leqslant\theta_1^U,\theta_2^L\leqslant\theta_2\leqslant\theta_2^U\}$ 构成，第一步的判别区域为 $\mathbf{CR}^{Q}=\{C1\leqslant 0,C2\leqslant 0,C3\leqslant 0\}$，其中 $C1,C2,C3$ 均为 θ_1,θ_2

的线性函数。依次考虑 $\mathbf{CR}^Q$ 中的每一条不等式，例如第一条 $C1 \leqslant 0$，通过改变该不等式的不等号并且移除 $\mathbf{CR}^{IG}$ 中冗余的约束，如图 9.3 所示，得到余下的区域为 $\mathbf{CR}_1^{\text{rest}} = \{C1 \geqslant 0, \theta_1^L \leqslant \theta_1, \theta_2 \leqslant \theta_2^U\}$。而后在此基础上再依次考虑 $C2 \leqslant 0, C3 \leqslant 0$ 的情形，完整的 $\mathbf{CR}^{\text{rest}}$ 由 $\mathbf{CR}_1^{\text{rest}} \cup \mathbf{CR}_2^{\text{rest}} \cup \mathbf{CR}_3^{\text{rest}}$ 构成，其中 $\mathbf{CR}_1^{\text{rest}}, \mathbf{CR}_2^{\text{rest}}, \mathbf{CR}_3^{\text{rest}}$ 的区域如表 9.1 与图 9.4 所示，这样，第一步判别区域余下部分被分成三块，再在每一块上重复上述的方法，直到某一步 $\mathbf{CR}^{IG} = \mathbf{CR}^Q$，即没有余下区域还可以再被分割为止。最终将参变量区域划分为若干块，其中某些块有可能得到相同的最优解，将这些具有相同最优解的区域合并后与其他区域共同构成式 (9.7) 全局的分段线性的最优解。

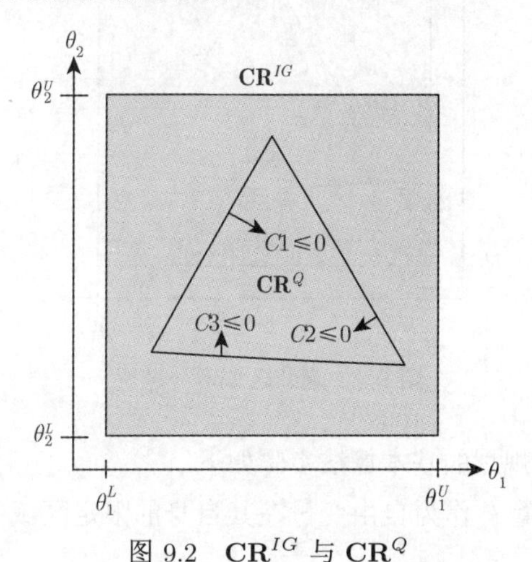

图 9.2　$\mathbf{CR}^{IG}$ 与 $\mathbf{CR}^Q$

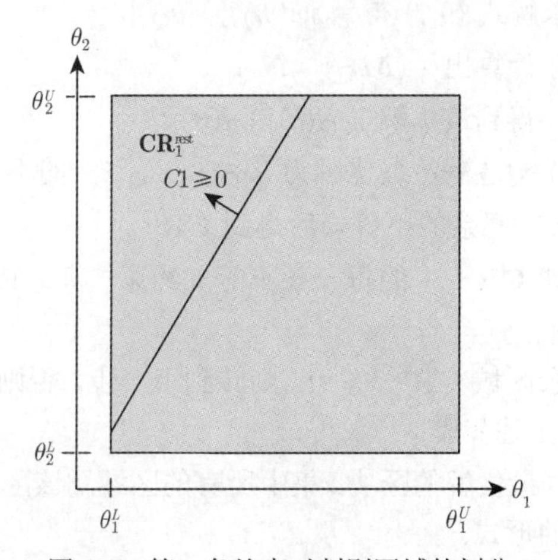

图 9.3　第一条约束对判别区域的划分

表 9.1　剩余区域所分区块

区域	不等式约束集
$\mathbf{CR}_1^{\mathrm{rest}}$	$C1 \geqslant 0, \theta_1^L \leqslant \theta_1, \theta_2 \leqslant \theta_2^U$
$\mathbf{CR}_2^{\mathrm{rest}}$	$C1 \leqslant 0, C2 \geqslant 0, \theta_1 \leqslant \theta_1^U, \theta_2 \leqslant \theta_2^U$
$\mathbf{CR}_3^{\mathrm{rest}}$	$C1 \leqslant 0, C2 \leqslant 0, C3 \geqslant 0, \theta_1^L \leqslant \theta_1 \leqslant \theta_1^U, \theta_2^L \leqslant \theta_2$

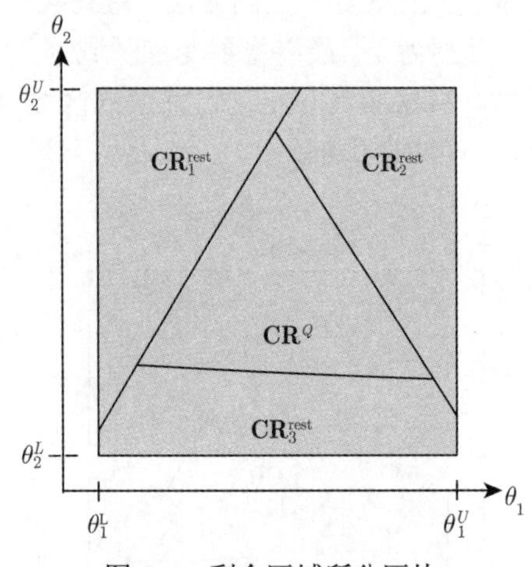

图 9.4　剩余区域所分区块

总结多参数二次规划的基本算法步骤如下:

(1) 先将参数变量 θ 作为自由变量在其自身的限定区域中找到一个初始可行点 $\theta_{\boldsymbol{Q}}$。

(2) 令 $\theta = \theta_{\boldsymbol{Q}}$，求解式 (9.7) 得到 $[\boldsymbol{x}(\theta_{\boldsymbol{Q}}), \lambda(\theta_{\boldsymbol{Q}})]$。

(3) 由公式 (9.13) 计算出 $-(\boldsymbol{M_Q})^{-1}\boldsymbol{N_Q}$。

(4) 由公式 (9.15) 得到最优解 $[\boldsymbol{x_Q}(\theta), \lambda_{\boldsymbol{Q}}(\boldsymbol{\theta})]$。

(5) 由公式 (9.16) 构造满足最优解为 $[\boldsymbol{x_Q}(\theta), \lambda_{\boldsymbol{Q}}(\theta)]$ 的不等式集区域 $\mathbf{CR}^R$。

(6) 从 $\mathbf{CR}^R$ 中移除冗余的不等式后得到 $\mathbf{CR}^Q$。

(7) 依次逐步处理 $\mathbf{CR}^Q$ 中的每一条不等式约束，将 $\mathbf{CR}^{\mathrm{rest}} = \mathbf{CR}^{IG} - \mathbf{CR}^Q$ 划分成不同的区域。

(8) 如果没有剩余区域 $\mathbf{CR}^{\mathrm{rest}} = 0$，则转到下一步，否则返回第 (1) 步，对新划分的剩余区域重复上述步骤。

(9) 合并具有相同最优解的区块，集中所有的区域及该区域中所对应的最优解构成式 (9.7) 最终解的形式。

当式 (9.7) 中 $\boldsymbol{Q}$ 为零矩阵时，式 (9.7) 就变成了参数线性规划，参数线性规划是参数二次规划问题的特殊情况。

9.3.2 数值例子

为了更清晰地说明上述方法，下面以一个数值例子说明求解多参数二次规划过程。

考虑一个如 (9.7) 描述的多参数二次规划问题, 相关参数如下：

$$\boldsymbol{c}=\begin{bmatrix}0\\0\end{bmatrix},\quad \boldsymbol{Q}=\begin{bmatrix}0.0196 & 0.0063\\0.0063 & 0.0199\end{bmatrix},\quad \boldsymbol{b}=\begin{bmatrix}0.417425\\3.582575\\0.413225\\0.467075\\1.090200\\2.909800\end{bmatrix}$$

$$\boldsymbol{A}=\begin{bmatrix}1 & 0\\-1 & 0\\-0.0609 & 0\\-0.0064 & 0\\0 & 1\\0 & -1\end{bmatrix},\quad \boldsymbol{F}=\begin{bmatrix}3.16515 & 3.7546\\-3.16515 & -3.7546\\0.17355 & -0.2717\\0.06585 & 0.4714\\1.81960 & -3.2871\\-1.81960 & 3.2871\end{bmatrix}$$

以及参数变量 θ 的变化区域为 $\{0\leqslant\theta_1\leqslant 1, 0\leqslant\theta_2\leqslant 1\}$。其求解过程如下：

(1) 将 θ 作为自由变量，在原有区域中选择一个可行点作为初值，这里选取 $\theta_{Q-1}=[0,0]^{\mathrm{T}}$;

(2) 令 $\theta=\theta_{\boldsymbol{Q}-1}$, 求解式 (9.7) 得到 $\boldsymbol{x}(\theta_{\boldsymbol{Q}-1})=[0,0]^{\mathrm{T}}, \lambda(\theta_{\boldsymbol{Q}-1})=[0,0,0,0,0,0]^{\mathrm{T}}$。

(3) 由公式 (9.13) 计算出 $-(\boldsymbol{M}_{\boldsymbol{Q}-1})^{-1}\boldsymbol{N}_{\boldsymbol{Q}-1}=\begin{pmatrix}0&0&0&0&0&0&0&0\\0&0&0&0&0&0&0&0\end{pmatrix}^{\mathrm{T}}$。

(4) 由公式 (9.15) 得到最优解 $\boldsymbol{x}_{\boldsymbol{Q}-1}(\theta)=[0,0]^{\mathrm{T}}, \lambda_{\boldsymbol{Q}-1}(\theta)=[0,0,0,0,0,0]^{\mathrm{T}}$。

(5) 由公式 (9.16) 构造满足最优解为 $[\boldsymbol{x}_{\boldsymbol{Q}-1}(\theta), \lambda_{\boldsymbol{Q}-1}(\theta)]$ 的不等式集区域 $\mathbf{CR}^R$:

$$\mathbf{CR}^R=\left[\begin{array}{cc}\overline{\boldsymbol{A}}\boldsymbol{x}_{\boldsymbol{Q}-1}(\theta)\leqslant\overline{\boldsymbol{b}}+\overline{\boldsymbol{F}}\theta: & \left\{\begin{array}{c}-3.16515\theta_1-3.7546\theta_2\leqslant 0.417425\\3.16515\theta_1+3.7546\theta_2\leqslant 3.582575\\-0.17355\theta_1+0.2717\theta_2\leqslant 0.413225\\-0.06585\theta_1-0.4714\theta_2\leqslant 0.467075\\-1.81960\theta_1+3.2841\theta_2\leqslant 1.090200\\1.81960\theta_1-3.2841\theta_2\leqslant 2.909800\end{array}\right\}\\ \widetilde{\lambda}_{\boldsymbol{Q}-1}(\theta)\geqslant 0: & \{0\theta_1+0\theta_2\geqslant 0\}\\ \mathbf{CR}^{IG}: & \left\{\begin{array}{c}0\leqslant\theta_1\leqslant 1\\0\leqslant\theta_2\leqslant 1\end{array}\right\}\end{array}\right]$$

(6) 从 $\mathbf{CR}^R$ 中移除冗余的不等式后得到 $\mathbf{CR}^{Q-1}$ 如下 (区域见图 9.5(a)):

$$\mathbf{CR}^{Q-1} = \left\{ \begin{array}{c} 3.16515\theta_1 + 3.7546\theta_2 \leqslant 3.582575 \\ -1.81960\theta_1 + 3.2841\theta_2 \leqslant 1.090200 \\ 0 \leqslant \theta_1 \leqslant 1 \\ 0 \leqslant \theta_2 \end{array} \right\}$$

(7) 依次逐步处理 $\mathbf{CR}^{Q-1}$ 中的每一条不等式约束，将余下的 $\mathbf{CR}^{\text{rest}} = \mathbf{CR}^{IG} - \mathbf{CR}^{Q-1}$ 划分成两块不同的区域 $\mathbf{CR}^{\text{rest}} = \mathbf{CR}^{IG-2} \cup \mathbf{CR}^{IG-3}$（区域见图 9.5(b)）：

$$\mathbf{CR}^{IG-2} = \left\{ \begin{array}{c} 3.16515\theta_1 + 3.7546\theta_2 \geqslant 3.582575 \\ 0 \leqslant \theta_1 \leqslant 1 \\ 0 \leqslant \theta_2 \end{array} \right\}$$

$$\mathbf{CR}^{IG-3} = \left\{ \begin{array}{c} 3.16515\theta_1 + 3.7546\theta_2 \leqslant 3.582575 \\ -1.81960\theta_1 + 3.2841\theta_2 \geqslant 1.090200 \\ 0 \leqslant \theta_1 \end{array} \right\}$$

(8) 对区域 $\mathbf{CR}^{IG-2}$ 再回到步骤 (1)，将 θ 作为自由变量，先在 $\mathbf{CR}^{IG-2}$ 区域中选择一个可行点作为初值，注意新选 θ 的初始值不要位于区域 $\mathbf{CR}^{IG-2}$ 与已有区域 $\mathbf{CR}^{Q-1}$ 的分界线上。确定新的初始值后再重复上述步骤可得新的区域最优解，并且类似地又将 $\mathbf{CR}^{IG-2}$ 划分为新的三个区域 $\mathbf{CR}^{IG-2} = \{\mathbf{CR}^{Q-2-1} \cup \mathbf{CR}^{Q-2-3} \cup \mathbf{CR}^{Q-2-3}\}$，如图 9.5(c) 所示。再继续分别对 $\mathbf{CR}^{Q-2-1}, \mathbf{CR}^{Q-2-3}, \mathbf{CR}^{Q-2-3}$ 按上述步骤划分区域，发现已不可再分，于是对 $\mathbf{CR}^{IG-2}$ 的区域划分行为终止。

(9) 同样对 $\mathbf{CR}^{IG-3}$ 进行区域划分，并最终得到 $\mathbf{CR}^{Q-3} = \mathbf{CR}^{IG-3}$，如图 9.5(d) 所示，说明 $\mathbf{CR}^{IG-3}$ 已不可再分，于是对 $\mathbf{CR}^{IG-3}$ 的区域划分行为终止。

(10) 按照上述步骤已把 θ 所有的区域都划分完毕，将具有相同区域最优解的区域 $\mathbf{CR}^{Q-3}$ 与 $\mathbf{CR}^{Q-2-3}$ 合并组成新的，如图 9.5(e) 所示，最终各区域中的最优解如表 9.2 所示。

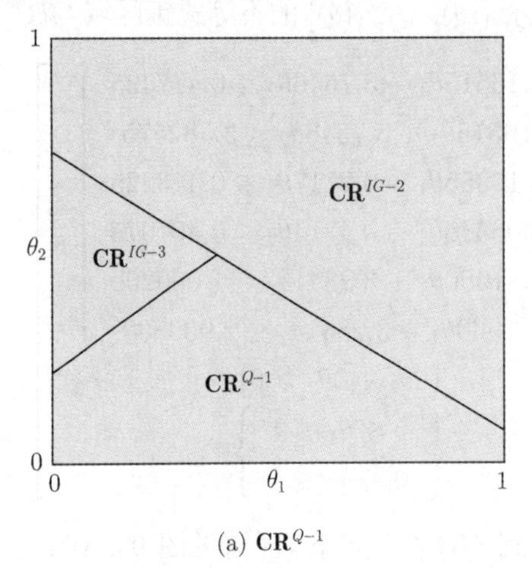

(a) $\mathbf{CR}^{Q-1}$

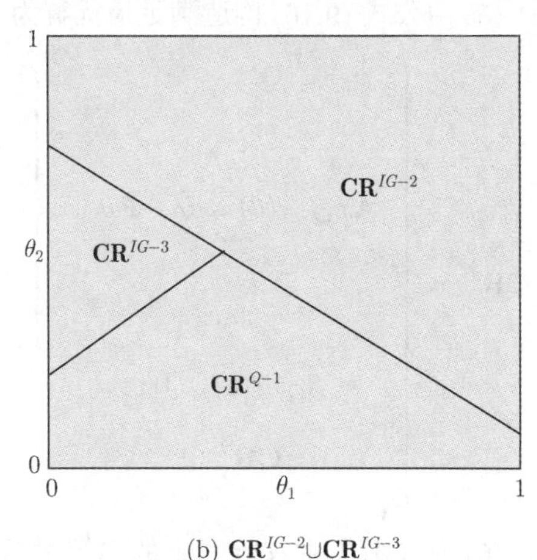

(b) $\mathbf{CR}^{IG-2} \cup \mathbf{CR}^{IG-3}$

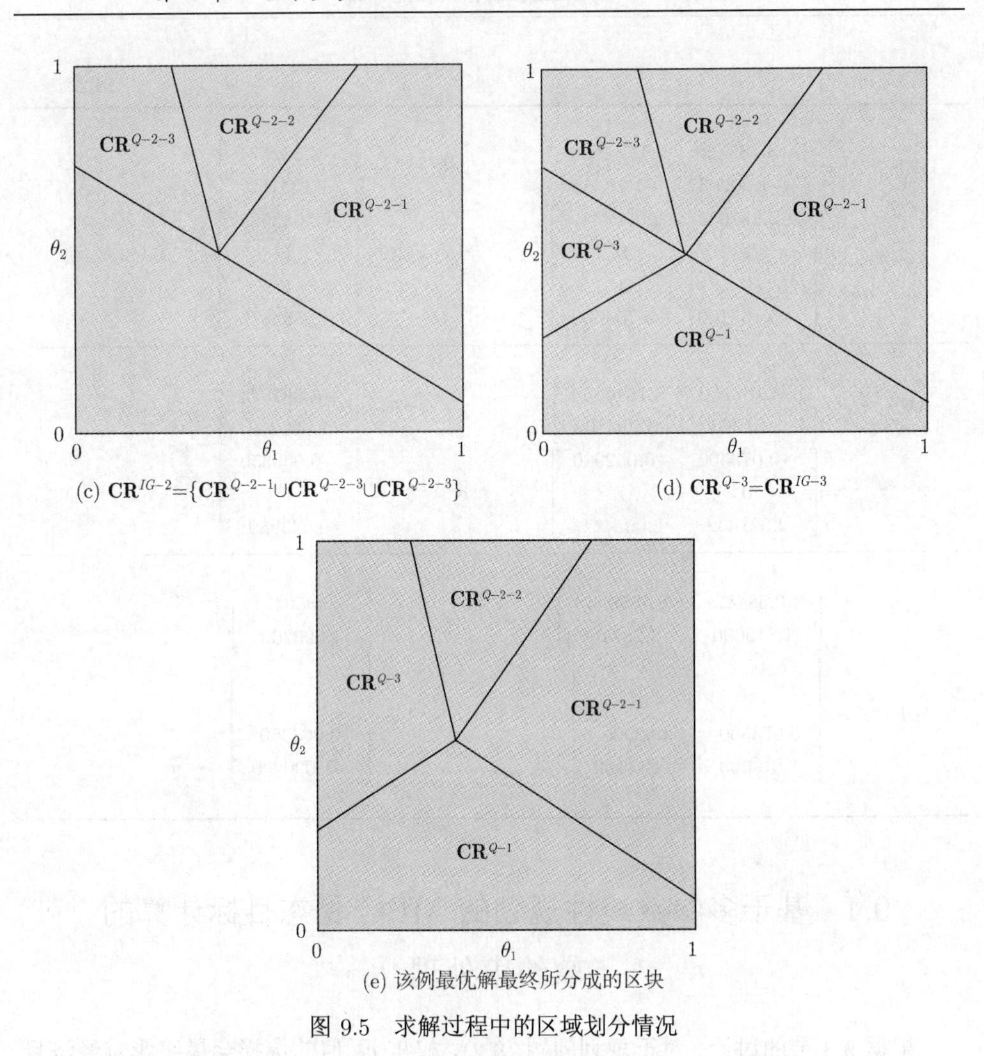

(e) 该例最优解最终所分成的区块

图 9.5　求解过程中的区域划分情况

表 9.2　该参数二次规划各区域最优解: $\boldsymbol{x}(\theta)^i = \boldsymbol{W}^i\theta + \omega^i, \mathbf{CR}^i : \Phi^i\theta \leqslant \varphi^i$

$$\boldsymbol{W}^{Q-1} = \begin{bmatrix} 0 & 0 \\ 0 & 0 \end{bmatrix} \qquad \omega^{Q-1} = \begin{bmatrix} 0 \\ 0 \end{bmatrix}$$

$$\Phi^{Q-1} = \begin{bmatrix} 3.165150 & 3.754600 \\ -1.819600 & 3.284100 \\ 1 & 0 \\ -1 & 0 \\ 0 & -1 \end{bmatrix} \qquad \varphi^{Q-1} = \begin{bmatrix} 3.582575 \\ 1.090200 \\ 1 \\ 0 \\ 0 \end{bmatrix}$$

续表

$\boldsymbol{W}^{Q-2-1}=\begin{bmatrix} 3.165150 & 3.754600 \\ -1.002032 & -1.188658 \end{bmatrix}$	$\omega^{Q-2-1}=\begin{bmatrix} -3.582574 \\ 1.134189 \end{bmatrix}$
$\varPhi^{Q-2-1}=\begin{bmatrix} -2.821632 & 2.095441 \\ 1 & 0 \\ 0 & 1 \\ -3.165150 & -3.754600 \end{bmatrix}$	$\varphi^{Q-2-1}=\begin{bmatrix} -0.043989 \\ 1 \\ 1 \\ -3.582575 \end{bmatrix}$
$\boldsymbol{W}^{Q-2-2}=\begin{bmatrix} 3.165150 & 3.754600 \\ 1.819600 & -3.284100 \end{bmatrix}$	$\omega^{Q-2-2}=\begin{bmatrix} -3.582574 \\ 1.090200 \end{bmatrix}$
$\varPhi^{Q-2-2}=\begin{bmatrix} -0.073500 & -0.052900 \\ 0 & 1 \\ 2.821632 & 2.095441 \end{bmatrix}$	$\varphi^{Q-2-2}=\begin{bmatrix} -0.063350 \\ 1 \\ 0.043989 \end{bmatrix}$
$\boldsymbol{W}^{Q-3}=\begin{bmatrix} -0.584871 & 1.055603 \\ 1.819600 & -3.284100 \end{bmatrix}$	$\omega^{Q-3}=\begin{bmatrix} -0.350421 \\ 1.090200 \end{bmatrix}$
$\varPhi^{Q-3}=\begin{bmatrix} 0 & 1 \\ -1 & 0 \\ 0.073500 & 0.052900 \\ 1.819600 & -3.284100 \end{bmatrix}$	$\boldsymbol{\varphi}^{Q-3}=\begin{bmatrix} 1 \\ 0 \\ 0.063350 \\ -1.090200 \end{bmatrix}$

9.4　基于多参数线性规划的 MPC 稳态目标计算的软约束处理

根据 9.3 节的讨论，对于规划问题 (9.2)，权重 $\boldsymbol{c}_2$ 值的选择会最终影响经济目标 J_1 的取值。本节将 $\boldsymbol{c}_2$ 当作参数变量，将问题 (9.2) 转换为多参数线性规划问题，通过求解该多参数线性规划来找出满足问题 (9.1) 中 J_1 最优的软约束处理方式。

先将建立 $\boldsymbol{c}_2$ 与 J_1 取值关系的式 (9.2) 重新写成如下线性规划问题的标准形式：

$$\begin{aligned} &\min_{\boldsymbol{u},\varepsilon} \boldsymbol{c}^{\mathrm{T}}\begin{bmatrix} \boldsymbol{u} \\ \varepsilon \end{bmatrix} \\ &\text{s.t.}\quad \boldsymbol{A}\begin{bmatrix} \boldsymbol{u} \\ \varepsilon \end{bmatrix} \leqslant \boldsymbol{b} \end{aligned} \tag{9.19}$$

其中 $\boldsymbol{c}=\begin{bmatrix} \boldsymbol{0} \\ \boldsymbol{c}_2 \end{bmatrix}$，$\varepsilon=\left[\varepsilon_{y\max}^{\mathrm{T}}, \varepsilon_{y\min}^{\mathrm{T}}, \varepsilon_{u\max}^{\mathrm{T}}, \varepsilon_{u\min}^{\mathrm{T}}\right]^{\mathrm{T}}$，$\boldsymbol{b}=[\boldsymbol{y}_{\max}^{\mathrm{T}}, -\boldsymbol{y}_{\min}^{\mathrm{T}}, \boldsymbol{u}_{\max}^{\mathrm{T}}, -\boldsymbol{u}_{\min}^{\mathrm{T}},$

$\varepsilon_{\max}^{\mathrm{T}}, \mathbf{0}]^{\mathrm{T}}$，$\varepsilon_{\max} = \left[\varepsilon_{1\max}^{\mathrm{T}}, \varepsilon_{2\max}^{\mathrm{T}}, \varepsilon_{3\max}^{\mathrm{T}}, \varepsilon_{4\max}^{\mathrm{T}}\right]^{\mathrm{T}}$，$\boldsymbol{A} = \begin{bmatrix} \boldsymbol{H} & \\ -\boldsymbol{H} & \\ \boldsymbol{I}_n & -\boldsymbol{I}_{2(m+n)} \\ -\boldsymbol{I}_n & \\ \mathbf{0} & \boldsymbol{I}_{2(m+n)} \\ \mathbf{0} & -\boldsymbol{I}_{2(m+n)} \end{bmatrix}$。

根据线性规划的对偶理论，式 (9.19) 的对偶问题为

$$\begin{aligned} \max_{\lambda} \quad & -\boldsymbol{b}^{\mathrm{T}}\lambda \\ \text{s.t.} \quad & \boldsymbol{A}^{\mathrm{T}}\lambda + \boldsymbol{c} = \mathbf{0} \\ & \lambda \geqslant \mathbf{0} \end{aligned} \tag{9.20}$$

将问题 (9.20) 中的等式约束展开为

$$[\boldsymbol{H}^{\mathrm{T}} - \boldsymbol{H}^{\mathrm{T}} \boldsymbol{I}_N - \boldsymbol{I}_N]\lambda_1 + \boldsymbol{c}_1 = \mathbf{0} \tag{9.21}$$

$$-\lambda_1 + \lambda_2 - \lambda_3 + \boldsymbol{c}_2 = \mathbf{0} \tag{9.22}$$

其中 $\boldsymbol{c} = \left[\boldsymbol{c}_1^{\mathrm{T}}, \boldsymbol{c}_2^{\mathrm{T}}\right]^{\mathrm{T}}, \boldsymbol{c}_1 \in \mathbb{R}^n, \boldsymbol{c}_2 \in \mathbb{R}^{2(m+n)}, \lambda = [\lambda_1^{\mathrm{T}}, \lambda_2^{\mathrm{T}}, \lambda_3^{\mathrm{T}}]^{\mathrm{T}}, \lambda_1, \lambda_2, \lambda_3 \in \mathbb{R}^{2(m+n)}$。注意到 $\boldsymbol{c}_1$ 为式 (9.19) 中 $\boldsymbol{u}$ 对应的系数，由式 (9.2) 知 $\boldsymbol{c}_1 = \mathbf{0}$，将式 (9.21) 展开得 $\lambda_{14} = \boldsymbol{H}^{\mathrm{T}}\lambda_{11} - \boldsymbol{H}^{\mathrm{T}}\lambda_{12} + \lambda_{13}$, 其中 $\lambda_1 = [\lambda_{11}^{\mathrm{T}}, \lambda_{12}^{\mathrm{T}}, \lambda_{13}^{\mathrm{T}}, \lambda_{14}^{\mathrm{T}}]^{\mathrm{T}}, \lambda_{11}, \lambda_{12} \in \mathbb{R}^m, \lambda_{13}, \lambda_{14} \in \mathbb{R}^n$；由式 (9.22) 得 $\lambda_3 = \lambda_2 - \lambda_1 + \boldsymbol{c}_2$；考虑到权重 $\boldsymbol{c}_2$ 参变量反映的是各约束放松重要程度的相对大小，故可将其归一化于区间 [0,1]，即 $\mathbf{0} \leqslant \boldsymbol{c}_2 \leqslant \mathbf{1}$，将上述条件分别代入式 (9.20) 的目标函数中，再由约束条件 $\lambda \geqslant 0$，得到式 (9.20) 化简后的具体形式为

$$\begin{aligned} \min_{\lambda_{11},\lambda_{12},\lambda_{13},\lambda_2} \quad & (\boldsymbol{y}_{\max}^{\mathrm{T}} - \boldsymbol{u}_{\min}^{\mathrm{T}}\boldsymbol{H}^{\mathrm{T}})\lambda_{11} + (\boldsymbol{u}_{\min}^{\mathrm{T}}\boldsymbol{H}^{\mathrm{T}} - \boldsymbol{y}_{\min}^{\mathrm{T}})\lambda_{12} + (\boldsymbol{u}_{\max}^{\mathrm{T}} - \boldsymbol{u}_{\min}^{\mathrm{T}})\lambda_{13} + \varepsilon_{\max}^{\mathrm{T}}\lambda_2 \\ \text{s.t.} \quad & \lambda_{11} \geqslant \mathbf{0}, \lambda_{12} \geqslant \mathbf{0}, \lambda_{13} \geqslant \mathbf{0} \\ & \boldsymbol{H}^{\mathrm{T}}\lambda_{11} - \boldsymbol{H}^{\mathrm{T}}\lambda_{12} + \lambda_{13} \geqslant \mathbf{0} \\ & \lambda_{21} \geqslant \mathbf{0}, \lambda_{22} \geqslant \mathbf{0}, \lambda_{23} \geqslant \mathbf{0}, \lambda_{24} \geqslant \mathbf{0} \\ & \lambda_{11} - \lambda_{21} \leqslant \boldsymbol{c}_{21} \\ & \lambda_{12} - \lambda_{22} \leqslant \boldsymbol{c}_{22} \\ & \lambda_{13} - \lambda_{23} \leqslant \boldsymbol{c}_{23} \\ & \boldsymbol{H}^{\mathrm{T}}\lambda_{11} - \boldsymbol{H}^{\mathrm{T}}\lambda_{12} + \lambda_{13} - \lambda_{24} \leqslant \boldsymbol{c}_{24} \\ & \mathbf{0} \leqslant \boldsymbol{c}_{21} \leqslant \mathbf{1}, \mathbf{0} \leqslant \boldsymbol{c}_{22} \leqslant \mathbf{1}, \mathbf{0} \leqslant \boldsymbol{c}_{23} \leqslant \mathbf{1}, \mathbf{0} \leqslant \boldsymbol{c}_{24} \leqslant \mathbf{1} \end{aligned} \tag{9.23}$$

其中 $\lambda_2 = [\lambda_{21}^{\mathrm{T}}, \lambda_{22}^{\mathrm{T}}, \lambda_{23}^{\mathrm{T}}, \lambda_{24}^{\mathrm{T}}]^{\mathrm{T}}, \lambda_{21}, \lambda_{22} \in \mathbb{R}^m, \lambda_{23}, \lambda_{24} \in \mathbb{R}^n$。参变量 $\boldsymbol{c}_2 = [\boldsymbol{c}_{21}^{\mathrm{T}}, \boldsymbol{c}_{22}^{\mathrm{T}}, \boldsymbol{c}_{23}^{\mathrm{T}}, \boldsymbol{c}_{24}^{\mathrm{T}}]^{\mathrm{T}}$，$\boldsymbol{c}_{21}, \boldsymbol{c}_{22} \in \mathbb{R}^m$。将式 (9.23) 写成多参数规划的标准形式 (9.7)，具体形式

如下：

$$
\begin{aligned}
J(\boldsymbol{c}_2) &= \min_{\boldsymbol{x}} \boldsymbol{f}^{\mathrm{T}}\boldsymbol{x} \\
\text{s.t.} \quad & \boldsymbol{G}\boldsymbol{x} \leqslant \boldsymbol{M} + \boldsymbol{E}\boldsymbol{c}_2 \\
& \boldsymbol{S}\boldsymbol{c}_2 \leqslant \boldsymbol{r}
\end{aligned} \tag{9.24}
$$

其中 $\boldsymbol{f} = [\boldsymbol{y}_{\max}^{\mathrm{T}} - \boldsymbol{u}_{\min}^{\mathrm{T}}\boldsymbol{H}^{\mathrm{T}}, \boldsymbol{u}_{\min}^{\mathrm{T}}\boldsymbol{H}^{\mathrm{T}} - \boldsymbol{y}_{\min}^{\mathrm{T}}, \boldsymbol{u}_{\max}^{\mathrm{T}} - \boldsymbol{u}_{\min}^{\mathrm{T}}, \varepsilon_{\max}^{\mathrm{T}}]^{\mathrm{T}}, \boldsymbol{x} = [\lambda_{11}^{\mathrm{T}}, \lambda_{12}^{\mathrm{T}}, \lambda_{13}^{\mathrm{T}}, \lambda_2^{\mathrm{T}}]^{\mathrm{T}}, \boldsymbol{S} = \boldsymbol{I}_{2(m+n)}$，$\boldsymbol{r} = \boldsymbol{1}_{2(m+n)}$（元素全为 1）。

$$
\boldsymbol{G} = \begin{bmatrix}
 & & -\boldsymbol{I}_{4m+3n} & & \\
-\boldsymbol{H}_{m\times n}^{\mathrm{T}} & \boldsymbol{H}_{m\times n}^{\mathrm{T}} & -\boldsymbol{I}_n & \boldsymbol{0}_{n\times 2(m+n)} & \\
 & \boldsymbol{I}_{2(m+n)} & -\boldsymbol{I}_{2(m+n)} & & \\
\boldsymbol{H}_{m\times n}^{\mathrm{T}} & -\boldsymbol{H}_{m\times n}^{\mathrm{T}} & \boldsymbol{I}_n & \boldsymbol{0}_{n\times(2m+n)} & -\boldsymbol{I}_n
\end{bmatrix}
$$

$$
\boldsymbol{M} = \begin{bmatrix} \boldsymbol{0}_{4(m+n)\times 1} \\ \boldsymbol{c}_2 \end{bmatrix}, \quad \boldsymbol{E} = \begin{bmatrix} \boldsymbol{0}_{4(m+n)\times 2(m+n)} \\ \boldsymbol{I}_{2(m+n)} \end{bmatrix}
$$

其中 $\boldsymbol{c}_2$ 为可变参数，然后用标准的求解算法将参变量的变化范围划分为若干区域 [119]。在每个区域 i 中，得到区域解 $\lambda(\boldsymbol{c}_2)^i = \boldsymbol{W}^i\boldsymbol{c}_2 + \omega^i, \Phi^i\boldsymbol{c}_2 \leqslant \varphi^i$。

根据线性规划的对偶理论的互补松弛性质, 如果对应某一约束条件的对偶变量值为非零，则该约束条件取严格等式；反之如果约束条件取严格不等式，则其对应的对偶变量一定为零。因此，对于每一个 $\lambda_j(\boldsymbol{c}_2)^i$ 来说，有如下结论。

(1) 若 $\lambda_j(\boldsymbol{c}_2)^i$ 恒为零，即 $\boldsymbol{W}_j^i$（$\boldsymbol{W}^i$ 的第 j 行）全为零，则该 $\lambda_j(\boldsymbol{c}_2)^i$ 所对应的问题 (9.19) 中约束条件取不等号。

(2) 若 $\lambda_j(\boldsymbol{c}_2)^i$ 大于零，即 $\boldsymbol{W}_j^i$（$\boldsymbol{W}^i$ 的第 j 行）不全为零，则该 $\lambda_j(\boldsymbol{c}_2)^i$ 所对应的问题 (9.19) 中约束条件取等号。

故在每个区域 i 中，先得到区域解 $\lambda(\boldsymbol{c}_2)^i = \boldsymbol{W}^i\boldsymbol{c}_2 + \omega^i, \Phi^i\boldsymbol{c}_2 \leqslant \varphi^i$，继而考查 $\boldsymbol{W}^i$ 中所有不全为零的行所对应的 $\lambda_j(\boldsymbol{c}_2)^i$，并将其对应的原问题 (9.19) 中其所对应的约束条件取等号后作为新的约束条件代入式 (9.1) 中，形成如下新的线性规划问题

$$
\begin{aligned}
\min_{\boldsymbol{u}_s^i, \varepsilon} \quad & J_1^i = [\boldsymbol{c}_3^{\mathrm{T}} \vdots \boldsymbol{0}] \begin{bmatrix} \boldsymbol{u}_s^i \\ \varepsilon \end{bmatrix} \\
\text{s.t.} \quad & \boldsymbol{A}_1^i \begin{bmatrix} \boldsymbol{u}_s^i \\ \varepsilon \end{bmatrix} \leqslant \boldsymbol{b}_1^i \\
& \boldsymbol{A}_2^i \begin{bmatrix} \boldsymbol{u}_s^i \\ \varepsilon \end{bmatrix} = \boldsymbol{b}_2^i
\end{aligned} \tag{9.25}
$$

其中 $\boldsymbol{A} = [\boldsymbol{A}_1^i; \boldsymbol{A}_2^i], \boldsymbol{b} = [\boldsymbol{b}_1^i; \boldsymbol{b}_2^i]$，$[\boldsymbol{A}_1^i, \boldsymbol{b}_1^i], [\boldsymbol{A}_2^i, \boldsymbol{b}_2^i]$ 分别表示在每个区域 i 中所取的不等式约束和等式约束。在各个区域中求解线性规划问题 (9.25)，其所有可解区域

中 J_1^i 的最小值即为最优的经济目标，其所对应的即为最恰当的软约束放松方式。不仅如此，其所对应的 $\Phi^i \boldsymbol{c}_2 \leqslant \varphi^i$ 还给出了 $\boldsymbol{c}_2$ 的约束范围，即只要在 $\boldsymbol{c}_2$ 满足该约束条件的情况下，无论 $\boldsymbol{c}_2$ 如何变化，其所对应的最优稳态目标和软约束放松方式都是唯一确定的。

综上所述，当原稳态优化问题不可行时，基于多参数规划的 MPC 稳态目标计算的最佳软约束处理流程可归纳为图 9.6。

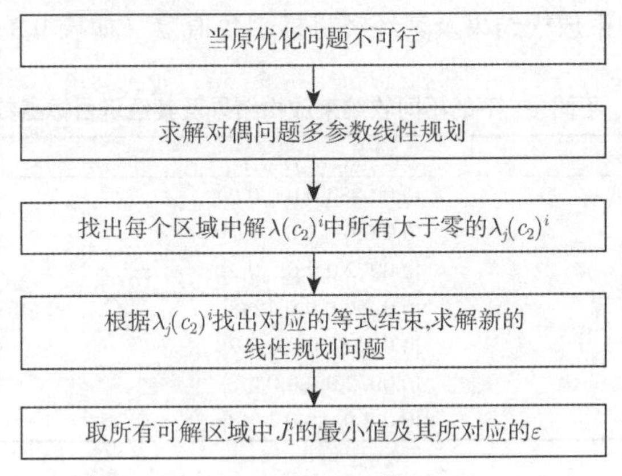

图 9.6　算法流程图

9.5　仿 真 分 析

依然以第 4 章的 Shell 公司的典型重油分馏塔控制问题为例进行仿真。该模型是一个有 3 个操作变量、3 个被控变量的复杂系统。

被控变量：塔顶产品组成 y_1，塔侧产品组成 y_2，塔底再沸温度 y_3;

操作变量：塔顶回流量 u_1，侧线抽出量 u_2，塔底再沸加热蒸汽量 u_3。

其传递函数矩阵为

$$\boldsymbol{G}(s) = \begin{bmatrix} \dfrac{4.05\mathrm{e}^{-27s}}{50s+1} & \dfrac{1.77\mathrm{e}^{-28s}}{60s+1} & \dfrac{5.88\mathrm{e}^{-27s}}{50s+1} \\ \dfrac{5.39\mathrm{e}^{-18s}}{50s+1} & \dfrac{5.72\mathrm{e}^{-14s}}{60s+1} & \dfrac{6.9\mathrm{e}^{-15s}}{40s+1} \\ \dfrac{4.38\mathrm{e}^{-20s}}{33s+1} & \dfrac{4.42\mathrm{e}^{-22s}}{44s+1} & \dfrac{7.2\mathrm{e}^{-0s}}{19s+1} \end{bmatrix}$$

其中，传递函数中各变量已经过无量纲化处理。假设系统初始输出为零。根据分馏塔的操作特性，可设经济目标函数为 $J_1 = -2u_1 - u_2 + u_3$，这是因为分馏塔的塔顶产品和侧线产品是塔的重要产物，过程优化要根据产品的价值合理分配塔的两种产品的抽出量，而热负荷的增加则在一定程度上增加了操作费用。

控制要求：以 u_1, u_2, u_3 为操作变量控制 y_1, y_2, y_3，使 y_1, y_2, y_3 的值保持在一定范围内，分别为 $y_1, y_2 \in [0.3, 0.4]$，$y_3 \in [-0.5, -0.4]$。操作变量范围均为 $[-0.5, 0.5]$。首先，按照各变量的约束范围求解优化问题 (9.1)，发现无可行解，需对其进行软约束处理。假设用户初始给定的变量的高高限和低低限 (硬约束)：$u_1, u_2, u_3 \in [-0.5, 0.5], y_1, y_2 \in [0.1,0.6], y_3 \in [-0.7, -0.2]$。如果按照传统的方法选取不同的 $\boldsymbol{c}_2$，则会得到不同的约束放松结果及其经济目标函数值 J_1（如表 9.3 所示）。

表 9.3　不同 c_2 下的不同软约束放松结果及其经济目标函数值 J_1

$\boldsymbol{c}_2$	$[\varepsilon_{y\min}^{*\mathrm{T}}, \varepsilon_{y\max}^{*\mathrm{T}}]$	J_1
[1;1;1;1;1;1]	[0,0.0784,0,0,0,0.2]	−1.133
[1;2;3;1;2;3]	[0.2,0,0,0,0,0.1487]	−1.2788
[1;3;2;1;3;2]	[0.0972,0,0,0,0,0.2]	−1.2182
[2;1;3;2;1;3]	[0,0.2,0,0,0,0.1248]	−1.0895
[3;2;1;3;2;1]	[0,0.0784,0,0,0,0.2]	−1.133
[2;3;1;2;3;1]	[0.0972,0,0,0,0,0.2]	−1.2182
[3;1;2;3;1;2]	[0,0.2,0,0,0,0.1248]	−1.0895

表 9.4　多参数规划求解结果所划分区域

区域号	将 $\mathbf{0} \leqslant \boldsymbol{c}_2 \leqslant \mathbf{1}$ 划分的区域
1	$0.5259c_{213} - 0.8505c_{222} \leqslant 0, -0.7783c_{221} + 0.6279c_{222} \leqslant 0, 0.5362c_{231} - 0.8441c_{222} \leqslant 0$
2	$-0.5259c_{213} + 0.8505c_{222} \leqslant 0, 0.4464c_{213} - 0.8948c_{221} \leqslant 0, -0.6975c_{213} + 0.7166c_{231} \leqslant 0$
3	$0.4464c_{213} - 0.8948c_{221} \leqslant 0, 0.7783c_{221} - 0.6279c_{222} \leqslant 0, -0.8899c_{221} + 0.4561c_{231} \leqslant 0$
4	$0.5259c_{213} - 0.8505c_{222} \leqslant 0, -0.7783c_{221} + 0.6279c_{222} \leqslant 0, -0.5362c_{231} + 0.8441c_{222} \leqslant 0$
5	$-0.5259c_{213} + 0.8505c_{222} \leqslant 0, -0.4464c_{213} + 0.8948c_{221} \leqslant 0, -0.6975c_{213} + 0.7166c_{231} \leqslant 0$
6	$-0.5259c_{213} + 0.8505c_{222} \leqslant 0, 0.4464c_{213} - 0.8948c_{221} \leqslant 0, 0.6975c_{213} - 0.7166c_{231} \leqslant 0$
7	$0.5259c_{213} - 0.8505c_{222} \leqslant 0, -0.4464c_{213} + 0.8948c_{221} \leqslant 0, -0.6975c_{213} + 0.7166c_{231} \leqslant 0$
8	$0.4464c_{213} - 0.8948c_{221} \leqslant 0, 0.7783c_{221} - 0.6279c_{222} \leqslant 0, 0.8899c_{221} - 0.4561c_{231} \leqslant 0$
9	$-0.5259c_{213} + 0.8505c_{222} \leqslant 0, -0.4464c_{213} + 0.8948c_{221} \leqslant 0, 0.6975c_{213} - 0.7166c_{231} \leqslant 0$
10	$0.5259c_{213} - 0.8505c_{222} \leqslant 0, -0.4464c_{213} + 0.8948c_{221} \leqslant 0, 0.6975c_{213} - 0.7166c_{231} \leqslant 0$

可见 $\boldsymbol{c}_2$ 取值将影响最终可以达到的经济目标，而 $\boldsymbol{c}_2$ 的选取完全是根据经验的，有很大的随意性，无法保证软约束处理后经济目标的最优性。

采用本章的多参数线性规划方法求解式 (9.23)，求解结果将参变量范围 $\mathbf{0} \leqslant \boldsymbol{c}_2 \leqslant \mathbf{1}$ 分成 10 块区域，如表 9.4 所示。其中第 1、3、4、8 块区域所对应的问题 (9.25) 是不可解的，其余可解区域求解情况如表 9.3 所示，其中向量 $\boldsymbol{c}_2$ 对应于输入输出上下界放松系数具体展开的四部分为 $\boldsymbol{c}_2 = [\boldsymbol{c}_{21}^{\mathrm{T}}, \boldsymbol{c}_{22}^{\mathrm{T}}, \boldsymbol{c}_{23}^{\mathrm{T}}, \boldsymbol{c}_{24}^{\mathrm{T}}]^{\mathrm{T}}$，每一部分具体展开，对应于每一个输入（出）上（下）界放松系数：$\boldsymbol{c}_{21}^{\mathrm{T}} = [c_{211}, c_{212}, c_{213}]$，$\boldsymbol{c}_{22}^{\mathrm{T}} = [c_{221}, c_{222}, c_{223}]$，$\boldsymbol{c}_{23}^{\mathrm{T}} = [c_{231}, c_{232}, c_{233}]$，$\boldsymbol{c}_{24}^{\mathrm{T}} = [c_{241}, c_{242}, c_{243}]$。

最终求出使得经济目标达到最优的软约束放松为 $y_{\min,1}$ 从 0.3 放宽到 0.1，$y_{\max,3}$ 由 −0.4 放宽到 −0.2513，此时 J_1 取得最优解为 −1.2788，可获得该最优解 c_2 的取值范围为第 6、9、10 块区域的并集（如表 9.5 所示），本章的算法可以直接精确地获得软约束处理后最优的稳态经济目标，并同时获得能够取得该最优经济目标值的各变量约束放松权重系数 c_2 的取值范围，避免了传统的纯粹依靠经验选取权重系数的盲目性和随机性，具有较大的优势。

表 9.5　多参数规划求解结果所划分区域

可解区域号	2	5	6	7	9	10
$\lambda_j(c_2)^i > 0$ 的序号 j（对应于原问题第 j 条约束）	3、4、5、7、14、16	3、4、5、7、13、14、16	3、4、5、7、14	3、4、5、7、13、16	3、4、5、7、13、14	3、4、5、7、13
J_1^i	−1.1329	−1.1329	−1.2788	−1.1329	−1.2788	−1.2788

9.6 本章小结

选取不同的软约束变量的权重系数将会对可达的稳态经济目标产生影响，从多参数线性规划的角度考虑 MPC 稳态目标计算的软约束调整问题，该方法不仅能找出使经济目标达到最优的最恰当的软约束处理方式，并且能够确定出获取这一处理方式的权重系数的变化范围。Shell 公司的重油分馏塔典型过程控制问题的仿真实验证明了本章算法的有效性。

第10章 线性多变量系统模型失配检测与定位

10.1 引 言

过去的二十年中，性能监控与评估技术已经取得了很多成果[76, 42]，但是分析性能下降的原因及故障诊断仍然有很多问题亟待解决。性能下降的原因主要可分为以下几个方面：①不当的控制器参数；② 硬件缺乏维护；③ 阀门黏滞；④ 模型失配；⑤ 随机扰动等[5]。事实上，硬件故障和阀门的黏滞以及随机扰动等问题，都可以通过模型失配的检测来做初步判定，然后对具体故障原因作具体的检测与分析。对于已经广泛应用于先进控制中的模型预测控制器，模型精度是保证其性能的决定性因素[96]，模型失配往往导致控制器性能下降，因此，有效的模型失配检测技术非常重要，在发生模型失配时，能够提醒工程师采取措施，如重新辨识或者重新整定控制器参数等，从而使控制性能得到保证。基于传递函数模型，Huang[121]利用输出误差模型预测残差结合统计局部方法验证模型的精确度，Huang[122],Jiang等[123]利用双模型散度算法 (two model divergence algorithm) 检测模型参数是否发生变化，以上算法需要重新辨识模型，因此对测试信号具有较高要求，计算复杂度很大。Badwe 等[124]提出模型预测残差和操作变量的偏相关分析方法来检测模型失配。以上基于传递函数模型的方法用于多输入多输出 (MIMO) 过程模型失配检测时，需要将问题分解为多个 MISO 问题加以分析。由于多变量系统的耦合普遍存在，这种分解增大了处理的复杂程度。基于上述原因，基于状态空间表示的性能监控与故障诊断受到越来越多的关注。相对于传递函数模型而言，状态空间模型能够更加简便地描述多变量控制系统[125]。虽然利用多变量统计分析方法与子空间结合进行性能监控与故障诊断取得很多的研究成果，根据现有资料，只有 Harrison等[126]通过分析 Kalman 新息的阶次和相关性对状态反馈情形下状态空间模型失配问题进行了分析，该方法没有提出新的残差产生方法。在第 2 章中介绍了统计局部方法用于 PCA 模型参数变化的检测。统计局部方法具有诸多优点，诸如高灵敏度，强渐近一致性等[127, 128]。使用这种方法的前提是找到适用于所要检测故障类型的初始残差，然后构造改进残差用于故障检测。本章中针对先进控制系统的 MPC 层，利用过程标称模型的正交补空间得到过程的残差向量序列。对于基础控制层利用相关性分析获取对扰动特性不敏感的过程模型失配检测的初始残差。另一种针对基础控制层的非侵入式检测方法无需外部激励信号，利用辅助变量辨识的方法构造过程模型参数变化的检测初始残差。上述残差可以利用到统计局部方法的计算单元检测数据是否和标称模型适配。

10.2　MPC 层模型失配检测

线性时不变多变量系统的状态空间模型描述如下 [129]：

$$\begin{cases} \boldsymbol{x}(t+1) = \boldsymbol{A}\boldsymbol{x}(t) + \boldsymbol{B}\boldsymbol{u}(t) + \boldsymbol{v}(t) \\ \boldsymbol{y}(t) = \boldsymbol{C}\boldsymbol{x}(t) + \boldsymbol{e}(t) \end{cases} \tag{10.1}$$

其中 $\boldsymbol{x}(t) \in \Re^n$ 为状态变量；$\boldsymbol{u}(t) \in \Re^l$ 和 $\boldsymbol{y}(t) \in \Re^m$ 分别为系统输入变量和输出向量；$\boldsymbol{v}(t) \in \Re^n$ 及 $\boldsymbol{e}(t) \in \Re^m$ 为过程噪声和测量噪声；$\{\boldsymbol{A}, \boldsymbol{B}, \boldsymbol{C}\}$ 为系统矩阵。假设系统可控可观，模型矩阵可以通过子空间辨识得到。假定 $\boldsymbol{u}(t)$ 与 $\boldsymbol{v}(t)$ 和 $\boldsymbol{e}(t)$ 无关，并且 $\boldsymbol{v}(t)$ 和 $\boldsymbol{e}(t)$ 为相互独立的高斯白噪声过程，协方差矩阵分别为 $\boldsymbol{\Sigma}_v$ 和 $\boldsymbol{\Sigma}_e$。

令系统标称模型表示为 $\{\boldsymbol{A_0}, \boldsymbol{B_0}, \boldsymbol{C_0}\}$，当系统矩阵发生改变，假定变化量为 $\{\Delta\boldsymbol{A}, \Delta\boldsymbol{B}, \Delta\boldsymbol{C}\}$ ，根据式 (10.1)，此时系统应当描述如下：

$$\begin{cases} \boldsymbol{x}(t+1) = \boldsymbol{A}_0\boldsymbol{x}(t) + \boldsymbol{B}_0\boldsymbol{u}(t) + \boldsymbol{v}(t) + \Delta\boldsymbol{A}\boldsymbol{x}(t) + \Delta\boldsymbol{B}\boldsymbol{u}(t) \\ \boldsymbol{y}(t) = \boldsymbol{C}_0\boldsymbol{x}(t) + \boldsymbol{e}(t) + \Delta\boldsymbol{C}\boldsymbol{x}(t) \end{cases} \tag{10.2}$$

模型失配检测的目标在于当 $\{\Delta\boldsymbol{A}, \Delta\boldsymbol{B}, \Delta\boldsymbol{C}\}$ 不全为 0 的时候指示出这一变化。假定，我们定义如下向量 [125]

$$\boldsymbol{y}_k(t) = \begin{bmatrix} \boldsymbol{y}(t) \\ \boldsymbol{y}(t+1) \\ \vdots \\ \boldsymbol{y}(t+k-1) \end{bmatrix} \in \Re^{km}, \quad \boldsymbol{u}_k(t) = \begin{bmatrix} \boldsymbol{u}(t) \\ \boldsymbol{u}(t+1) \\ \vdots \end{bmatrix} \in \Re^{kl}$$

利用式 (10.2)，可得如下向量方程：

$$\boldsymbol{y}_k(t) = \boldsymbol{\Gamma}_k\boldsymbol{x}(t) + H_k\boldsymbol{u}_k(t) + \boldsymbol{\Lambda}_k\boldsymbol{v}_k(t) + \boldsymbol{e}_k(t) + \boldsymbol{\Lambda}_k\boldsymbol{\varphi}_k(t) + \boldsymbol{\zeta}_k(t) \tag{10.3}$$

其中 $\boldsymbol{y}(t)$ ，$\boldsymbol{u}(t)$ 及 $\boldsymbol{x}(t)$ 分别为 t 时刻的系统输入值、系统输出值和状态值；$\boldsymbol{\Gamma}_k$ 为扩展可观测性矩阵；$\boldsymbol{H}_k$ 及 $\boldsymbol{\Lambda}_k$ 为下三角 Toeplitz 矩阵：

$$\boldsymbol{\Gamma}_k = \begin{bmatrix} \boldsymbol{C}_0 \\ \boldsymbol{C}_0\boldsymbol{A}_0 \\ \vdots \\ \boldsymbol{C}_0{\boldsymbol{A}_0}^{k-1} \end{bmatrix} \in \Re^{km\times n}, \quad \boldsymbol{H_k} = \begin{bmatrix} \boldsymbol{0} & & & \boldsymbol{0} \\ \boldsymbol{C}_0\boldsymbol{B}_0 & \boldsymbol{0} & & \\ \vdots & & \ddots & \\ \boldsymbol{C}_0\boldsymbol{A}_0^{k-2}\boldsymbol{B}_0 & \cdots & \boldsymbol{C}_0\boldsymbol{B}_0 & \boldsymbol{0} \end{bmatrix} \in \Re^{km\times kl}$$

$$\boldsymbol{\Lambda}_k=\begin{bmatrix} \mathbf{0} & & & \mathbf{0} \\ \boldsymbol{C}_0 & \mathbf{0} & & \\ \vdots & & \ddots & \\ \boldsymbol{C}_0\boldsymbol{A}_0^{k-2} & \cdots & \boldsymbol{C}_0 & \mathbf{0} \end{bmatrix} \in \Re^{km\times kl}$$

$\boldsymbol{v}_k(t)$ 和 $\boldsymbol{e}_k(t)$ 的结构与 $\boldsymbol{y}_k(t)$ 一致，而系统矩阵变化 $\Delta\boldsymbol{A}$ 和 $\Delta\boldsymbol{B}$ 导致输出向量的变化量 $\varphi_k(t)$ 及 $\Delta\boldsymbol{C}$ 导致系统输出向量的变化量 $\boldsymbol{\zeta}_k(t)$ 分别为

$$\varphi_k(t)=\begin{bmatrix} \Delta\boldsymbol{A}\boldsymbol{x}(t)+\Delta\boldsymbol{B}\boldsymbol{u}(t) \\ \Delta\boldsymbol{A}\boldsymbol{x}(t+1)+\Delta\boldsymbol{B}\boldsymbol{u}(t+1) \\ \vdots \\ \Delta\boldsymbol{A}\boldsymbol{x}(t+k-1)+\Delta\boldsymbol{B}\boldsymbol{u}(t+k-1) \end{bmatrix} \in \Re^{kn},$$

$$\zeta_k(t)=\begin{bmatrix} \Delta\boldsymbol{C}\boldsymbol{x}(t) \\ \Delta\boldsymbol{C}\boldsymbol{x}(t+1) \\ \vdots \\ \Delta\boldsymbol{C}\boldsymbol{x}(t+k-1) \end{bmatrix} \in \Re^{km}$$

定义矩阵:

$$\boldsymbol{U}_{0|N-1}=\begin{bmatrix}\boldsymbol{u}_k(0) & \boldsymbol{u}_k(1) & \cdots & \boldsymbol{u}_k(N-1)\end{bmatrix}$$

$$\boldsymbol{Y}_{0|N-1}=\begin{bmatrix}\boldsymbol{y}_k(0) & \boldsymbol{y}_k(1) & \cdots & \boldsymbol{y}_k(N-1)\end{bmatrix}$$

$$\boldsymbol{V}_{0|N-1}=\begin{bmatrix}\boldsymbol{v}_k(0) & \boldsymbol{v}_k(1) & \cdots & \boldsymbol{v}_k(N-1)\end{bmatrix}$$

$$\boldsymbol{E}_{0|N-1}=\begin{bmatrix}\boldsymbol{e}_k(0) & \boldsymbol{e}_k(1) & \cdots & \boldsymbol{e}_k(N-1)\end{bmatrix}$$

$$\boldsymbol{\Psi}_{0|N-1}=\begin{bmatrix}\varphi_k(0) & \varphi_k(1) & \cdots & \varphi_k(N-1)\end{bmatrix}$$

$$\boldsymbol{\Xi}_{0|N-1}=\begin{bmatrix}\zeta_k(0) & \zeta_k(1) & \cdots & \zeta_k(N-1)\end{bmatrix}$$

结合式 (10.3)，可以得到如下矩阵方程:

$$\boldsymbol{Y}_{0|N-1}=\boldsymbol{\Gamma}_k\boldsymbol{X}_0+H_k\boldsymbol{U}_{0|N-1}+\boldsymbol{\Lambda}_k\boldsymbol{V}_{0|N-1}+\boldsymbol{E}_{0|N-1}+\boldsymbol{\Lambda}_k\boldsymbol{\Psi}_{0|N-1}+\boldsymbol{\Xi}_{0|N-1} \tag{10.4}$$

其中 $\boldsymbol{X}_0=\begin{bmatrix}\boldsymbol{x}(0) & \boldsymbol{x}(1) & \cdots & \boldsymbol{x}(N-1)\end{bmatrix}\in\Re^{n\times k}$ 为初始状态矩阵。而 $\boldsymbol{\Lambda}_k\boldsymbol{\Psi}_{0|N-1}+\boldsymbol{\Xi}_{0|N-1}$ 为由于系统矩阵变化导致的输出矩阵 $\boldsymbol{Y}_{0|N-1}$ 的变化量。将 $\boldsymbol{U}_{0|N-1}$ 移项到方程左边，式 (10.4) 可改写为

$$\begin{bmatrix}I_{km} & -H_k\end{bmatrix}\begin{bmatrix}\boldsymbol{Y}_{0|N-1} \\ \boldsymbol{U}_{0|N-1}\end{bmatrix}=\boldsymbol{\Gamma}_k\boldsymbol{X}_0+\boldsymbol{\Lambda}_k\boldsymbol{V}_{0|N-1}+\boldsymbol{E}_{0|N-1}+\begin{bmatrix}\boldsymbol{\Lambda}_k & I_{km}\end{bmatrix}\begin{bmatrix}\boldsymbol{\Psi}_{0|N-1} \\ \boldsymbol{\Xi}_{0|N-1}\end{bmatrix} \tag{10.5}$$

令 $\boldsymbol{W}_{0|N-1}=\begin{bmatrix}\boldsymbol{Y}_{0|N-1}\\ \boldsymbol{U}_{0|N-1}\end{bmatrix}$，$\boldsymbol{R}_{0|N-1}=\begin{bmatrix}\boldsymbol{\Psi}_{0|N-1}\\ \boldsymbol{\Xi}_{0|N-1}\end{bmatrix}$，式 (10.5) 可进一步简化为

$$[I_{km}-H_k]\,\boldsymbol{W}_{0|N-1}=\boldsymbol{\Gamma}_k\boldsymbol{X}_0+\boldsymbol{\Lambda}_k\boldsymbol{V}_{0|N-1}+\boldsymbol{E}_{0|N-1}+\begin{bmatrix}\boldsymbol{\Lambda}_k & I_{km}\end{bmatrix}\boldsymbol{R}_{0|N-1} \tag{10.6}$$

由于系统初始状态未知，我们利用正交投影去除与其有关的项。以 $\boldsymbol{\Gamma}_k{}^{\perp}\in\Re^{km\times(km-n)}$ 表示 $\boldsymbol{\Gamma}_k$ 列空间的正交补 [44]，并乘以式 (10.6) 两边，得

$$\begin{aligned}\left(\boldsymbol{\Gamma}_k{}^{\perp}\right)^{\mathrm{T}}\begin{bmatrix}I_{km} & -H_k\end{bmatrix}\boldsymbol{W}_{0|N-1}=&\left(\boldsymbol{\Gamma}_k{}^{\perp}\right)^{\mathrm{T}}\left(\boldsymbol{\Lambda}_k\boldsymbol{V}_{0|N-1}+\boldsymbol{E}_{0|N-1}\right)\\&+\left(\boldsymbol{\Gamma}_k{}^{\perp}\right)^{\mathrm{T}}\begin{bmatrix}\boldsymbol{\Lambda}_k & I_{km}\end{bmatrix}\boldsymbol{R}_{0|N-1}\end{aligned} \tag{10.7}$$

上式左边部分由 $\boldsymbol{\Gamma}_k$ 及输入输出信号确定，将其记为 $\boldsymbol{F}_{0|N-1}$，有

$$\begin{aligned}\boldsymbol{F}_{0|N-1}&=\left(\boldsymbol{\Gamma}_k{}^{\perp}\right)^{\mathrm{T}}\begin{bmatrix}I_{km} & -H_k\end{bmatrix}\boldsymbol{W}_{0|N-1}\\&=\begin{bmatrix}\boldsymbol{f}_k(0) & \boldsymbol{f}_k(1) & \cdots & \boldsymbol{f}_k(N-1)\end{bmatrix}\in\Re^{(km-n)\times N}\end{aligned} \tag{10.8}$$

其中 $\boldsymbol{f}_k(i)=\left(\boldsymbol{\Gamma}_k{}^{\perp}\right)^{\mathrm{T}}\left\{\boldsymbol{\Lambda}_k\boldsymbol{v}_k(i)+\boldsymbol{e}_k(i)+\begin{bmatrix}\boldsymbol{\Lambda}_k & I_{km}\end{bmatrix}\begin{bmatrix}\varphi_k(i)\\ \boldsymbol{\Xi}_k(i)\end{bmatrix}\right\}, i=0,1,\cdots,N-1$。由于 $\boldsymbol{W}_{0|N-1}$ 为输入输出信号的组合，$\boldsymbol{F}_{0|N-1}$ 中唯一未知的量为扩展可观测性矩 $\boldsymbol{\Gamma}_k$。工业过程的控制系统中，许多控制器正是基于状态空间模型设计的，从而可以方便地提取扩展可观测性矩阵 $\boldsymbol{\Gamma}_k$。即便没有状态空间模型相关信息，利用系统运行的历史数据，通过子空间辨识方法 (由子空间辨识技术可知，要得到 $\boldsymbol{\Gamma}_k$ 只需对数据的子空间投影一次即可，无须完成全部辨识步骤) 也可得到扩展可观测性矩 $\boldsymbol{\Gamma}_k$。

(1) 未发生模型失配时，此时 $\boldsymbol{f}_k(i)=\boldsymbol{f}_k^*(i)=\left(\boldsymbol{\Gamma}_k{}^{\perp}\right)^{\mathrm{T}}\{\boldsymbol{\Lambda}_k\boldsymbol{v}_k(i)+\boldsymbol{e}_k(i)\}$。由于 v_t 和 e_t 为相互独立的高斯白噪声过程，故 $\boldsymbol{f}_k(i)=\boldsymbol{f}_k{}^*(i), i=0,1,\cdots,N-1$ 为高斯分布的随机噪声序列，其均值为 0，协方差 $\boldsymbol{\Sigma}_F$ 满足下式 [130]：

$$\boldsymbol{\Sigma}_F=\left(\boldsymbol{\Gamma}_k{}^{\perp}\right)^{\mathrm{T}}\left(\boldsymbol{\Lambda}_k\boldsymbol{R}_v\boldsymbol{\Lambda}_k{}^{\mathrm{T}}+\boldsymbol{R}_e\right)\boldsymbol{\Gamma}_k{}^{\perp} \tag{10.9}$$

其中 $\boldsymbol{R}_v=I_k\otimes\boldsymbol{\Sigma}_v\in\Re^{kn\times kn}$，$\boldsymbol{R}_e=I_k\otimes\boldsymbol{\Sigma}_e\in\Re^{km\times km}$ 分别为 $\boldsymbol{v}_k(i), i=0,1,\cdots,N-1$ 和 $\boldsymbol{e}_k(i), i=0,1,\cdots,N-1$ 的协方差矩阵，$\otimes$ 表示 Kronecker 积。

(2) 发生模型失配后，此时 $\Delta\mathbf{A},\Delta\boldsymbol{B},\Delta\boldsymbol{C}$ 不全为 0，从而有 $\boldsymbol{f}_k(i)=\boldsymbol{f}_k^*(i)+\boldsymbol{f}_k^m(i)$，其中

$$\boldsymbol{f}_k^m(i)=\left(\boldsymbol{\Gamma}_k{}^{\perp}\right)^{\mathrm{T}}[\boldsymbol{\Lambda}_k\varphi_k(i)+\zeta_k(i)] \tag{10.10}$$

为模型失配部分。此时 $\boldsymbol{f}_k(i)$ 的均值为由于模型失配产生的向量 $\boldsymbol{f}_k^m(i)$，通常情况下，由于状态变量 $\boldsymbol{x}(t)$ 和输入变量 $\boldsymbol{u}(t)$ 不会同时为 0，模型失配将会使得 $\boldsymbol{f}_k^m(i)$ 不为 0。改残差可用于结合统计局部方法检测模型失配。

10.3　有外部激励信号的残差获取方法

通常情况下，先进控制层 MPC 的操作变量为基础控制层回路的设定点。在先进控制层维护期间，或者先进控制无法发挥应有的效能时，一般会切断先进控制层的作用。但是为了系统的稳定运行和安全，基础控制层都会保持在闭环控制状态下。如何在适当激励甚至无外部人为激励的前提下检测出模型失配对于保证系统的稳定是有益的，而且这一方法有利于在任何时候都能根据系统操作数据进行模型失配诊断，达到故障预估的目的。如图 10.1 所示单变量控制系统，$T(q^{-1})$、$Q(q^{-1})$ 分别为过程和控制器传递函数，$N(q^{-1})$ 为扰动传递函数，$a(t)$ 为高斯白噪声，$r(t)$ 是人为设计的外部激励信号。q^{-1} 为后移算子，$q^{-1}y(t)=y(t-1)$，在以下的表述中，在不至于产生混淆的情况下，将省略后移算子符号 q^{-1}。控制系统输出可表示为

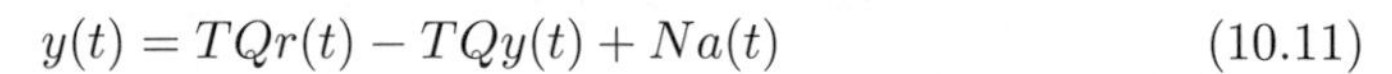

$$y(t)=TQr(t)-TQy(t)+Na(t) \tag{10.11}$$

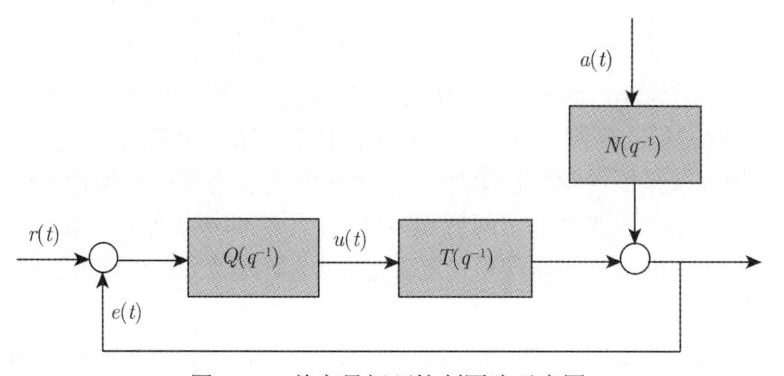

图 10.1　单变量闭环控制回路示意图

不失一般性，可假设控制器传递函数已知，而且在模型失配检测过程中控制器参数保持不变。令标称模型为 T_0，定义标称模型预测输出为

$$\hat{y}(t)=T_0Q\left[r(t)-y(t)\right] \tag{10.12}$$

模型失配部分用 ΔT 表示，则 $\Delta T=T-T_0$。那么，预测误差为

$$e(t)=y(t)-\hat{y}(t)=\Delta TQ\left[r(t)-y(t)\right]+Na(t) \tag{10.13}$$

为了便于描述，令 $r(t)-y(t)=\varepsilon(t)$，则式 (10.13) 简化为

$$e(t)=\Delta TQ\varepsilon(t)+Na(t) \tag{10.14}$$

式 (10.14) 两边乘以 $r(t-k)$ 并取期望，k 为时间间隔，有

$$E\left[e(t)r(t-k)\right] = \Delta TQE\left[\varepsilon(t)r(t-k)\right] + NE\left[a(t)r(t-k)\right] \tag{10.15}$$

其中 $E[\ ]$ 为期望算子。根据相关性定义，式 (10.15) 等号左边为预测误差与激励信号间隔为 k 的相关系数，由于外部激励信号 $r(t)$ 与白噪声 $a(t)$ 相互独立，所以，式 (10.15) 等号右边第二项恒为 0。可以通过适当设计外部激励信号 $r(t)$ ，使得 $E\left[\varepsilon(t)r(t-k)\right]$ 当 k 在一定范围内时不为 0，所以当 $\Delta T = 0$ ，即没有模型失配时，$E\left[\varepsilon(t)r(t-k)\right] = 0$ ，否则 $E\left[\varepsilon(t)r(t-k)\right] \neq 0$ 。令 $e(t)r(t-k) = h_k(t)$，同时，定义

$$h_k(t) = \begin{bmatrix} h_1(t) & h_2(t) & \cdots & h_k(t) \end{bmatrix}^{\mathrm{T}} \tag{10.16}$$

则模型失配检测问题转化为以下假设检验问题：

$$\begin{cases} E\left\{h_k(t)\right\} = 0, & T = T_0 \\ E\left\{h_k(t)\right\} \neq 0, & T \neq T_0 \end{cases} \tag{10.17}$$

结合第 1 章中的统计局部方法，$h_k(t)$ 可作为模型失配检测的初始残差。

激励信号 $r(t)$ 需针对具体系统进行设计，受到控制性能要求及其系统物理特性的约束。考虑 $k=1$，结合式 (10.12) 和式 (3.14) 可以得到

$$h_1(t) = E\left\{\left[y(t) - T_0Q(r(t) - y(t))\right]r(t-1)\right\} \tag{10.18}$$

由于离散系统至少有一个采样间隔的时间延迟，则 $r(t-1)$ 无法影响到系统输出 $y(t)$ 的值，所以 $E\left\{y(r)r(t-1)\right\} = 0$ ，则式 (10.18) 简化为

$$E\left\{T_0Q\left[r(t)r(t-1)\right]\right\} \tag{10.19}$$

由式 (10.19) 可以看出，模型未发生失配，只有满足 $E\left\{r(t)r(t-1)\right\} = 0$ ，$h_1(t) = 0$。同理，设系统的总时延为 d，$r(t)$ 从 1 到 d 时间间隔的自相关系数应为 0。综上，激励信号需满足如下条件：

$$\begin{cases} E\left[r(t)r(t-1)\right] = 0, & 1 \leqslant k \leqslant d \\ r_{\min} \leqslant r(t) \leqslant r_{\max} \end{cases} \tag{10.20}$$

由于系统的时延无法得到精确的估计，而且随着时间发生变化，为了保证可检测性，初始残差维数 k 应选取比估计时延大得多的数，同时，考虑计算复杂度，k 应选择适当的数值，一般取 $k = 2d$。

10.4　无外部激励信号的残差获取方法

8.3 节给出了在设定点有人为激励信号的情况下如何检测 SISO 系统的模型失配。但是对于一些特殊的回路，尤其在性能下降，稳定性欠佳的时候，设定点的激励信号可能会对控制回路以至于整个系统造成严重的影响。由于大多数基础回路都由 PID 控制器控制，所以控制器的传递函数易于得到。本节内容介绍如何利用控制器参数设计一种无需外部激励的对于过程模型变化敏感的残差，利用此残差结合统计局部方法实现非侵入式的模型失配检测。如图 10.1 所示的单变量闭环回路，由扰动到输出的传递函数为

$$y(t)=\frac{N}{1+TQ}a(t) \tag{10.21}$$

对于平稳运行的控制系统，控制器参数不发生变化，这符合大多数工业调节系统的实际情况。将式 (10.21) 中过程与控制器传递函数的乘积 TQ 看成一个整体，那么 TQ 的参数变化即意味着过程参数发生了变化。由于传递函数之积为有理分式，为了便于描述，将 TQ 写成多项式分数的形式，为 B/A ，其中 B 和 A 如式 (10.22) 所示：

$$\begin{cases} A=a_0+a_1q^{-1}+\cdots+a_pq^{-p} \\ B=b_0+b_1q^{-1}+\cdots+b_pq^{-p} \end{cases} \tag{10.22}$$

其中 p 为多项式 A,B 的阶次最高数，为了分析的简明，将另一多项式不足于 p 的阶次用 0 系数补足。于是，结合式 (10.21) 和式 (10.22) 有

$$(A+B)\,y(t)=ANa(t) \tag{10.23}$$

假设过程扰动为一平稳有色噪声，可以用一个 n 阶 MA 模型近似其特性。于是，可以将扰动模型 N 表示成

$$D=d_0+d_1q^{-1}+\cdots+d_nq^{-n} \tag{10.24}$$

将式 (10.24) 代入式 (10.23)，并结合式 (10.22) 可得

$$\begin{aligned} &\left[(a_0+b_0)+(a_1+b_1)\,q^{-1}\cdots(a_1+b_1)\,q^{-p}\right]y(t) \\ =&\left[a_0+(a_1+a_0d_1)\,q^{-1}+\cdots+a_pd_nq^{-(p+n)}\right]e(t) \end{aligned} \tag{10.25}$$

为了便于表述，将式 (10.25) 中等号右边的多项式系数用 $c_0,c_1,\cdots,c_{p+n}$ 表示，所以式 (10.25) 变为

$$\begin{aligned} &\left[(a_0+b_0)+(a_1+b_1)\,q^{-1}\cdots(a_1+b_1)\,q^{-p}\right]y(t) \\ =&\left[c_0+c_1q^{-1}+\cdots+c_{p+n}q^{-(p+n)}\right]e(t) \end{aligned} \tag{10.26}$$

式 (10.26) 所示即为一个 ARMA$(p,p+n)$ 模型。可以从 AR 部分的参数辨识的角度获取检验其变化的残差。假设拥有一组长度为 s 的过程输出数据，记为 $[y(1), y(2),\cdots,y(s)]$，有 $(p+1)\times N$ 维经验 Hankel 矩阵

$$\boldsymbol{H}(p,N-1)=\begin{bmatrix} R_s(n+1) & R_s(n+2) & R_s(n+p+1) & \cdots & R_s(n+N) \\ R_s(n+2) & & & & \\ R_s(n+3) & & & & \\ \vdots & & & & \\ R_s(n+p+1) & R_s(n+p+2) & & & R_s(n+p+N) \end{bmatrix} \tag{10.27}$$

其中 $N\geqslant p$ 为辅助变量个数，且

$$R_s(k)=\sum_{t=1}^{s-k}y(t+k)y(t),\quad k\geqslant 1 \tag{10.28}$$

无论式 (10.26) 等号右边的参数是否发生变化，式 (10.26) 等号左边的参数一致性估计为下式中的最小二乘估计 [131]：

$$\begin{bmatrix} -(a_p+b_p) & -(a_{p-1}+b_{p-1}) & \cdots & -(a_1+b_1) & -(a_0+b_0) \end{bmatrix}\boldsymbol{H}(p,N-1)=0 \tag{10.29}$$

对于过程参数变化检测，假设已知名义参数向量为

$$\theta_0=\begin{bmatrix} -(a_p+b_p)^0 & -(a_{p-1}+b_{p-1})^0 & \cdots & -(a_1+b_1)^0 & -(a_0+b_0)^0 \end{bmatrix}^{\mathrm{T}} \tag{10.30}$$

定义辅助变量

$$\begin{aligned} &\boldsymbol{U}^{\mathrm{T}}(N)= \\ &\begin{bmatrix} -(a_p+b_p)^0 & -(a_{p-1}+b_{p-1})^0 & \cdots & -(a_1+b_1)^0 & -(a_0+b_0)^0 \end{bmatrix}\boldsymbol{H}(p,N-1) \end{aligned} \tag{10.31}$$

如果参数未发生变化，根据式 (10.29) 得到的结论，式 (10.31) 中的辅助变量应约等于 0(期望意义上应严格等于 0)，否则，显著偏离于 0。式 (10.31) 的另一种表达形式为

$$\boldsymbol{U}(N)=\sum_{t=p+n+N}^{s}w(t)\boldsymbol{Z}(t) \tag{10.32}$$

其中

$$\begin{aligned} &w(t)=(a_0+b_0)y(t)-(a_1+b_1)y(t-1)-\cdots-(a_p+b_p)y(t-p) \\ &\boldsymbol{Z}(t)=\begin{bmatrix} y(t-p-n-1) & y(t-p-n-2) & \cdots & y(t-p-n-N) \end{bmatrix}^{\mathrm{T}} \end{aligned} \tag{10.33}$$

这一结果可以通过 Yule-Walker 方程得到。辅助变量 $\boldsymbol{U}(N)$ 的协方差为

$$\boldsymbol{\Sigma}(N)=\sum_{t=(p+n)+N}^{s-(p+n)}\sum_{i=-p-n}^{p+n}E_{\theta_0}\left[w(t)w(t-i)\boldsymbol{Z}(t)\boldsymbol{Z}^{\mathrm{T}}(t-i)\right] \tag{10.34}$$

由于当 $|t-r|\geqslant p+n+1$ 时，$E_{\theta_0}\left[w(t)w(t-i)\boldsymbol{Z}(t)\boldsymbol{Z}^{\mathrm{T}}(t-i)\right]=0$ ，所以式 (10.34) 的估计为

$$\hat{\boldsymbol{\Sigma}}(N)=\sum_{t=(p+n)+N}^{s-(p+n)}\sum_{i=-p-n}^{p+n}E_{\theta_0}\left[w(t)w(t-i)\boldsymbol{Z}(t)\boldsymbol{Z}^{\mathrm{T}}(t-i)\right] \tag{10.35}$$

定理 10.1　大数非平稳定理

无论式 (10.26) 等号左边的参数是否发生微小变化，式 (10.35) 为协方差 (10.34) 的一致估计，即

$$\boldsymbol{\Sigma}^{-1}(N)\hat{\boldsymbol{\Sigma}}(N)\sim\boldsymbol{I}(N) \tag{10.36}$$

定理 10.2　中心极限定理

如果参数 θ_0 未发生变化，有

$$\boldsymbol{\Sigma}^{-1/2}(N)\boldsymbol{U}(N)\sim\mathcal{N}(0,\boldsymbol{I}(N)) \tag{10.37}$$

如果参数变为 $\theta_0+\Delta\theta/\sqrt{s}$ ，有

$$\boldsymbol{\Sigma}^{-1/2}(N)\left(\boldsymbol{U}(N)-\boldsymbol{H}^{\mathrm{T}}(p-1,N-1)\frac{\Delta\theta}{\sqrt{s}}\right)\mathcal{N}(0,\boldsymbol{I}(N)) \tag{10.38}$$

证明　详细证明过程见参考文献 [132]。□

因此辅助变量 $\boldsymbol{U}(N)$ 可以成为初始残差结合统计局部方法检测过程模型参数的变化，而对扰动部分的动态特性变化不敏感。

10.5 仿真实例

本节分别利用三个仿真实例对应于上述三种残差获取方法的使用过程，一个多变量开环系统和两个单变量闭环系统。

1. 开环 MIMO 系统

考虑一个离散三阶动态系统，状态空间模型矩阵分别为

$$\boldsymbol{A}_0=\begin{bmatrix} 0.6 & 0.6 & 0 \\ -0.6 & 0.48 & 0 \\ 0 & 0 & 0.5 \end{bmatrix},\quad \boldsymbol{B}_0=\begin{bmatrix} 0.17 & 0.21 \\ -0.15 & 0.30 \\ 0.28 & 0.15 \end{bmatrix},\quad \boldsymbol{C}_0=\begin{bmatrix} 0.78 & 0.53 & 1 \\ 0.21 & 0.44 & 0.58 \\ 0.41 & 0.24 & 0.18 \end{bmatrix}$$

分别令系统矩阵 $\boldsymbol{A},\boldsymbol{B},\boldsymbol{C}$ 发生相应的失配。对于三种情况分别仿真产生 4000 组过程数据，并在第 2000 采样点引入相应的系统变化。系统的输入信号采用均值为 $\begin{bmatrix}0.2 & 0.2\end{bmatrix}^{\mathrm{T}}$ 的二维白噪声向量，而状态噪声和输出测量噪声分别为零均值的白噪声序列，协方差矩阵都为 $\mathrm{diag}\,(0.001,0.001,0.001)$。

(1) 从第 2000 组数据开始，对系统矩阵 $\boldsymbol{A}$ 引入 10% 的变化量，即 $\boldsymbol{A}$ 由 $\boldsymbol{A}_0$ 变化为

$$\boldsymbol{A}=\begin{bmatrix} 0.6 & 0.48 & 0 \\ -0.6 & 0.48 & 0 \\ 0 & 0 & 0.5 \end{bmatrix}$$

时矩阵 $\boldsymbol{A}$ 的相对变化量为 $\dfrac{\|\boldsymbol{A}-\boldsymbol{A}_0\|_\infty}{\|\boldsymbol{A}_0\|_\infty}=\dfrac{\|\Delta\boldsymbol{A}\|_\infty}{\|\boldsymbol{A}_0\|_\infty}=10\%$。其中 $\|\ \|_\infty$ 表示矩阵的无穷范数，下文中 $\boldsymbol{B}$ 与 $\boldsymbol{C}$ 的变化量也指无穷范数的变化量。取生成改进残差序列的窗口长度 $K=450$，子空间变换对应的窗口长度 $k=5$，利用标称模型 $\{\boldsymbol{A}_0,\boldsymbol{B}_0,\boldsymbol{C}_0\}$ 和系统仿真产生的输入输出数据，根据式 (10.8) 可以得到用于模型失配检测的原始残差序列 $\boldsymbol{f}_k(i),i=0,\cdots,N-1$ 及相应的改进残差序列。取 99% 置信限为检验置信限，得到相应的 T^2 统计量检验指标如图 10.2 中实线所示，图中虚线对应 99% 置信限。从图中可以看出从 2000 组数据开始，T^2 统计量检验指标迅速超过检验置信限，可以判定模型发生失配。

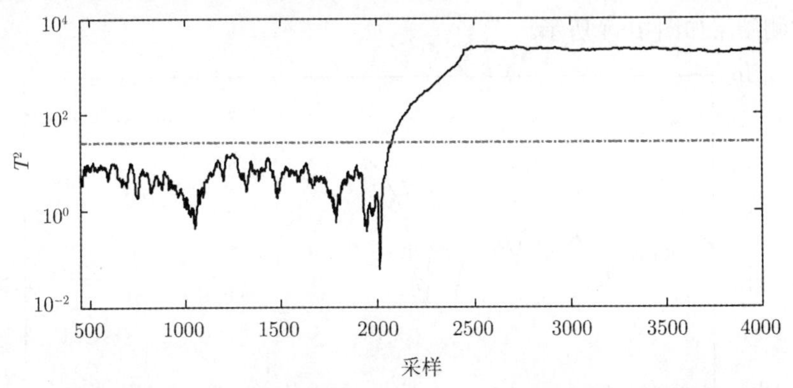

图 10.2　开环多变量系统状态转移矩阵 $\boldsymbol{A}$ 变化时的 T^2 统计量

(2) 从第 2000 组数据开始，对系统输入矩阵 $\boldsymbol{B}$ 引入 10 的变化量，使得系统

输入矩阵 $\boldsymbol{B}$ 由 $\boldsymbol{B}_0$ 变化为

$$\boldsymbol{B}=\begin{bmatrix} 0.1745 & 0.2055 \\ -0.1540 & 0.2590 \\ 0.2840 & 0.1540 \end{bmatrix}$$

检测结果如图 10.3 所示。

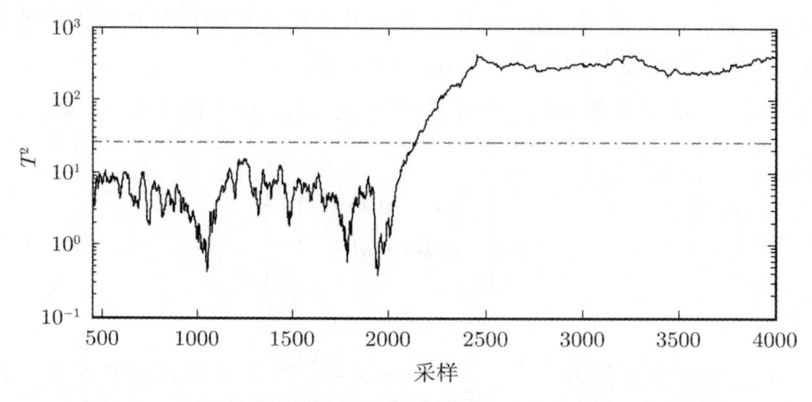

图 10.3　开环多变量系统状态转移矩阵 $\boldsymbol{B}$ 变化时的 T^2 统计量

(3) 第 2000 组数据开始，对系统输出矩阵 $\boldsymbol{C}$ 引入 10% 的变化量，使得系统输出矩阵 $\boldsymbol{C}$ 由 $\boldsymbol{C}_0$ 变化为

$$\boldsymbol{C}=\begin{bmatrix} 0.98 & 0.56 & 1.01 \\ 0.21 & 0.54 & 0.60 \\ 0.51 & 0.28 & 0.20 \end{bmatrix}$$

检测结果如图 10.4 所示。

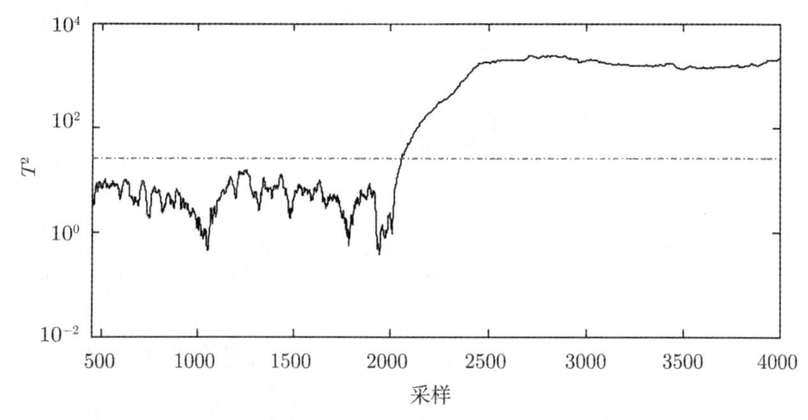

图 10.4　开环多变量系统状态转移矩阵 $\boldsymbol{C}$ 变化时的 T^2 统计量

2. 施加外部激励信号的 SISO 系统

考虑单变量闭环控制回路 [122, 123]：

$$y(t)=q^{-4}\frac{K_p}{1-0.67q^{-1}}u(t)+\frac{1-0.4q^{-1}}{1-\lambda q^{-1}}a(t) \tag{10.39}$$

控制器传递函数为

$$Q\left(q^{-1}\right)=\frac{0.7-0.47q^{-1}}{0.33-0.1q^{-1}-0.23q^{-4}} \tag{10.40}$$

为了验证该算法的有效性和能够对扰动特性的不敏感特性，考虑如下三种情形进行仿真：

(1) 过程动态特性和扰动动态特性均无变化；

(2) 只是扰动动态特性发生变化；

(3) 过程动态特性和扰动动态特性均发生变化。

设定系统参数初始值为 $K_p=0.33$，$\lambda=0.17$，并作为系统的标称模型参数。激励信号幅度为 ±1 的二进制信号，$a(t)$ 的方差 $\sigma_a^2=0.1$。用标称模型产生 3000 组采样数据，3001 时刻，扰动动态特性发生变化，$\lambda=0.95$，6001 时刻过程动态也发生变化，$K_p=0.67$，一共 9000 组采样数。采用滑动窗口的方法对 9000 组数据进行在线仿真，数据窗口设为 1000 个数据采样点。仿真结果如图 10.5 所示，其中虚线表示 95% 置信限。

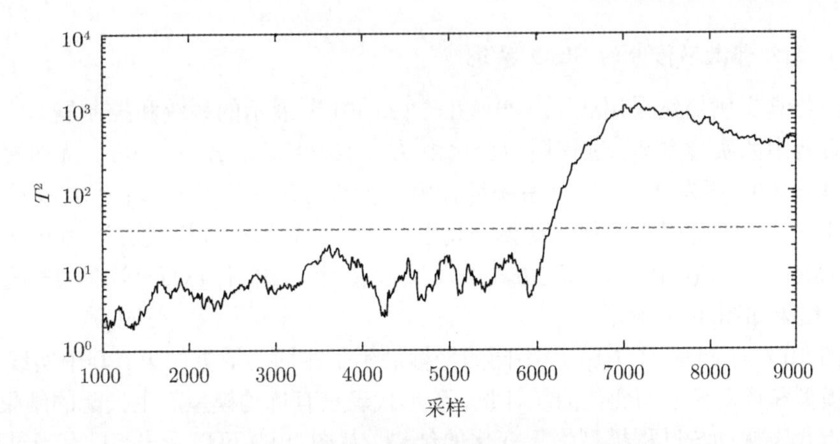

图 10.5　三种情形下的监控统计量及置信限

从图 10.5 中可以看出，当系统特性均无变化或者只是扰动特性发生变化时，T^2 统计量在置信限以下，只有当过程动态特性发生变化时，T^2 统计量检测出变化。这样当系统出现性能下降时，可以诊断出是过程特性发生变化还是只是扰动变化，提示操作人员避免不必要的参数整定以及在必要时重新辨识系统模型。

相对于直接分析预测误差与激励信号的相关性，该方法不仅能在线检测，直观地反映过程动态特性是否变化，还具有能检测出微小变化的优势。下面仍然用式 (10.39) 和式 (10.40) 的系统进行仿真，当 $K_p = 0.33$ ，$\lambda = 0.95$ 时，获取仿真数据 3000 组，分别用相关性直接分析法和本文所提到的方法进行仿真，结果如图 10.6 所示。从图 10.6 可以看出，本文所提到的利用统计局部方法可以有效地检测过程动态产生的微小变化，而利用相关性分析方法无法检测到这一变化。

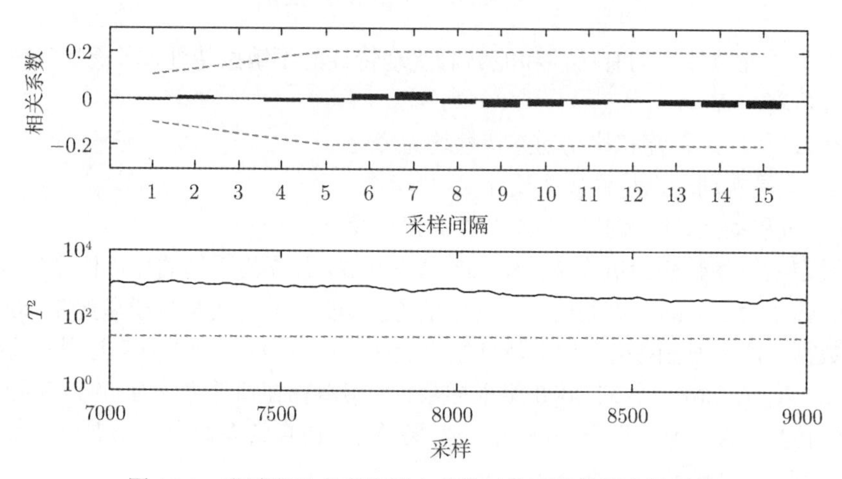

图 10.6 当过程动态产生微小变化时的两种检测方法对比

3. 无外部激励信号的 SISO 系统

该仿真实例仍然采用式 (10.39) 和式 (10.40) 所展示的系统和控制器。采用上一仿真例中的实验方案。过程模型变化由 $K_p = 0.33$ 变为 $K_p = 0.66$ ，扰动模型参数由 $\lambda = 0.95$ 变为 $\lambda = 0.23$。系统运行模式仍然为：① 标称模型；②扰动动态特性发生变化；③过程模型和扰动模型均发生变化。对每一种模式进行 100 次蒙特卡罗 (Monte-Carlo) 仿真，每次仿真采样为 1500 个数据，计算每一次的 T^2 统计量数值，结果如图 10.7 所示。

图 10.7(a) 和图 10.7(b) 用不同的坐标展示了相同的数据结果。其中实线代表过程模型和扰动模型均变化的统计量，菱形代表只有扰动模型产生失配的结果，实心圆点代表扰动与过程模型均无变化的结果。从图 10.7 可以看出，只有当过程模型发生变化时，T^2 统计量才显著偏离 0，从而可以得到该方法能够有效检测出过程模型失配而对扰动模型失配不敏感的结论。从数值上看可以得出相同的结论，三种模式下 T^2 统计量在 100 次蒙特卡罗仿真中的均值分别为 1.02，1.23 和 105.68。

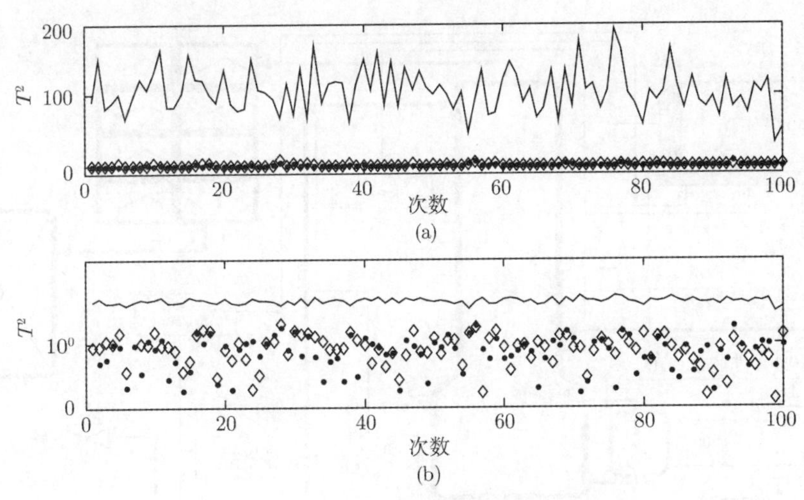

图 10.7 无激励信号模型失配检测仿真结果

10.6 工业数据案例研究

本节以某厂 PTA 装置的溶剂回收过程为例，流程图如图 10.8 所示。溶剂回收塔 T403 以醋酸和水混合物为原料；塔底液相经再沸器 E403 加热后返回塔内，塔底采出为醋酸返回 PTA 装置循环使用；塔顶气相经冷凝器 E404 后，进入回流罐 D404，部分作为回流返回塔内，其余废水进行排放。其中，塔底蒸汽加热量 FIC424 与塔底温度 TIC424 形成 PID 串级回路。在 MPC 控制器中，回流量 FIC421 和温度控制器 TIC424 的设定值作为操作变量 (MVs)，塔底电导率 CIC402、压差 (PDI422)、塔顶电导率 CIC401 作为受控变量 (CVs)，反应抽出水直接进脱水塔流量 FI406、回流温度 TI446、再沸器加热蒸汽压力 PIC904 干扰变量 (DVs)，控制目标是在塔底电导率 CIC402、压差 (PDI422) 平稳的前提下，尽量降低塔顶电导率 CIC401，减少醋酸排放量，提高回收率。

项目实施初期，对现场过程进行了为期将近两天的测试，为了保证现场工况满足要求，系统的输入激励信号采用伪 PRBS 信号，见图 10.9。采集输入输出数据，通过子空间辨识，得到过程的状态空间模型，相应的模型预测输出和现场实际输出见图 10.10，其中实线为系统实际输出值，虚线为模型预测输出值。可以看出模型仿真输出动态趋势与实际输出基本一致，模型较好地描述了过程动态特性，基于辨识出的模型可以设计出相应的 MPC。

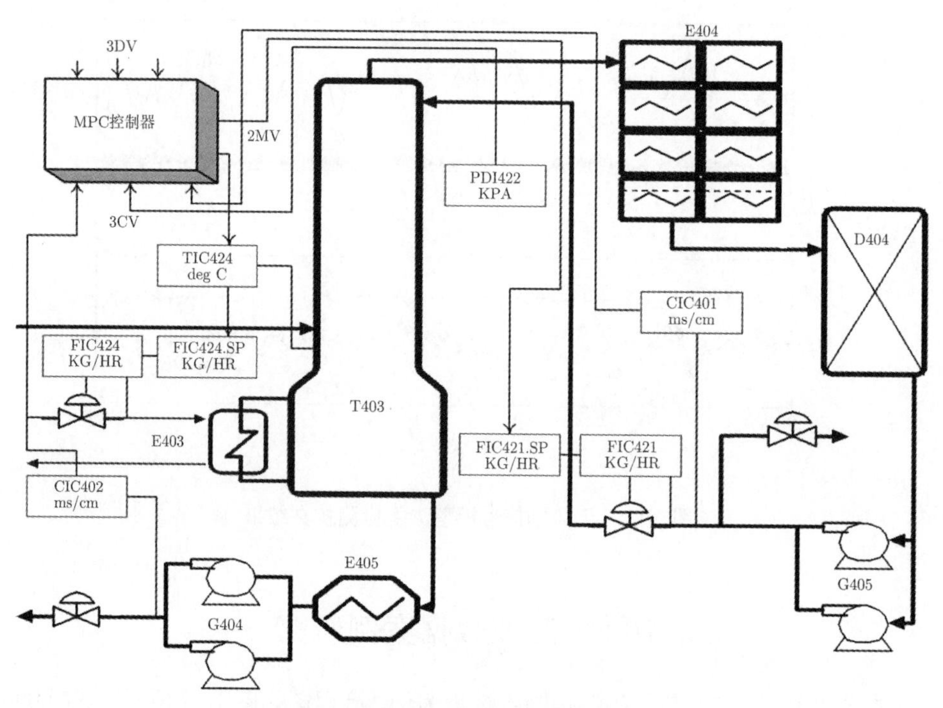

图 10.8　溶剂回收过程示意图

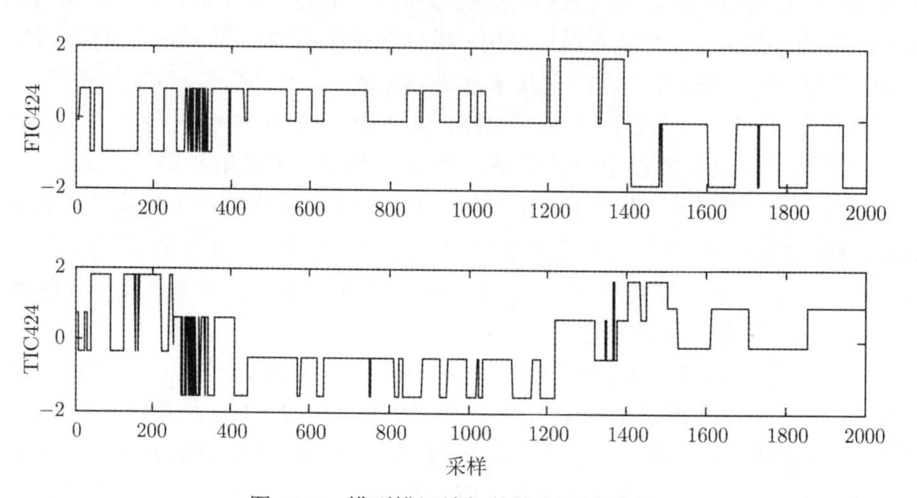

图 10.9　模型辨识施加的输入激励信号

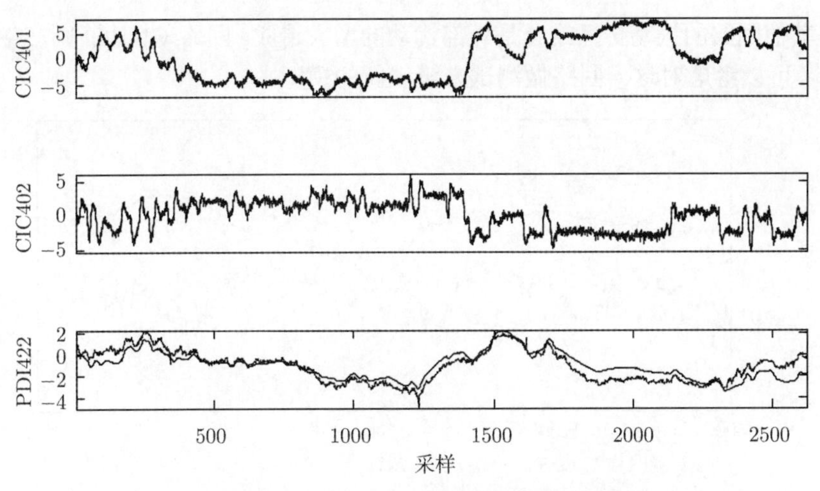

图 10.10　项目实施初期的实际输出与模型预测输出

由于机械磨损、污垢积累、操作条件或者产品指标的改变会使得系统动态特性发生变化，使得 MPC 的性能受到模型精度的影响而下降。因此，在控制器投运一段时间以后，有必要检测是否发生了模型失配，在发生模型失配时提醒工程师重新辨识模型，基于新的模型设计合理的控制器，保证控制器的性能。实际使用中，工程人员会在控制器运行大约一年左右的时间进行系统维护，重新设计实验信号辨识相应模型，观察模型是否发生改变，在模型发生较大变化时重新设计控制器。

工况发生改变的情况下，重新辨识需要根据改变后的工况重新设计合适的信号，而且，为了降低辨识模型的误差方差，需要足够长的数据。而用本文所提到的方法，由于对激励信号的特点和数据长度无严格要求，可以降低对过程的干预。另外，本文提出的算法使用单一的统计量检测模型失配，相对于直接对比两个模型的参数更为简便可靠。

项目投运十一个月后进行系统维护，利用本章提出的算法针对系统的输入输出数据计算相应的 χ^2 指标，其中标称模型采用项目实施初期子空间辨识得到的模型 (即 MPC 中使用的模型)，取生成改进残差序列的窗口长度 $K = 500$ ，子空间变换对应的窗口长度，得到相应的检验指标分别如图 10.11 所示，其中实线表示检验指标值，细虚线表示项目初期数据的检测统计量，灰色点划线对应 99% 置信限。系统维护时，检验指标已经超出了检验置信限，即控制系统发生了模型失配。

进一步对多变量系统的单变量子回路做模型失配检测。计算多变量控制变量 CV 的方差，发现塔顶电导率控制回路 CIC401 以及塔底电导率控制回路 CIC402 的方差较项目实施初期有明显增大。分别用这两个回路的标称模型参数，控制器参数以及输出数据采用非侵入式模型失配检测方法进行诊断，结果如图 10.12 和图 10.13 所示。从图中可以看出，CIC401 回路的性能下降不是由模型失配引起，有可能是其他回路的振荡传播或者是外部扰动的增大造成。回路 CIC402 则产生了模型失配，可以考虑对这一回路做测试来辨识新的模型。

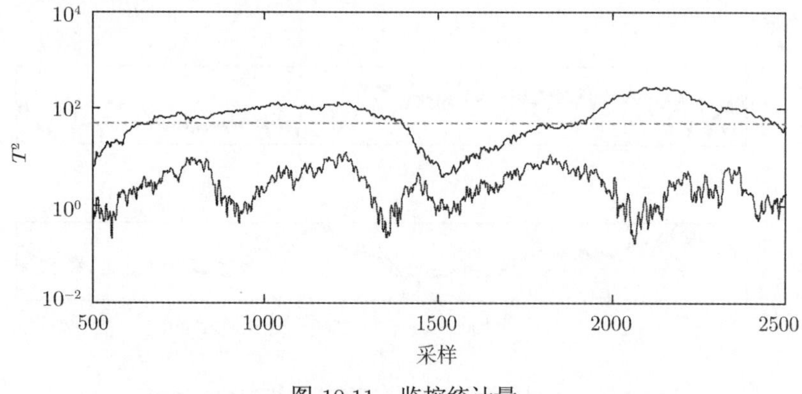

图 10.11 监控统计量

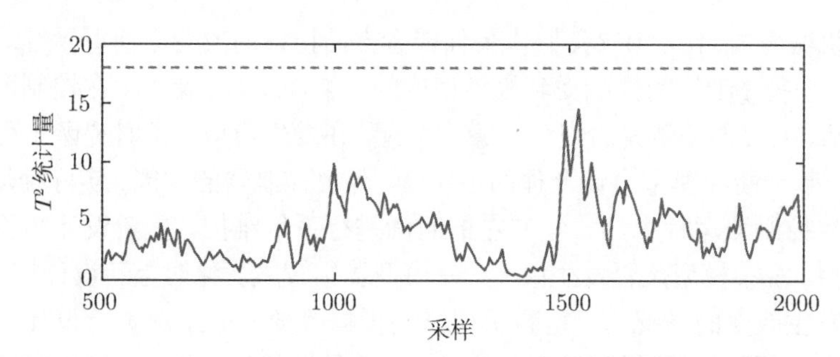

图 10.12 回路 CIC401 模型失配检测结果

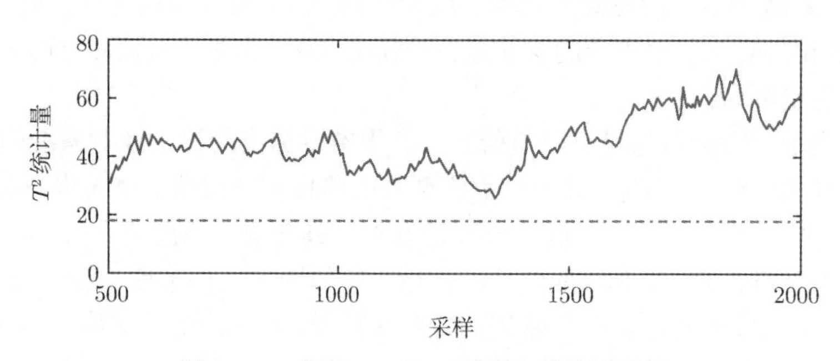

图 10.13 回路 CIC402 模型失配检测结果

10.7 本 章 小 结

本章针对线性多变量系统提出了一套模型失配检测的方案，该方案集成了三个可用方法。目前的先进控制系统几乎都是基于 MPC 控制器的多变量系统，处于基础控制回路的上层。对于目前大多数采用先进控制的系统，先进控制层作为性能提升的组成部分不会对安全造成影响。基于这一现实，本文在先进控制层只考虑了开环的情况。作为对系统稳定和产品质量起到决定性作用的基础控制层，剥离控制器的作用通常是不现实的。基于此，本文采用了两种闭环状态下的模型失配检测方法。一种需要在设定点设计恰当的信号，对被检测系统施加人为激励信号，另一种集成模型和控制器参数对过程模型进行模型失配检测，而无需外部激励信号。上述两种方法都有过程模型和扰动模型分离的功能，即该方法对扰动模型的变化不敏感，如此则可以给现场工程师提供更为有价值的信息。

用三个数值仿真实例分别对三种方法的应用做了说明。实际工业数据案例中，利用到了开环的 MIMO 系统模型失配检测方法和非侵入式的单变量回路模型失配检测方法。这两种方法的结合可以给先进控制系统的维护提供有效信息。将出现故障的回路范围缩小甚至精确定位，这样可以只对必须进行重新建模的回路施加信号或者进行测试，建立新的模型。如此可以大大减少大规模系统重新建模的时间和代价。

第 11 章　非线性多变量系统模型失配检测与定位

11.1　引　　言

第 10 章介绍了诸多针对线性系统的模型失配检测方法 [126, 133, 134]。理想的模型失配检测方法具有三个特点：非侵入式、对扰动不敏感、定位到发生模型失配的子系统。通常不能三个条件全部满足，多数模型失配检测方法只能满足其中之二。

多变量系统通常存在强耦合特性，不过状态空间模型和对应的控制器设计方法将多变量系统视为一个整体，这是现代控制理论处理多变量问题的优点之一。但是对于多数工业实践，仍然需要得到从操作变量到被控变量通道的 SISO 模型，并以此设计控制器。文献 [124] 对此引入了偏相关的方法解决由于控制器反馈造成的各通道信号互相关的问题。文献 [135] 通过外部激励信号和模型预测残差的相关性分析逐渐排除没有模型失配的部分，最终定位到发生模型失配的子系统。如果需要一步定位，则需要将其他操作变量置于开环控制下，对需要检测的操作变量施加激励信号，则表现出显著相关性的通道存在模型失配。本章的内容将在该方法的思想下对于非线性系统介绍模型失配的检测与定位方法。

互信息 [136] 是信息科学和统计科学中用于测度两个随机变量互相依赖程度的量，在很多学科领域有广泛的应用。它可被视为一个测量非线性相关性的一般性测度，和线性相关性有函数关系。

11.2　预 备 知 识

11.2.1　互信息的定义

在工程、经济、物理、生物等领域，计算随机变量间的相关性是常用到的数据分析方法。最常见的相关性测度工具为线性相关系数，即 Pearson 相关，用以反映两个随机变量间的线性相关程度。然而线性相关并不能反映大多数的非线性关系，对于此，文献 [137]、[138] 提出了全方位互相关函数 (omni-directional cross-correlation functions，ODCCF)。实际上，ODCCF 只是用四个相关性函数反映四种类别的相关性，而非线性关系复杂多样，致使 ODCCF 仍然存在局限性。本章中引入了互信息作为广义相关性测度工具。

设两个随机变量记为 $X \equiv \{x(1), x(2), \cdots, x(t)\}$ 和 $Y \equiv \{y(1), y(2), \cdots, y(t)\}$，

它们的互信息定义为 [136]

$$I(X;Y) = H(X) + H(Y) - H(X,Y) \tag{11.1}$$

其中 $H(\cdot)$ 为香农熵或者联合熵算符，用概率密度函数表示为

$$\begin{cases} H(X) = -\displaystyle\int p(x)\log p(x)\mathrm{d}x \\ H(Y) = -\displaystyle\int p(y)\log p(y)\mathrm{d}y \\ H(X,Y) = -\displaystyle\int p(x)\log p(x)\mathrm{d}x \end{cases} \tag{11.2}$$

本章中对数函数底数在未经特殊说明的情况下默认为 2。式 (11.2) 中的积分符号在离散随机变量情形下则为加和符号 Σ。互信息表征能用 Y 预测到 X 的平均信息量 (如果对数底为 2，则此信息量为 bit，如果对数为自然对数，则为 bat。同时互信息也可理解为随机变量 X 和 Y 的交互部分。$I(X;Y) \geqslant 0$，当且仅当 X 和 Y 完全独立时取等号。

对于高斯随机变量，互信息可用线性相关系数表示为

$$I(X;Y) = -\frac{1}{2}\log\left(1-\rho^2\right) \tag{11.3}$$

其中 ρ 为互相关系数。如果 $\rho = 0$，则两者独立，互信息为 0；如果 $\rho = \pm 1$，则说明二者完全相关，互信息为无穷大。

11.2.2　互信息的估计

由于互信息的广泛应用，互信息的数值估计一直是学界的一个热点问题。有很多种估计方法以及他们的改进方法被提出来，常用的包括 k 最邻近算法 (k-nearest neighbour，KNN)[139]、核密度估计方法 (kernel density estimator，KDE)[140]、X-Y 平面自适应划分法等。文献 [141] 得出的结论是，KNN 在相对低的噪声水平下对于少量样本数据 (1000 个数据点) 具有良好的估计结果。文献 [142] 认为 KNN 是最稳定的估计算法，对于估计算法中涉及的参数选择不敏感。

KNN 算法的思想是通过与 k 个最邻近点的平均距离来估计概率密度和熵。设 $\varepsilon(i)/2$ 为点 (x_i, y_i) 与第 k 个近邻 (x_i^k, y_i^k) 的距离，这一距离投影到 X 和 Y 子空间的距离分别为 $\varepsilon_x(i)/2$ 和 $\varepsilon_y(i)/2$。因此有

$$\varepsilon(i) = \max\left\{\varepsilon_x(i), \varepsilon_y(i)\right\} \tag{11.4}$$

$n_x(i)$ 和 $n_y(i)$ 表征数据点 x_j 和 y_j 的个数，从而满足 $\|x_i - x_j\| \leqslant \varepsilon_x(i)/2$，

$\|y_i - y_j\| \leqslant \varepsilon_y(i)/2$。则互信息的估计值为

$$\hat{I}(X;Y) = \psi(k) - \frac{1}{k} - \frac{1}{N}\sum_{i=1}^{N}\left[\psi\left(n_x(i) + n_y(i)\right)\right] + \psi(N) \tag{11.5}$$

其中 $\psi(\cdot)$ 为双伽马函数，$\psi(x) = \Gamma(x)^{-1}\mathrm{d}\Gamma(x)/\mathrm{d}x$，$\psi(x+1) = \psi(x) + 1/x$。函数 $\psi(x)$ 满足 $\psi(1) = -C$，$C = 0.5772156$ 为 Euler-Mascheroni 常数。

11.2.3 置信限的获取

和线性相关系数一样，利用有限的含有噪声的数据估计互信息通常不为 0，所以需要一个置信限来确定两个随机变量是否显著相关。文献 [143]、[144] 分别从互信息估计和替代数据方法两个方面对这一问题进行了研究。替代数据 (surrogate data) 方法被广泛用来作为非线性检测和置信限确定的一种工具。替代数据是根据原来的数据人为产生的新数据，称为替代数据。替代数据保留了原数据的功率谱和概率分布但是人为的随机排序使得原来的耦合特性不复存在。通常，利用迭代幅值矫正傅里叶变换 (iterative amplitude adjusted fourier transform，iAAFT) 算法 [145, 146] 获取替代数据。

对于时间序列 $\{x(t), t = 1, 2, \cdots, N\}$，用傅里叶变换的幅值平方来反映其线性特性。

$$|S(k)|^2 = \left|\frac{1}{\sqrt{N}}\sum_{t=1}^{N} x(t)\exp\left(\frac{\mathrm{i}2\pi kt}{N}\right)\right|^2 \tag{11.6}$$

iAAFT 算法从随机排序后的时间序列开始，首次对 $x(t)$ 随机排序后的序列记为 $r_0(t)$，迭代次数用 n 表示。

第一步 对 $r_n(t)$ 傅里叶变换：

$$R_n(k) = \frac{1}{\sqrt{N}}\sum_{t=1}^{N} r_n(t)\exp\left(\frac{\mathrm{i}2\pi kt}{N}\right) \tag{11.7}$$

第二步 进行傅里叶逆变换，并将幅值替换但是保留相位不变：

$$s_n(t) = \frac{1}{\sqrt{N}}\sum_{k=1}^{N} \exp(\mathrm{i}\varphi_n(k))\left|S(k)\exp\left(-\frac{\mathrm{i}2\pi kt}{N}\right)\right| \tag{11.8}$$

第三步 将 $s_n(t)$ 的幅值按升序排列得到 $c_n(t)$，令

$$r_{n+1}(t) = c_n(t) \tag{11.9}$$

重复以上步骤直至收敛，例如，在某一精度下 $r_{n+1}(t) = r_n(t)$。

通过以上算法可以得到时间序列 $x(t)$ 和 $y(t)$ 的替代数据，分别记为 X_s 和 Y_s。然后可以通过 KNN 算法估计每一对替代数据的互信息，得到 M_s 对替代数据的估计互信息，记为 $I_s(m),(m=1,2,\cdots,M_s)$。利用 6σ 标准，置信限可以定义为

$$S(X;Y)=[0,I(X;Y)-\mu_s+6\sigma] \tag{11.10}$$

其中 μ_s 和 σ 分别为 $I_s(m)$ 的均值和方差。

替代数据方法虽然能够合理的反映所估计地互信息是否显著，但是这一个过程需要较大的计算量。如果能够将估计的互信息归一化到区间，则无须确定置信限便可以直观地得出初步的结论。文献 [147] 提出了一种归一化互信息的方法：

$$I_{\mathrm{Joe}}=\sqrt{1-\exp\left[-2\hat{I}(X;Y)\right]} \tag{11.11}$$

另一种归一化的方法出现在文献 [148] 中，即

$$\mathrm{NMI}=\frac{\hat{I}(X;Y)}{\max\{H(X),H(Y)\}} \tag{11.12}$$

11.3　模型失配检测

本章在内模控制结构 (图 11.1) 框架下讨论基于模型的控制系统的模型失配检测问题。因为内模控制能够方便地转化到 MPC 系统。如图 11.1 所示，$\boldsymbol{G}$ 和 $\boldsymbol{G}_0$ 表示被控对象和对应的模型。实际情况中不可能用一个数学模型 $\boldsymbol{G}$ 完全表达被控对象的特性，在这里可视为一种数学关系的描述，$\boldsymbol{G}_0$ 则通常是这种数学关系的简化。$\boldsymbol{Q}$ 为控制器，$\boldsymbol{r}$,$\boldsymbol{e}$,$\boldsymbol{y}$ 分别表示设定值，模型预测残差和被控变量输出。系统中的外部扰动 $\boldsymbol{v}$ 假设为有色噪声。

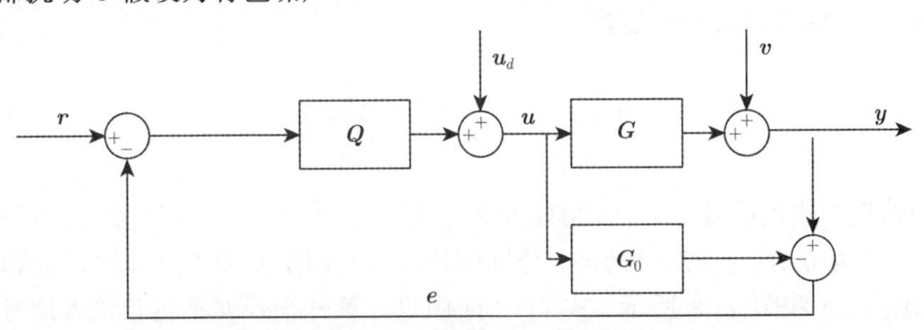

图 11.1　IMC 控制系统示意图

为了进行模型失配检测，引入了外部激励信号 $\boldsymbol{u}_d$，这在很多故障诊断和模型失配分析的方法中被视为一种合理的假设，而且在闭环状态下，合适的摄动信号

引入并不会引起性能的显著变化 [149, 135, 150, 122, 151]。对于线性系统，用系统辨识或者故障诊断常用的信号有白噪声或者伪随机二进制序列 (pseudo random binary sequence，PRBS)。但是对于非线性系统，为了能够激励更多的非线性特性，有时候需要选择其他的激励信号。总之，非线性系统的激励信号不仅需要丰富的频谱特征，同样需要丰富的幅度变化特性。常用的非线性系统激励信号有广义多重噪声 (generalized multiple-level noise，GMN)，伪随机多重序 (pseudorandom multilevel sequences，PRMS)[152] 和滤波白均匀噪声 [153]。在未经过特殊设计和没有特殊要求的情况下，独立同分布的均分分布信号可以作为一般性选择 [154, 155]。但是，PRBS 信号仍然在很多非线性辨识文献中被应用 [156]。

11.3.1 非线性相关的直观实例

本节给出一个简单的实例说明互信息作为一般相关性测度工具的使用和性能。作为对比，仿真中同样引入了线性相关函数。假设有以下非线性模型：

$$\begin{aligned} y(t) = &-0.8y(t-1) + 0.08[y^2(t-1) + 4.5u(t-1) \\ &+u(t-1)u(t-2)] + d(t) \end{aligned} \tag{11.13}$$

由于辨识过程中可能会产生以下几种类型的残差：

$$\begin{cases} \varepsilon_1 = 0.7d(t-1) + d(t) \\ \varepsilon_2 = 0.06u(t-1)u(t-2) + d(t) \\ \varepsilon_3 = 0.2y(t-1) + d(t) \\ \varepsilon_4 = 0.03y^2(t-1) + d(t) \end{cases} \tag{11.14}$$

扰动为一个 ARIMA(2,0,0) 过程：

$$d(t) = \frac{e(t)}{1 - 1.6q^{-1} + 0.8q^{-2}} \tag{11.15}$$

在仿真中输入信号 $u(t)$ 为 2047 个幅值为 $[-1，1]$ 的 PRBS 信号，$e(t)$ 为均值为 0，方差为 0.01 的高斯白噪声。分别估计输入和四个残差的互相关函数和互信息，如图 11.2 和图 11.3 所示。式 (11.14) 中只有第一个残差不包含输入信号的信息，其他三个残差函数都以不同形式存在着未完全建模的动态信息。从图 11.2 可以看出，线性互相关函数只反映出了输入信号和第三个残差函数的相关信息。作为对比，图 11.3 中的互信息完全反应了输入信号和残差的相关信息。

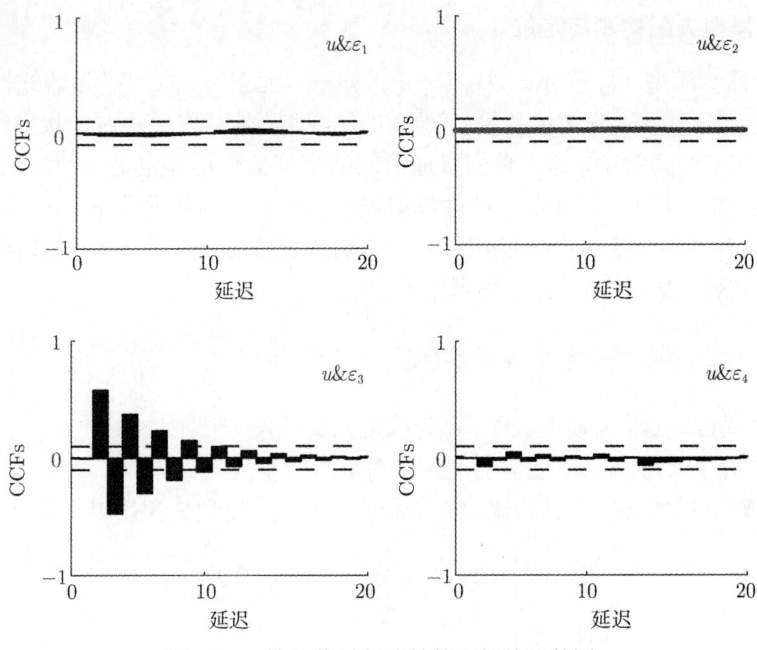

图 11.2 输入信号与残差的互相关函数图

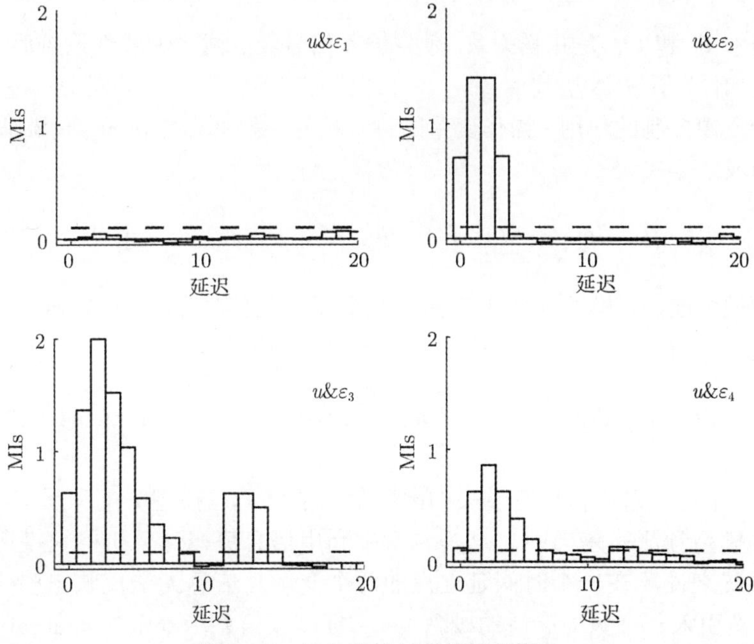

图 11.3 输入信号与残差的互信息

11.3.2　模型失配检测与定位

假设标称模型 $\boldsymbol{G}_0$ 表示一个 $m \times n$ 的矩阵，元素 $g_{ij}\left(u_j(t)\right)$ 为非线性可逆函数，表征操作变量 u_j 到被控变量 y_i 通道的子模型。本章中并不讨论状态空间模型的形式。在工业实践中，建立单变量通道间的模型函数矩阵也是一种常见的做法，方便解耦分析与控制。这里的非线性模型表示一种广义的数学关系，不仅表征显式函数关系，也可以代表一类无法用显式数学函数表达的非线性环节，如黏滞等常见的非线性特性。从图 11.1 可以得到以下关系：

$$\boldsymbol{e} = \boldsymbol{G}(\boldsymbol{u}) + \boldsymbol{v} - \boldsymbol{G}_0(\boldsymbol{u}) \tag{11.16}$$

定义 $\Delta\boldsymbol{G} \overset{\text{def}}{=} \boldsymbol{G} - \boldsymbol{G}_0$ 为模型失配，$\boldsymbol{e}$ 为模型预测残差。

在 IMC 控制框架下，控制器的控制对象为模型失配部分，如果模型与过程完全吻合，则控制器具有良好的调节性能和跟踪性能。模型失配用以下矩阵表示：

$$\Delta\boldsymbol{G} \overset{\text{def}}{=} \begin{bmatrix} \Delta g_{11} & \Delta g_{12} & \cdots & \Delta g_{1n} \\ \Delta g_{21} & \Delta g_{22} & \cdots & \Delta g_{2n} \\ \vdots & \vdots & & \vdots \\ \Delta g_{m1} & \Delta g_{m2} & \cdots & \Delta g_{mn} \end{bmatrix} \tag{11.17}$$

由于系统中 $\boldsymbol{G}$ 和 $\boldsymbol{G}_0$ 是并联关系，使得输入信号经过两个非线性系统后，信号仍然具有叠加性，所以 $\Delta g = g - g_0$。

由于反馈控制的作用，操作变量的输入信号由控制器输出 $\boldsymbol{u}_c$ 和激励信号 $\boldsymbol{u}_d$ 两部分组成。其中

$$\boldsymbol{u}_c(t) = \boldsymbol{Q}\left(\boldsymbol{r}(t-1), \boldsymbol{r}(t-2), \cdots, \boldsymbol{e}(t-1), \boldsymbol{e}(t-2), \cdots\right) \tag{11.18}$$

如果有模型失配，则模型预测残差 $\boldsymbol{e}(t)$ 包含了激励信号 $\{\boldsymbol{u}_d(t-1), \boldsymbol{u}_d(t-2), \cdots\}$ 和扰动信息 $\{\boldsymbol{v}(t), \boldsymbol{v}(t-1), \cdots\}$，因此式 (11.18) 可写为

$$\boldsymbol{u}_c(t) = \boldsymbol{Q}\left(\boldsymbol{r}(t-1), \boldsymbol{r}(t-2), \cdots, \boldsymbol{u}_d(t-2), \boldsymbol{u}_d(t-3), \cdots, \boldsymbol{v}(t), \boldsymbol{v}(t-1), \cdots\right) \tag{11.19}$$

从式 (11.19) 可以看出，只有过去的激励信号能够通过模型失配和反馈机制传递到未来的模型预测残差当中。这是本章中利用信息流概念分析的关键所在。对于动态系统来说，在一个时间延迟点的两个变量互信息无法反映出整体的相关关系，本章引入一个更为广泛的概念 —— 标准互信息 (norm of mutual information, NMI)[157]。估计互信息 $I\left(x(t), y(t+t_{\max})\right)$ 的值，直到找到一个时间点 t' 使得 $I\left(x(t), y(t+t')\right) \approx 0$。这在实际应用中是合理的，因为当 $y(t+t_f)$ 中 t_f 逐渐增

大时，与 $x(t)$ 与 $y(t+t_f)$ 的互信息会逐渐减小 [158]。那么 NMI 定义为

$$\bar{I}(X;Y)=\frac{\Delta t}{t_{\max}-t_{\min}+\Delta t}\sum_{\tau=t_{\min}}^{t_{\max}} I\left(x(t);y(t+\tau)\right) \tag{11.20}$$

通常 $t_{\min}=\Delta t=1$。

互信息与相关性不同，互信息可以使得式 (11.21) 成立。

$$I(x(t);y(t-\tau))\neq I(x(t);y(t+\tau)) \tag{11.21}$$

这对于信息流的分析很重要，因为我们只关心激励信号和未来的模型预测残差之间是否有信息共享。这样就可以通过图形反映非线性相关性之外，对于模型失配检测，就可以用以下数值反映：

$$I_{ij}=\frac{1}{t_{\max}+1}\sum_{\tau=0}^{t_{\max}} I\left(u_{d_j}(t);e_i(t+\tau)\right) \tag{11.22}$$

那么，对应于模型矩阵的互信息矩阵为

$$MI=\begin{bmatrix}\bar{I}_{11} & \bar{I}_{12} & \cdots & \bar{I}_{1n}\\ \bar{I}_{21} & \bar{I}_{22} & \cdots & \bar{I}_{2n}\\ \vdots & \vdots & & \vdots\\ \bar{I}_{m1} & \bar{I}_{m1} & \cdots & \bar{I}_{mn}\end{bmatrix} \tag{11.23}$$

将式 (11.23) 中的互信息大于置信限的元素设为 1，小于置信限的设为 0。可以通过式 (11.23) 矩阵中的数值进行模型失配分析。

11.3.3　模型失配定位

结论 1　如果互信息矩阵不为零矩阵，则 $\Delta\boldsymbol{G}\neq 0$。

证明　如图 11.4 所展示的信号流向关系，如果 $\Delta\boldsymbol{G}=0$，则模型预测残差为

$$\begin{aligned}\boldsymbol{e}&=\boldsymbol{G}(\boldsymbol{u}_c,\boldsymbol{u}_d)-\boldsymbol{G}_0(\boldsymbol{u}_c,\boldsymbol{u}_d)+\boldsymbol{v}\\&=\Delta\boldsymbol{G}(\boldsymbol{u}_c,\boldsymbol{u}_d)+\boldsymbol{v}\\&=\boldsymbol{v}\end{aligned} \tag{11.24}$$

式 (11.24) 表明模型预测残差中不含有激励信号的信息，故激励信号与模型预测残差没有互信息。

结论 2　如果模型矩阵中某一整列均无模型失配，在互信息矩阵中相应的整列元素均为 0。

证明　如图 11.4(b) 所示，假设 $\Delta\boldsymbol{G}$ 的第 j 列全为 0，那么第 j 个操作变量到全部被控变量通道有以下关系：

$$\begin{aligned} e_{ij} &= g_{ij}\left(u_{c_j}, u_{d_j}\right) - g_{0_{ij}}\left(u_{c_j}, u_{d_j}\right) + v_i \\ &= \Delta g_{ij}\left(u_{c_j}, u_{d_j}\right) + v_i \\ &= v_i, \quad i = 1, 2, \cdots, m \end{aligned} \tag{11.25}$$

式 (11.25) 意味着由通道 j 到所有被控变量的模型预测残差均不含有第 j 个操作变量的输入信号信息，亦即不含有第 j 个激励信号的信息。

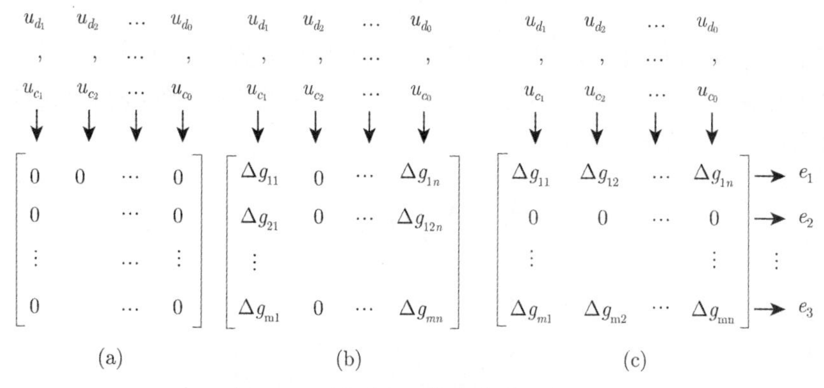

图 11.4　模型失配信息流向示意图

结论 3　如果模型矩阵中某一整行均无模型失配，在互信息矩阵中相应的整行元素均为 0。

证明　如图 11.4(c) 所示，假设 $\Delta\boldsymbol{G}$ 的第 i 行全为 0，那么全部操作变量到第 i 个被控变量通道有以下关系：

$$\begin{aligned} e_i &= \Delta g_{i1}\left(u_{c_1}, u_{d_1}\right) + \cdots + \Delta g_{in}\left(u_{c_n}, u_{d_n}\right) + v_i \\ &= v_i \end{aligned} \tag{11.26}$$

式 (11.26) 表明模型预测残差 e_i 只包含扰动的信息，而不包含任何操作变量输入的信息。

结论 4　如果除了第 j 个操作变量施加激励信号，其他操作变量人为保持常数，则当 $\Delta g_{ij} \neq 0 (i = 1, 2, \cdots, m)$ 时，互信息矩阵中相应位置的元素也不等于 0。

证明　由于其他操作变量都为常数，所以没有随机信号通过其他的模型失配传递到模型预测残差信号中，第个模型预测残差为

$$e_i = \Delta g_{ij}\left(u_{c_i}, u_{d_i}\right) + v_i \tag{11.27}$$

所以 $I\left(u_{d_j}; e_i\right)$ 是否为 0 取决于 Δg_{ij} 是否为 0。

11.4 仿真实例

本节给出两个仿真实例以说明本章提出的利用互信息检测模型失配对于非线性系统来说相对于互相关函数检测模型失配的优越性。第一个实例来自 MATLAB 非线性 MPC 控制的 DEMO，用一个线性的 MPC 控制器控制非线性对象。第二个仿真实例采用了一个非线性预测控制器控制非线性很强的 3×3 多变量系统。

11.4.1 线性 MPC 控制器多变量系统

该仿真实例研究一个 3 输入 2 输出的连续非线性系统如下：

$$\begin{bmatrix} y_1 \\ y_2 \end{bmatrix} = \frac{s+2}{s^2+2s+1} \begin{bmatrix} 0 & 0 \\ 1 & \dfrac{3}{s^2+s+1} \end{bmatrix} \begin{bmatrix} u_2 \\ u_3 \end{bmatrix} + \begin{bmatrix} \dfrac{a}{s+1} \\ \dfrac{a\,(s+2)}{s^2+2s+1} \end{bmatrix} u_1^2 \tag{11.28}$$

标称模型中 $a=2$，同时引入有色噪声：

$$\boldsymbol{v} = \mathrm{diag}\left[\frac{1}{40s+1}, \quad \frac{1}{20s+1} \right] \boldsymbol{e} \tag{11.29}$$

其中 $\boldsymbol{e}$ 为零均值的白噪声，其协方差矩阵表示为 $\Sigma_{\boldsymbol{e}} = \mathrm{diag}\left[0.1, \quad 0.1 \right]$。

用一个线性 MPC 控制器控制该系统，MPC 参考模型为标称模型线性化后的模型。考虑模型发生失配，即令 $a = 0.8$。相对于外部扰动对过程的影响，这是一个微小的变化。在开环状态下，用一个零均值，单位方差的高斯白噪声作为输入。在该仿真实例中用输出性能的变化来定量模型失配、噪声对过程的影响。由模型失配带来的被控变量方差增大为 $(0.0623, 1.1788)$，而噪声对输出方差的贡献为 $(0.0001, 1.03455)$。该模型失配引入的预测误差为 $(0.0374, 0.0918)$，显然外部扰动引入的预测误差为 0.1。

该仿真中的外部激励信号仍然用幅值为 $[-1, 1]$ 的 PRBS 信号。激励信号和模型预测残差的互相关函数以及互信息的估计结果如图 11.5 和图 11.6 所示。图 11.5 中，线性互相关函数没有检测出任何激励信号与模型预测残差之间的相关性。图 11.6 中施加在操作变量 u_1 上的激励信号与模型预测残差有互信息。因为模型失配施加在第一个操作变量和两个被控变量的通道上，又由于第一个操作变量上的非线性环节为一个二次函数，线性相关性无法解释这种非线性关联，而互信息被成功检测出来。

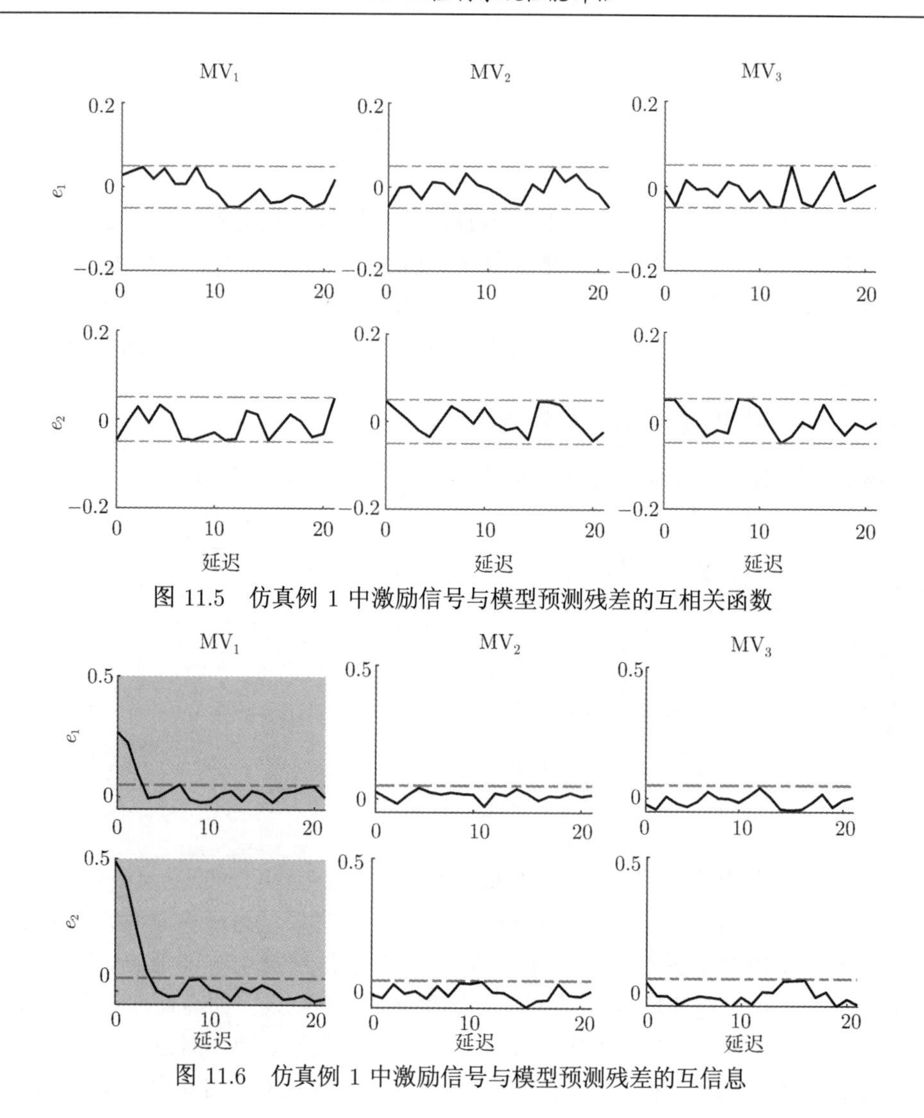

图 11.5　仿真例 1 中激励信号与模型预测残差的互相关函数

图 11.6　仿真例 1 中激励信号与模型预测残差的互信息

11.4.2　非线性 MPC 控制器多变量系统

该仿真例中考虑一个 3×3 的离散非线性系统，用 Hammerstein 模型形式表示:

$$\begin{bmatrix} y_1 \\ y_2 \\ y_3 \end{bmatrix} = \begin{bmatrix} \dfrac{0.1q^{-1}+0.2q^{-2}}{1-1.2q^{-1}+0.35q^{-2}} & \dfrac{q^{-1}}{1-0.7q^{-1}} & \dfrac{0.3q^{-1}+0.2q^{-2}}{1-0.8q^{-1}} \\ \dfrac{q^{-1}+0.5q^{-2}}{1+0.4q^{-1}} & \dfrac{1}{1-0.48q^{-1}} & \dfrac{-0.11q^{-1}-0.058q^{-2}}{1-1.05q^{-1}+0.136q^{-2}} \\ \dfrac{0.59q^{-1}}{1-0.607q^{-1}} & \dfrac{0.85q^{-1}}{1-0.717q^{-1}} & \dfrac{0.098q^{-1}}{1-0.95q^{-1}} \end{bmatrix}$$

$$\begin{bmatrix} u_1^2 \\ e^{u_2} \\ \sin(u_3) \end{bmatrix} + \begin{bmatrix} \dfrac{1}{1-0.5q^{-1}} \\ \dfrac{1}{1+0.8q^{-1}} \\ \dfrac{1}{1-0.1q^{-1}} \end{bmatrix} \boldsymbol{a} \tag{11.30}$$

$\boldsymbol{a}$ 为方差为 0.1 的零均值高斯白噪声。该对象用一个非线性 MPC 控制器控制，算法利用到 YANE 软件包 [159]。设计两个模型失配如下：

$$g_{12} = \frac{q^{-1}}{1-0.7q^{-1}} \Rightarrow \frac{2q^{-1}}{1-0.2q^{-1}} \tag{11.31}$$

$$g_{31} = \frac{0.59q^{-1}}{1-0.607q^{-1}} \Rightarrow \frac{0.59}{1-0.607q^{-1}} \tag{11.32}$$

采用上一仿真例中同样的激励信号，激励信号与模型预测残差的互相关函数与互信息如图 11.7 和图 11.8 所示。

显然，互相关函数只成功检测出了两个模型失配中的一个，而互信息精确地将两个模型失配检测出来。接下来用一个测试验证该方法对于外部扰动的不敏感性。将扰动模型动态变为以下模型：

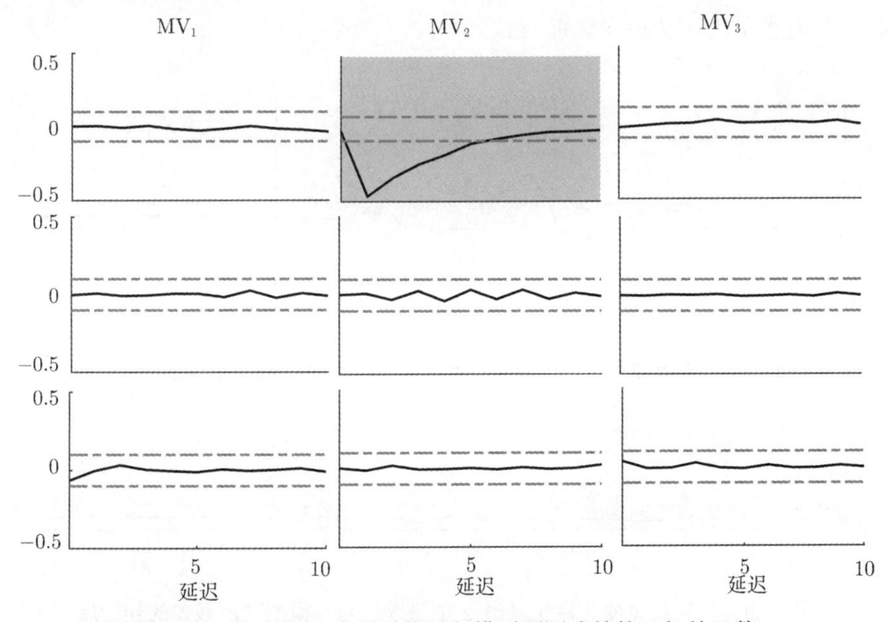

图 11.7　仿真例 2 中激励信号与模型预测残差的互相关函数

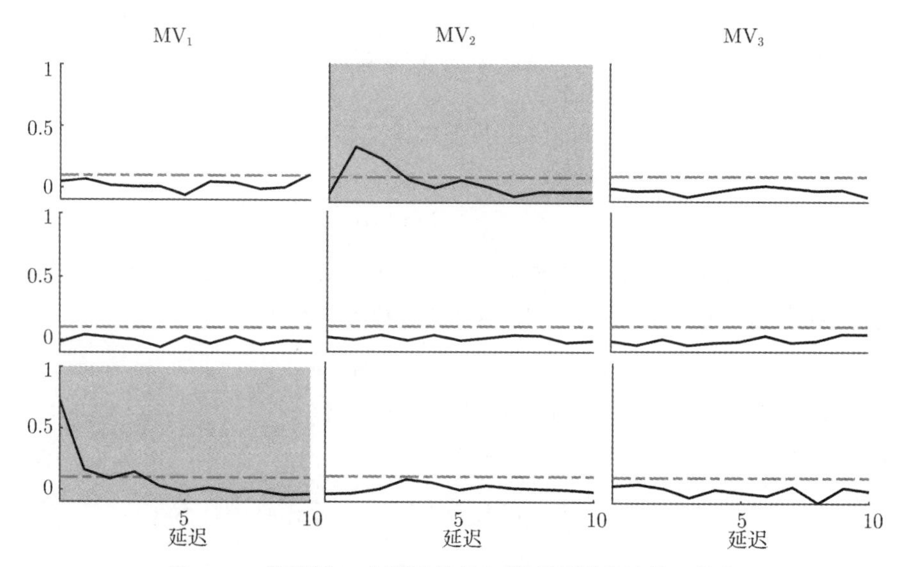

图 11.8　仿真例 2 中激励信号与模型预测残差的互信息

$$\boldsymbol{v} = \left[\begin{array}{ccc} \dfrac{1}{1+0.7q^{-1}} & \dfrac{1}{1-0.2q^{-1}} & \dfrac{1}{1+0.9q^{-1}} \end{array} \right] \boldsymbol{a} \tag{11.33}$$

激励信号与模型预测残差的互信息如图 11.9 所示。显然，除了估计值有少许不同，基本结论仍然和扰动动态变化前一致。

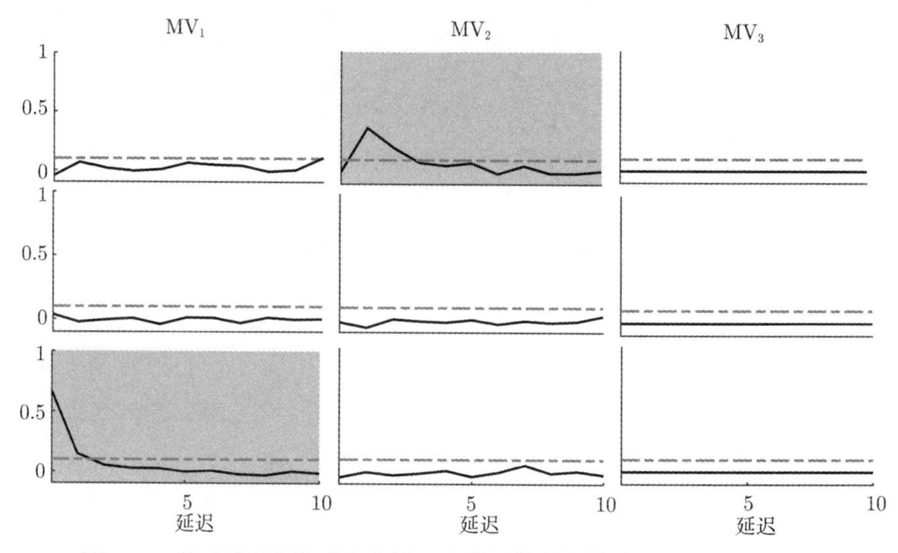

图 11.9　扰动模型变化后仿真例 2 中激励信号与模型预测残差的互信息

11.5 工业应用

本节的工业实例应用研究考虑一个聚丙烯生产过程，其流程示意简图如图 11.10 所示。新鲜催化剂 (包括 TEAL 和 DONOR) 从预接触罐进入反应罐 R200。同时丙烯和氢气进入预聚反应器 R200。然后 R200 中的大多数反应物和催化剂进入反应器 R201。接着部分悬浮液和纯丙烯进入 R202。经过一系列的反应，最终产物聚丙烯被送往 D301。

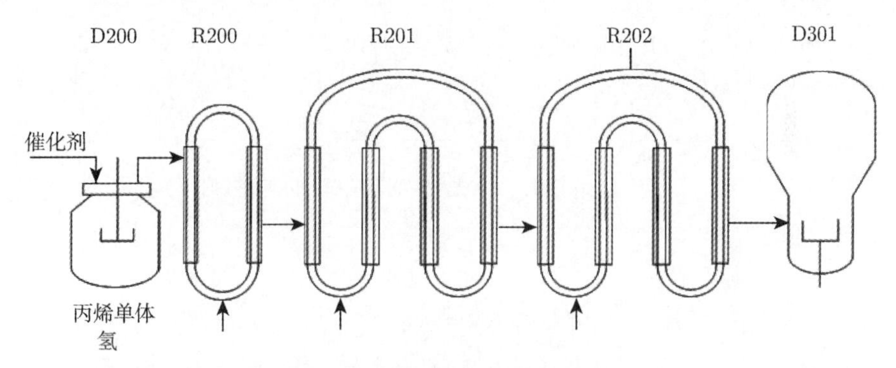

图 11.10　聚丙烯生产过程示意图

这一过程是公认的具有强耦合和复杂非线性特性的典型化工过程。在对某厂该单元的先进控制项目中，对反应罐 R201 和 R202 均设计了 MPC 控制器，其操作变量和被控变量如表 11.1 所示。

表 11.1　MPC 控制器操作变量与被控变量

变量		描述
操作变量	MV1	氢气流量
	MV2	丙烯单体流量
被控变量	CV1	氢气浓度
	CV2	悬浮液密度

在该先进控制系统中，虽然反应器温度被设定为操作变量之一，但是实际上该反应温度是被另外的单独控制器严格控制的，通常情况下不允许有波动。在该反应过程中，重要的质量参数有固含物，这一参数可以利用机理模型通过悬浮物密度计算得到。先进控制系统投运七个月后，性能出现了下降，固含物的波动增大，如图 11.11(b) 所示。图 11.11(a) 为先进控制系统投运之前的数据。

在先进控制系统维护阶段，我们对 R201 系统做了激励测试，一共收集到 1458 组数据。使用本章所提到的方法检测是否产生了模型失配，同时作为对比，互相关函数的结果也一并呈现，分别如图 11.12 和图 11.13 所示。

我们根据本章的方法对两个通道进行了进一步的检测和维护，并对控制参数做了调整，控制性能得到了提升。但是互相关函数方法只检测到了一个通道的模型失配。作为进一步的试验，我们对 R202 的系统做了同样的测试，结果没有模型失配被检测到。实际情况是，对 R201 做了系统性的维护过后，R202 的性能同样出现了提升。这说明串联系统 R201 和 R202 有很强的关联性。

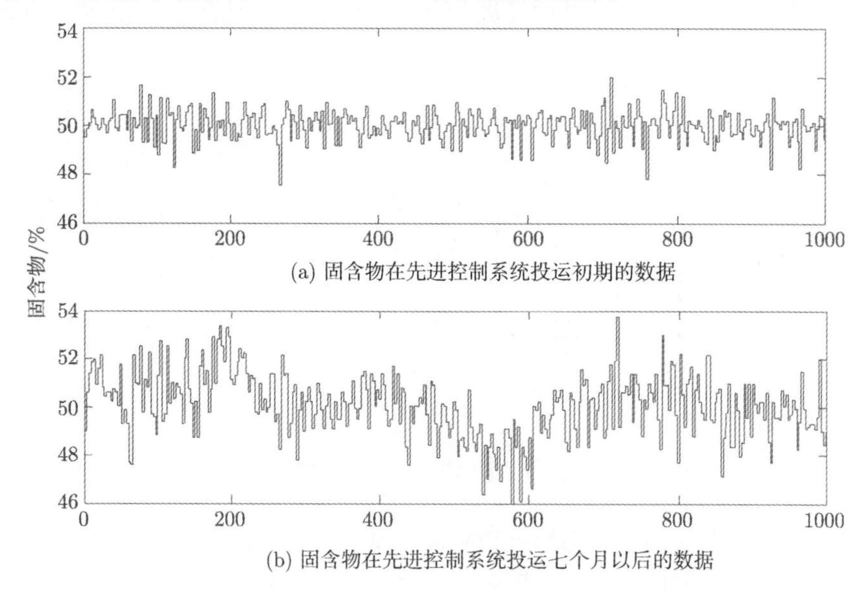

(a) 固含物在先进控制系统投运初期的数据

(b) 固含物在先进控制系统投运七个月以后的数据

图 11.11　固含物在先进系统投运不同时期的数据

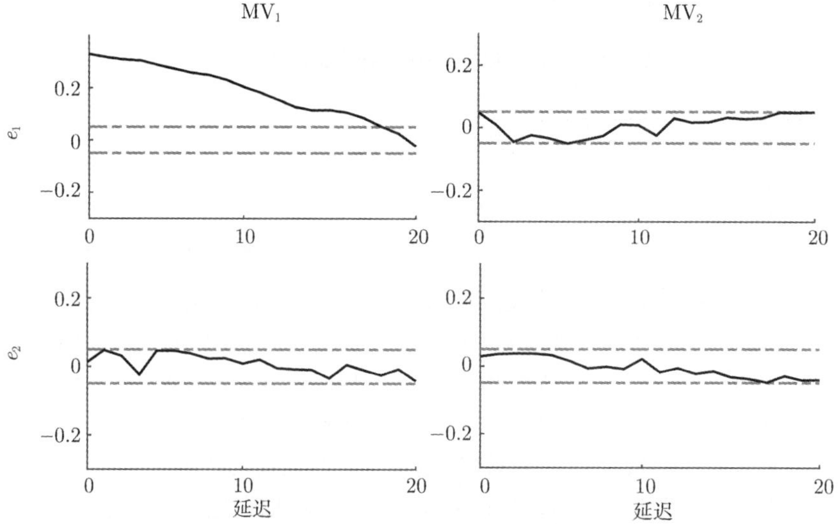

MV$_1$　　MV$_2$

e_1　e_2　延迟

图 11.12　R201 激励信号与模型预测残差的互相关函数

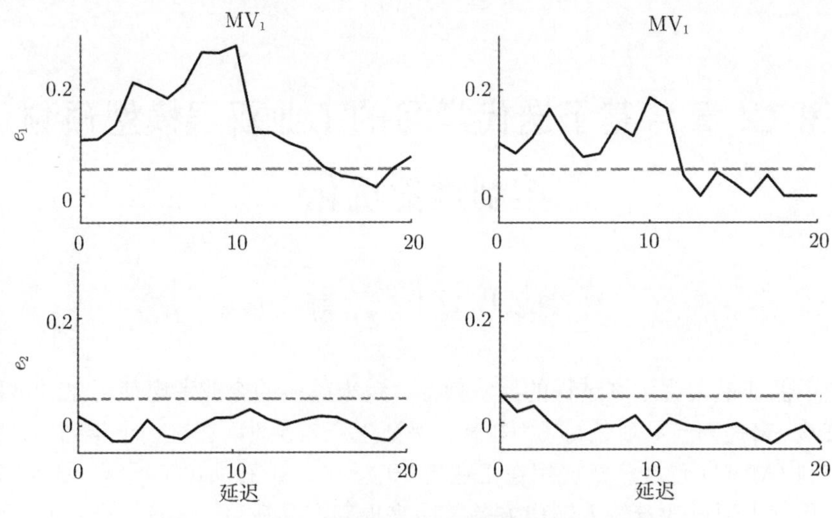

图 11.13　R201 激励信号与模型预测残差的互信息

11.6　本 章 小 结

本章提出了一种针对多变量非线性系统的模型失配检测方法。虽然针对多变量线性系统有不同的方法，针对不同的约束和不同的条件，存在诸多方法检测模型失配。但是对于非线性系统的模型失配问题，目前还没有公开的文献。本章提出的方法需要适当的外部激励信号，这在很多实际情况中是被允许的。通过该方法可以定位到发生模型失配的子系统。进而可以精确地根据性能下降的原因采取恰当的维护措施，使得维护成本得以降低。

通过对两个仿真实例和工业数据的分析研究对比，本章提出的方法针对非线性系统相对于现有的互相关函数方法有明显的性能优势。原因在于互信息能够提取更多的非线性特性。然而互信息的使用仍然存在很多的局限性，诸如计算比较复杂，置信限的确认较为烦琐，这是需要进一步解决的问题。

第12章　基于迭代学习的工业双层模型预测控制性能优化

12.1　引　　言

为了保证最大化生产过程的经济效益，越来越多的企业考虑使用先进过程控制（APC）来提高产品质量，减小能耗，保证生产安全性。在过去十年当中，模型预测控制（MPC）已经广泛应用在工业生产中，尤其是石油化工领域。MPC 可以在一定程度上通过改善输入输出方差关系来提高产品质量，这对于企业的经济效率非常重要。

根据综述文章 [160], 大部分 APC 应用中都是采用 MPC 控制器，原因是 MPC 可以有效处理约束并且可以应用在多输入多输出系统中。设计 MPC 控制器的一个重要问题是决定控制器的权重参数 [161]。调整权重参数可以改变输入输出方差关系，但是一般来说很难得到输入输出方差与权重参数的解析关系，因此控制器权值参数缺乏系统的方法。本章的研究中，选择通过迭代学习控制（ILC）来调整 MPC 的参数设定。ILC 算法最早应用在机械手臂控制和机器人控制上，ILC 是一种通过不断利用之前批次控制的偏差来重复学习的控制方式。ILC 最早由日本的 Uchiyama[162] 提出来做机械手臂的控制；然后在 1984 年，Arimoto 等 [163] 用英语介绍了这个方法。自那以后 ILC 开始了快速的发展。过程控制领域 ILC 的研究多集中在间歇过程 [164]，ILC 也和 MPC 结合应用在间歇过程控制中 [165]。根据 Wang 等的 ILC 综述文章 [166]，ILC 可以被分为直接 ILC 和间接 ILC，分类的依据是 ILC 的输出是否直接被用作实际系统的输入。本章利用间接的 ILC 来设定 MPC 的参数。

为了得到一个可以实施的最优经济性能的 MPC 控制器，本章提出一个基于 ILC 技术的在线的提升 MPC 控制器经济性能的方法，该方法需要在线连续求解线性规划问题。该线性规划问题需要通过在线获得的数据来构造，可以避免求解 LQG 性能评估的非线性规划问题。每一阶段在线收集的数据可以用来计算当前的经济性能以及输入输出的方差。在每一阶段结束以及下一阶段开始的间隔时间，需要利用收集的数据来求解一个线性规划问题，从而优化 EPD。线性规划问题可以给 MPC 提供一个新的设定点，基于灵敏度分析的 ILC 的设计可以在线调整 MPC

权重参数，从而提升经济性能。通过以上方式，系统的经济性能在每个数据收集阶段可以不断的提升直到到达最优的经济性能。以上的 EPD 设计可以让系统达到最优经济性能。

12.2　经济性能评估的框架

这一节主要回顾了基于 LQG 基准的经济性能评估方法。这个基准可以计算出理想情况下当前控制器的最优经济性能，从而得到经济性能的提升潜能。

12.2.1　经济性能评估问题描述

经济性能评估主要目的是分析当前系统的经济性能。控制系统性能评估的双层结构如图 12.1 所示。在图 12.1 中，下层是基本控制层，包括过程 (P)、扰动 (D) 以及控制器 (C)。系统的历史输入数据 ($\boldsymbol{u}_t$) 以及输出数据 ($\boldsymbol{y}_t$) 是通过下层控制回路来收集的。反馈控制回路的目的不仅是要抑制扰动，同时也需要追踪最大化经济性能的设定点。为了评估系统的经济性能，收集的数据在如图 12.1 所示的上层中进行分析。所以，一个经济性能评估系统包括上层的经济性能优化问题以及下层的最优控制器设计问题。

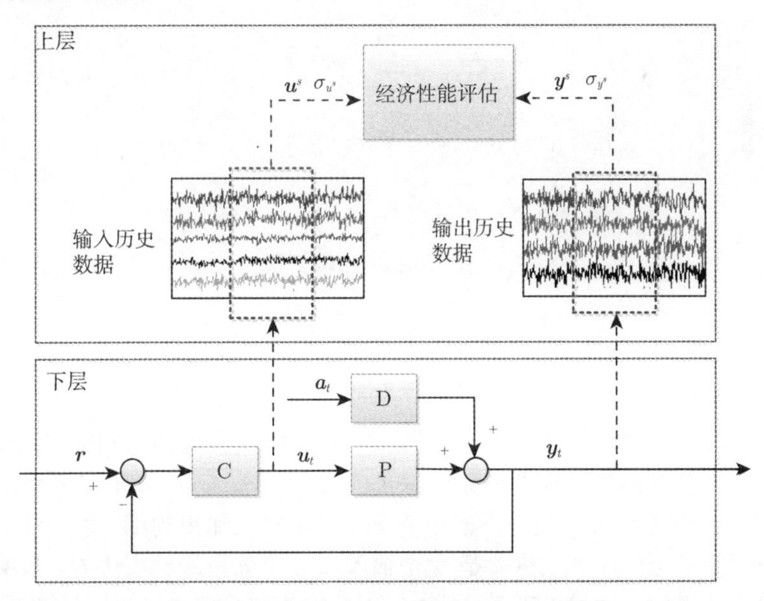

图 12.1　控制系统经济性能评估的双层结构图

为了计算得到上层的经济性能，首先需要构造一个基于关键变量的经济性能函数。到目前为止，文献中定义的经济性能函数都没有过多的理论考虑，目前常用的经济性能函数包括：线性性能函数，CLIFFTENT 函数以及二次型性能函数。在某些情况下，可以把方差波动与经济性能联系在一起 [108]，所以有些文献中用系统操作点来衡量系统的经济性能 [167]。本章研究主要考虑基于操作点的经济性能，它可以表示成稳态输入和输出的一个线性函数，其最大经济性能的目标可以表示为

P1:

$$\max_{\boldsymbol{y}^s,\boldsymbol{u}^s,\sigma_{\boldsymbol{y}^s},\sigma_{\boldsymbol{u}^s}} J=\sum_{p=1}^{P} C_y^{(p)} y_p^s-\sum_{n=1}^{N} C_u^{(n)} u_n^s \tag{12.1}$$

其中 u_n^s 和 y_p^s 表示第 n 个输入和第 p 个输出的均值（稳态值）。这样一个经济性能函数可以考虑的因素包括原材料价格，控制的能量消耗以及产品的价格；式 (12.1) 中系数 $C_u^{(n)}$ 和 $C_y^{(p)}$ 表示了每一种产品的价格和能量消耗。系统的输入和输出都服从各自独立的正态分布。控制系统中一共有 P 个输出和 N 个输入。在式 (12.1) 中 $\boldsymbol{y}^s=\begin{bmatrix} y_1^s & \cdots & y_P^s \end{bmatrix}^{\mathrm{T}}\in\mathbb{R}^P$，$\boldsymbol{u}^s=\begin{bmatrix} u_1^s & \cdots & u_N^s \end{bmatrix}^{\mathrm{T}}\in\mathbb{R}^N$，$\sigma_{\boldsymbol{y}^s}=\begin{bmatrix} \sigma_{y_1^s} & \cdots & \sigma_{y_P^s} \end{bmatrix}^{\mathrm{T}}\in\mathbb{R}^P$ 以及 $\sigma_{\boldsymbol{u}^s}=\begin{bmatrix} \sigma_{u_1^s} & \cdots & \sigma_{u_N^s} \end{bmatrix}^{\mathrm{T}}\in\mathbb{R}^N$。$\boldsymbol{y}^s$ 和 $\boldsymbol{u}^s$ 是设计的输入和输出稳态点；$\sigma_{\boldsymbol{y}^s}$ 和 $\sigma_{\boldsymbol{u}^s}$ 是相对应设定点 ($\boldsymbol{y}^s$，$\boldsymbol{u}^s$) 下的输入和输出方差。为了得到最优经济性能的可达性，经济性能目标函数的寻优需满足在以下约束：

$$\Delta y_p^s=\sum_{n=1}^{N} k_{np}\Delta u_n^s \tag{12.2}$$

$$u_n^{\min}+z_{\alpha_n/2}\sigma_{u_n^s}\leqslant u_n^s\leqslant u_n^{\max}-z_{\alpha_n/2}\sigma_{u_n^s} \tag{12.3}$$

$$y_p^{\min}+z_{\alpha_p/2}\sigma_{y_p^s}\leqslant y_p^s\leqslant y_p^{\max}-z_{\alpha_p/2}\sigma_{y_p^s} \tag{12.4}$$

$$0\leqslant\left|\Delta u_n^s\right|\leqslant\Delta u_n^{\max} \tag{12.5}$$

$$0\leqslant\left|\Delta y_p^s\right|\leqslant\Delta y_p^{\max} \tag{12.6}$$

$$\sigma_{\boldsymbol{y}^s}=F\left(\sigma_{\boldsymbol{u}^s}\right) \tag{12.7}$$

其中 $\Delta u_n^s=u_n^s-u_n^{s0}$，$\Delta y_p^s=y_p^s-y_p^{s0}$。$u_n^{s0}$ 和 y_p^{s0} 是当前输入和输出的均值。式 (12.2) 表示稳态下系统的模型，$k_{ij}(i=1,\cdots,P,\ j=1,\cdots,N)$ 是系统的稳态增益。式 (12.3) 和式 (12.4) 表示不确定情况下系统输入输出约束，表示的是概率约束。$\left[u_n^{\min},u_n^{\max}\right]$ 和 $\left[y_p^{\min},y_p^{\max}\right]$ 是 n 个输入和 p 个输出的约束边界。概率约束表示系统满足边界约束的概率不是 100% 而是有一个可信度为 $(1-\alpha)$，其中 α 反映了置信水平 $\Delta u_n^{\max}$ 和 $\Delta y_p^{\max}$ 表示 n 个输入和 p 个输出的变化约束。在式 (12.7) 中，$F:\mathbb{R}^P\rightarrow\mathbb{R}^N$ 表示由 LQG 曲线得到的输入输出方差关系，这个曲线可以通过求解下层的 P2 问题得到。

在下层，一个有限时域的 LQG 控制器最小化的目标函数定义为

P2:

$$\Phi = E\left[\|\boldsymbol{y}-\boldsymbol{y}^s\|_Q\right] + \lambda E\left[\|\boldsymbol{u}-\boldsymbol{u}^s\|_R\right] \tag{12.8}$$

其中$\boldsymbol{y} = \begin{bmatrix} y_1 & \cdots & y_P \end{bmatrix}^{\mathrm{T}}$ 和 $\boldsymbol{u} = \begin{bmatrix} u_1 & \cdots & u_N \end{bmatrix}^{\mathrm{T}}$ 分别表示系统预测输入和输出。λ 表示系统系统能量和输出响应之间的权重参数。$\boldsymbol{y}^s$ 和 $\boldsymbol{u}^s$ 可以从问题 P1 求得。$E[\cdot]$ 表示求期望的操作。Q 和 R 是有相应合适维度的正定矩阵，分别用来惩罚输入和输出的偏差。

12.2.2　LQG 经济性能评估存在的问题

为了求解基于 LQG 基准的经济性能评估问题，上层问题 (P1) 是为了在指定 LQG 曲线下计算得到系统最优的稳态操作条件 ($\boldsymbol{y}^s$，$\boldsymbol{u}^s$，σ_y^s，σ_u^s)。整个问题变为了两个相互关联的问题，即最大化式 (12.1) 的经济性能，同时最小化式 (12.8) 的控制目标函数。因为式 (12.7) 代表的 LQG 曲线是非线性的，所以式 (12.7) 表示的输入输出方差为非线性。以上问题 (12.1) 是一个非线性的问题。

如图 12.2 所示的是一个典型的单输入单输出系统的 LQG 曲线，曲线表示了输入和输出的方差关系。从图中可见，当参数取值很大时，目标函数对控制输入惩罚比较大，这样输入方差就可以有效降低，但是输出方差变大。此时表示输入输出方差关系的最优点落在 LQG 曲线的左上角。而当取值很小时，输入输出方差关系的最优点落在 LQG 曲线右下角。通常为了兼顾输出扰动抑制以及输入能量，最优经济性能点落在最小方差和最小能量控制点之间。为了得到 LQG 曲线，通常需要

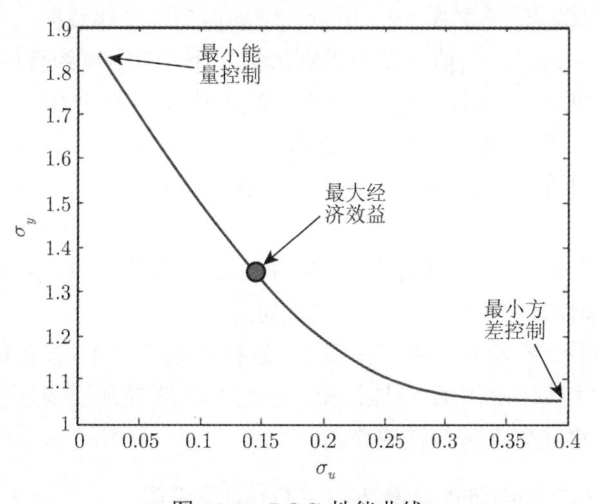

图 12.2　LQG 性能曲线

求解 Riccati 方程，但是 Riccati 方程通常没有解析解。在文献中，一般用数值回归方法来得到 LQG 曲线，通过不断调整参数来获得不同的输入输出方差关系，最后描点得到 LQG 曲线。然后经济性能评估优化问题 (P1) 在 LQG 的回归模型之下求解 (12.1)。然而，在实际求解中，LQG 曲线的计算量很大；同时，在 LQG 基准下进行经济性能评估时，把控制器假设为理想的 LQG 控制器，但是在实际中使用的控制器不一定能达到 LQG 控制器的性能。所以 LQG 经济性能评估所得的最优经济性能点是一个理想的经济性能点。它能够给工程师一个理论上经济性能提升的参考，但是它不能给出如何调节控制器来提升经济性能，同时其给出的最优经济性能在实际生产中也不一定能够达到。

12.3 ILC 提升 MPC 控制系统经济性能的策略

经济性能评估的优化问题 (P1) 实际上是一个非线性规划问题，因为其中包括了表示输入输出方差关系的非线性约束 (12.7)。为了解决 LQG 基准经济性能评估的缺陷，本章提出一个周期性的 ILC 方法来在线改进 MPC 控制器的操作点 ($\boldsymbol{y}^s$，$\boldsymbol{u}^s$) 和权重参数 (λ)，从而改善经济性能。为了实现经济性能在线提升，ILC 策略通过不断改进控制器参数来改进经济性能。图 12.3 表示的是 ILC 策略的结构图。用下层和上层标注的方框分别表示在每一个阶段的 MPC 反馈控制器以及在线优化的经济性能设计问题（EPD）。该方法的关键点是把整个控制的时间域分为许多独立的间隔时间，在此称之为阶段。提出的设计方法分为在每个阶段点上以及在两阶段之间需进行以下操作。

(1) 在每个阶段点上，如图 12.3 所示从下层得到的操作数据被用来计算当前的输入输出方差 $\sigma_{\boldsymbol{u}^s}$，$\sigma_{\boldsymbol{y}^s}$。当前方差为固定值情况下，在上层经济性能优化问题 P1 中方差约束式 (12.7) 可以不用考虑，因此非线性优化问题变为一个线性规划问题，对其求解较容易。为了进一步找到合适的方差关系，ILC 可以利用目标函数在当前操作点和方差下的灵敏度分析结果来改变权重参数 (λ) 从而进一步提升经济性能。

(2) 在两个阶段点之间，下层的 MPC 得到新的操作条件 $(\boldsymbol{y}^s, \boldsymbol{u}^s)$ 以及新的权重参数，MPC 控制器将工作在这些参数设定之下。

在下一个阶段，在给定的系统模型下，这样的策略在 EPD 的线性规划问题以及 MPC 的二次规划问题中不断地切换，从而不断地提升控制系统的在线经济性能。具体的方法将在剩下部分详细介绍。

12.3.1 基于 ILC 的经济性能设计 (EPD) 问题求解

本章所提出的在线经济性能评估的目标函数与 LQG 性能评估优化问题 P1 的

目标函数一致，但是本章所提出方法需要不断在线根据固定的输入输出方差来求解线性规划问题。因此，在上层设计中，在当前阶段点 (i) 的设定条件 ($\boldsymbol{y}_i^s$ 和 $\boldsymbol{u}_i^s$)，根据泰勒展开来计算在阶段点 $(i+1)$ 改进设定点后 EPD 的经济性能 ($\boldsymbol{y}_i^s+\Delta\boldsymbol{y}_i^s$，$\boldsymbol{u}_i^s+\Delta\boldsymbol{u}_i^s$)。把 $\boldsymbol{y}_i^s+\Delta\boldsymbol{y}_i^s,\boldsymbol{u}_i^s+\Delta\boldsymbol{u}_i^s,\sigma_{\boldsymbol{y}_i^s}$ 和 $\sigma_{\boldsymbol{u}_i^s}$ 代入问题 P1 得到

P3:

$$\begin{aligned}&\max_{\Delta\boldsymbol{y}_i^s,\Delta\boldsymbol{u}_i^s} J_{i+1}\left(\boldsymbol{y}_i^s+\Delta\boldsymbol{y}_i^s,\boldsymbol{u}_i^s+\Delta\boldsymbol{u}_i^s,\sigma_{\boldsymbol{y}_i^s},\sigma_{\boldsymbol{u}_i^s}\right)=\\&J_i\left(\boldsymbol{y}_i^s,\boldsymbol{u}_i^s,\sigma_{\boldsymbol{y}_i^s},\sigma_{\boldsymbol{u}_i^s}\right)+\max_{\Delta\boldsymbol{y}_i^s,\Delta\boldsymbol{u}_i^s}\left[\sum_{p=1}^{P}C_y^{(p)}\Delta y_{i,p}^s-\sum_{n=1}^{N}C_u^{(n)}\Delta u_{i,n}^s\right]\end{aligned} \tag{12.9}$$

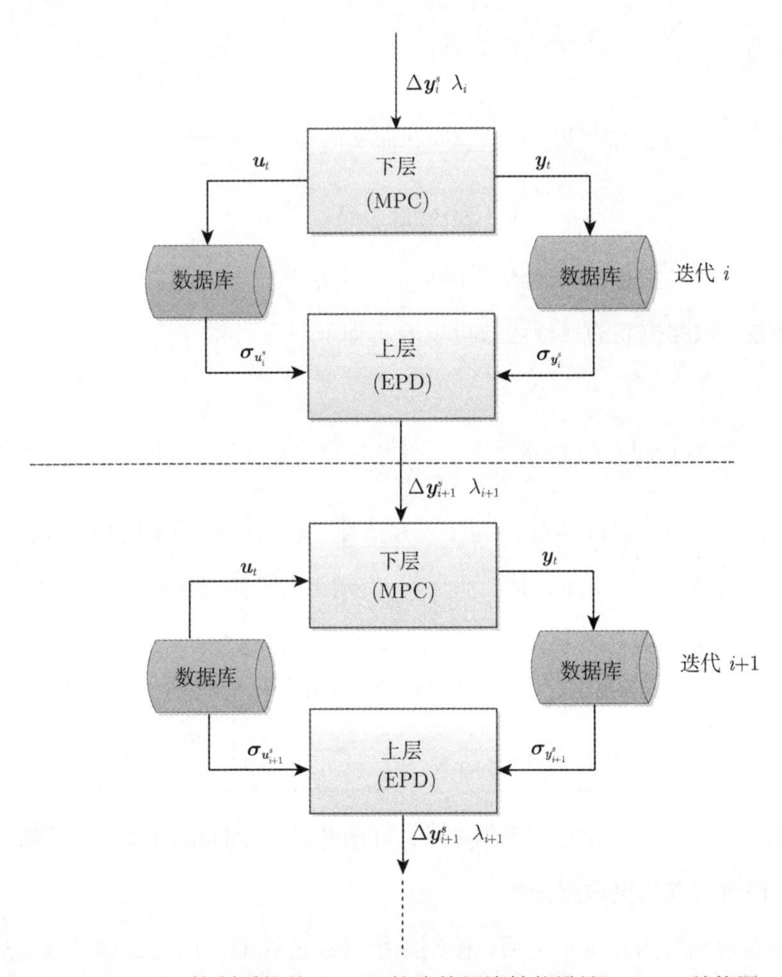

图 12.3　MPC 控制系统基于 ILC 策略的经济性能设计（EPD）结构图

其中 $J_i = \sum_{p=1}^{P} C_y^{(p)} y_{i,p}^s - \sum_{n=1}^{N} C_u^{(n)} u_{i,n}^s$，$\sigma_{\boldsymbol{y}_i^s}$ 和 $\sigma_{\boldsymbol{u}_i^s}$ 是阶段点在设计条件 $(\boldsymbol{y}_i^s, \boldsymbol{u}_i^s)$ 下系统的输出输入方差。如式 (12.2) 有：$\boldsymbol{y}_i^s = \begin{bmatrix} y_{i,1}^s & \cdots & y_{i,P}^s \end{bmatrix}^{\mathrm{T}}$，$\boldsymbol{u}_i^s = \begin{bmatrix} u_{i,1}^s & \cdots & u_{i,N}^s \end{bmatrix}^{\mathrm{T}}$，$\sigma_{\boldsymbol{y}_i^s} = \begin{bmatrix} \sigma_{y_{i,1}^s} & \cdots & \sigma_{y_{i,P}^s} \end{bmatrix}^{\mathrm{T}}$ 以及 $\sigma_{\boldsymbol{u}_i^s} = \begin{bmatrix} \sigma_{u_{i,1}^s} & \cdots & \sigma_{u_{i,N}^s} \end{bmatrix}^{T}$。$\Delta\boldsymbol{y}_i^s = \begin{bmatrix} \Delta y_{i,1}^s & \cdots & \Delta y_{i,P}^s \end{bmatrix}^{\mathrm{T}}$ 和 $\Delta\boldsymbol{u}_i^s = \begin{bmatrix} \Delta u_{i,1}^s & \cdots & \Delta u_{i,N}^s \end{bmatrix}^{\mathrm{T}}$ 为输出和输入设定点的变化。所以，优化问题 P3 的约束可以表示如下：

$$\Delta y_{i,p}^s = \sum_{n=1}^{N} k_{np} u_{i,n}^s \tag{12.10}$$

$$u_n^{\min} + z_{\alpha_n/2}\sigma_{u_{i,n}^s} - u_{i,n}^s \leqslant \Delta u_{i,n}^s \leqslant u_n^{\max} - z_{\alpha_n/2}\sigma_{u_{i,n}^s} - u_{i,n}^s \tag{12.11}$$

$$y_p^{\min} + z_{\alpha_p/2}\sigma_{y_{i,p}^s} - y_{i,p}^s \leqslant \sum_{n=1}^{N} k_{np} u_{i,n}^s \leqslant y_p^{\max} - z_{\alpha_p/2}\sigma_{y_{i,p}^s} - y_{i,p}^s \tag{12.12}$$

$$0 \leqslant \left|\Delta u_{i,n}^s\right| \leqslant \Delta u_i^{\max} \tag{12.13}$$

$$0 \leqslant \left|\Delta y_{i,p}^s\right| \leqslant \Delta y_p^{\max} \tag{12.14}$$

在下层，预测控制的目标函数可以表示如下：

P4:

$$\varPhi = \frac{1}{2}\left(\boldsymbol{y}_{1|K} - \boldsymbol{y}_{s,1|K}\right)^{\mathrm{T}} \boldsymbol{Q} \left(\boldsymbol{y}_{1|K} - \boldsymbol{y}_{s,1|K}\right) + \frac{1}{2}\lambda\left(\boldsymbol{u}_{1|K} - \boldsymbol{u}_{s,1|K}\right)^{\mathrm{T}} \boldsymbol{R} \left(\boldsymbol{u}_{1|K} - \boldsymbol{u}_{s,1|K}\right) \tag{12.15}$$

其中 $\boldsymbol{y}_{1|K} = \begin{bmatrix} \boldsymbol{y}(k+1)^{\mathrm{T}} & \cdots & \boldsymbol{y}(k+K)^{\mathrm{T}} \end{bmatrix}^{\mathrm{T}}$ 表示带有预测时域的输出轨迹，$\boldsymbol{u}_{1|K} = \begin{bmatrix} \boldsymbol{u}(k)^{\mathrm{T}} & \cdots & \boldsymbol{u}(k+K-1)^{\mathrm{T}} \end{bmatrix}^{\mathrm{T}}$ 表示带有预测时域的输入轨迹，K 表示预测时域 $\boldsymbol{y}(k+1) = \begin{bmatrix} y_1(k+1) & \cdots & y_P(k+1) \end{bmatrix}^{\mathrm{T}}$ 和 $\boldsymbol{u}(k) = \begin{bmatrix} u_1(k) & \cdots & u_N(k) \end{bmatrix}^{\mathrm{T}}$ 表示 $k+1$ 时刻的预测输出和 k 时刻的预测输入。λ 表示权重参数。$\boldsymbol{y}_{s,1|K}^{\mathrm{T}} = \underbrace{\begin{bmatrix} [\boldsymbol{y}^s]^{\mathrm{T}} & [\boldsymbol{y}^s]^{\mathrm{T}} & \cdots & [\boldsymbol{y}^s]^{\mathrm{T}} \end{bmatrix}}_{K}^{\mathrm{T}}$ 和 $\boldsymbol{u}_{s,1|K}^{\mathrm{T}} = \underbrace{\begin{bmatrix} [\boldsymbol{u}^s]^{\mathrm{T}} & [\boldsymbol{u}^s]^{\mathrm{T}} & \cdots & [\boldsymbol{u}^s]^{\mathrm{T}} \end{bmatrix}^{\mathrm{T}}}_{K}$ 表示带有预测时域的输入和输出设定点的值，该目标函数是一个标准的二次型函数。

12.3.2 改进方差的灵敏度分析

在计算得到新的设定点之后，控制系统的经济性能可以通过调节 λ 进一步提升。调节 λ 可以改变系统输入和输出方差之间的关系，所以式子 (12.11) 和式子 (12.12) 所示的优化问题可行域就会改变，EPD 的最优经济性能也对应改变。定义

$\Delta J_i\left(\Delta \boldsymbol{y}_i^s, \Delta \boldsymbol{u}_i^s\right)=\sum\limits_{p=1}^{P} C_y^{(p)} \Delta y_{i,p}^s-\sum\limits_{n=1}^{N} C_u^{(n)} \Delta u_{i,n}^s$，式 (12.9) 所表示的 EPD 问题可以写成如下形式：

$$J_{i+1}\left(\boldsymbol{y}_i^s+\Delta \boldsymbol{y}_i^s, \boldsymbol{u}_i^s+\Delta \boldsymbol{u}_i^s, \boldsymbol{\sigma} \boldsymbol{y}_i^s, \boldsymbol{\sigma} \boldsymbol{u}_i^s\right)=J_i\left(\boldsymbol{y}_i^s, \boldsymbol{u}_i^s, \boldsymbol{\sigma} \boldsymbol{y}_i^s, \boldsymbol{\sigma} \boldsymbol{u}_i^s\right)+\Delta J_i\left(\Delta \boldsymbol{y}_i^s, \Delta \boldsymbol{u}_i^s\right) \tag{12.16}$$

经济性能目标 (J_{i+1}) 可以被分为两部分：上一阶段的经济性能 (J_i) 以及通过设定点调节 $(\Delta \boldsymbol{y}_i^s,\ \Delta \boldsymbol{u}_i^s)$ 而提升的经济性能。如果可以通过调节参数 (λ) 来合理改变输入输出方差关系，经济性能可以被进一步提升。假设输出和输入的方差改变量分别为 $(\Delta\sigma_{y_{i,p}}\ (p=1,\cdots,P)$，$\Delta\sigma_{u_{i,n}}\ (n=1,\cdots,N))$，这样式 (12.11) 和式 (12.12) 所示的约束就会改变为

$$u_n^{\min}+z_{\alpha_n/2}\left(\sigma_{u_{i,n}^s}+\Delta\sigma_{u_{i,n}}\right)-u_{i,n}^s \leqslant \Delta u_{i,n}^s \leqslant u_n^{\max}-z_{\alpha_n/2}\left(\sigma_{u_{i,n}^s}+\Delta\sigma_{u_{i,n}}\right)-u_{i,n}^s \tag{12.17}$$

$$y_p^{\min}+z_{\alpha_p/2}\left(\sigma_{y_{i,p}}+\Delta\sigma_{y_{i,p}}\right)-y_{i,p}^s \leqslant \sum_{n=1}^{N} k_{np}\Delta u_{i,n}^s \leqslant y_p^{\max}-z_{\alpha_p/2}\left(\sigma_{y_{i,p}}+\Delta\sigma_{y_{i,p}}\right)-y_{i,p}^s \tag{12.18}$$

以上的双边界不等式可以写成一个矩阵形式的单边不等式：

$$\boldsymbol{A}\Delta \boldsymbol{u}_i^s \leqslant \boldsymbol{b}_i+\Delta \boldsymbol{b}_i \tag{12.19}$$

其中

$$\boldsymbol{A}=\begin{bmatrix} \boldsymbol{I}_N & -\boldsymbol{I}_N & \sum\limits_{n=1}^{N} k_{n1} & \cdots & \sum\limits_{n=1}^{N} k_{np} & \cdots & -\sum\limits_{n=1}^{N} k_{n1} & \cdots & -\sum\limits_{n=1}^{N} k_{np} & \cdots \end{bmatrix}^{\mathrm{T}} \tag{12.20}$$

$$\boldsymbol{b}=\begin{bmatrix} u_n^{\max}-z_{\alpha_n/2}\sigma_{u_{i,n}}-u_{i,n}^s \\ \vdots \\ -u_n^{\min}-z_{\alpha_n/2}\sigma_{u_{i,n}}+u_{i,n}^s \\ \vdots \\ y_p^{\max}-z_{\alpha_p/2}\sigma_{y_{i,p}}-y_{i,p}^s \\ \vdots \\ -y_p^{\min}-z_{\alpha_p/2}\sigma_{y_{i,p}}+y_{i,p}^s \\ \vdots \end{bmatrix},\quad \Delta\boldsymbol{b}=\begin{bmatrix} -z_{\alpha_n/2}\Delta\sigma_{u_{i,n}} \\ \vdots \\ -z_{\alpha_n/2}\Delta\sigma_{u_{i,n}} \\ \vdots \\ -z_{\alpha_p/2}\Delta\sigma_{y_{i,p}} \\ \vdots \\ -z_{\alpha_p/2}\Delta\sigma_{y_{i,p}} \\ \vdots \end{bmatrix} \tag{12.21}$$

显然在式 (12.19) 中 $(\Delta \boldsymbol{b}_i)$ 的微小改变会改变相应约束边界，随之问题 P3 的最优解改变。灵敏度分析可以用来分析微小的改变对解的影响，采用灵敏度分析可以避免重新计算这个方程的解，可以通过微小改变来计算新的解。

当向量 $\boldsymbol{b}_i$ 的微小扰动是 $\Delta \boldsymbol{b}_i$ 的时候，最优的目标函数 (ΔJ_i) 可以改变如下（具体推导见章末附录）：

$$\Delta J_i=(\beta+\Delta\beta)^{\mathrm{T}}\Delta \boldsymbol{b}_i \tag{12.22}$$

其中 β 是拉格朗日参数 $\Delta\beta$ 表示 β 的波动。根据式 (12.22)，在线提升的经济性能依赖于约束边界的改变以及拉格朗日参数。如果约束边界有个非常小的扰动，$\Delta\beta$ 将是非常小的，可以忽略其影响。因为优化问题 P3 是一个线性规划问题，在最优解达到的时候，至少有一个约束是有效的。这也就是说向量中至少有一个为正。根据式 (12.17) 和式 (12.18)，通过减小输入或者输出的方差相应的约束边界可以扩大；当输入或者输出的某个方差减小的时候相应的式 (12.22) 中的 $\Delta\boldsymbol{b}_i$ 就会增大从而经济性能得以提升。如果有两个分别关于输入和输出的约束都同时有效，此时所有输入和输出约束范围都无法同时被扩大，原因在于输入和输出的方差相互牵制。在此，需要检测拉格朗日参数 $\boldsymbol{\beta}$ 中对应输入和输出的每一个元素：

$$B_u = \max_{n=1,\cdots,2N} \beta_n, \quad B_y = \max_{p=2N+1,\cdots,2N+2P} \beta_p \tag{12.23}$$

如式 (12.23) 所示，这里需要选择 $\boldsymbol{\beta}$ 中对应输入和输出约束的各自的最大的值，根据 B_u 和 B_y 的值，考虑如下四种情况。

(1) $B_u > 0$ 且 $B_y = 0$：式 (12.17) 所示的输入约束是有效的。此时可以通过增大 λ 来减小输入方差，提升经济性能。

(2) $B_u = 0$ 且 $B_y > 0$：式 (12.18) 所示的输出约束是有效的。此时可以通过减小 λ 来减小输出方差，提升经济性能。

(3) $B_u = 0$ 且 $B_y = 0$：此情况不存在。

(4) $B_u > 0$ 且 $B_y > 0$: 此时得到最优的经济性能点，因为此时输入输出方差关系无法保证某个变小而另一个维持不变，输入和输出约束都无法单独扩大。

根据以上的灵敏度分析，ILC 方法可以用来在线更新 λ。通过调节 λ 每个阶段的经济性能可以不断提升。ILC 更新率可以表示如下：

$$\lambda_{i+1} = f(\lambda_i, \lambda_{i-1}, \cdots) \tag{12.24}$$

在式 (12.24) 中，不合理的更新率 f 可能导致慢的收敛速率。需设计合适的更新率 f，本章方法如下，如图 12.4(a) 所示，在 ILC 的迭代更新中，随着 λ 单调变化，经济性能都是增大时候，可以按照一定速率单调的增大或者单调的减小 λ，此时 λ 的单调变化可以让算法快速找到最优 λ，加快其收敛速度；除此之外，当 λ 的变化会使经济目标函数变小的时候，此时 λ 的搜寻需要在某个区间中进行，如图 12.4(b) 所示，λ 在一个小的区域围绕最 λ^* 前后振动。因此这样一个线性迭代更新可以分为两个阶段：区间定位阶段以及区间缩减阶段。区间定位阶段的目的是为了找到经济性能目标函数最优时调节参数的区间；而区间缩减阶段是为了逐渐减小区间范围，最后以一定精度找到最优的 MPC 权重参数 (λ)。

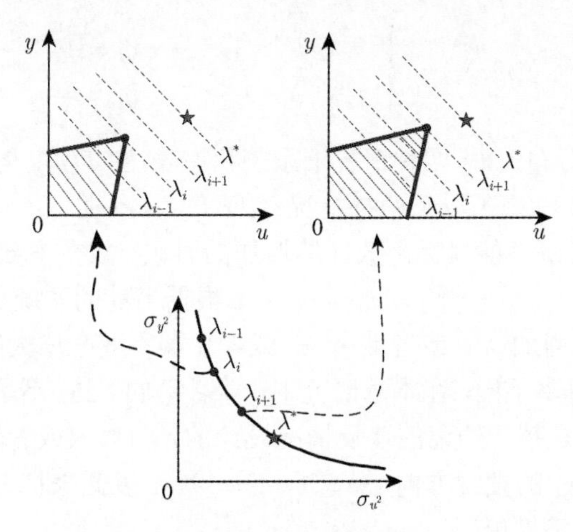

(a) 区间定位阶段经济性能目标函数单调增加示意图

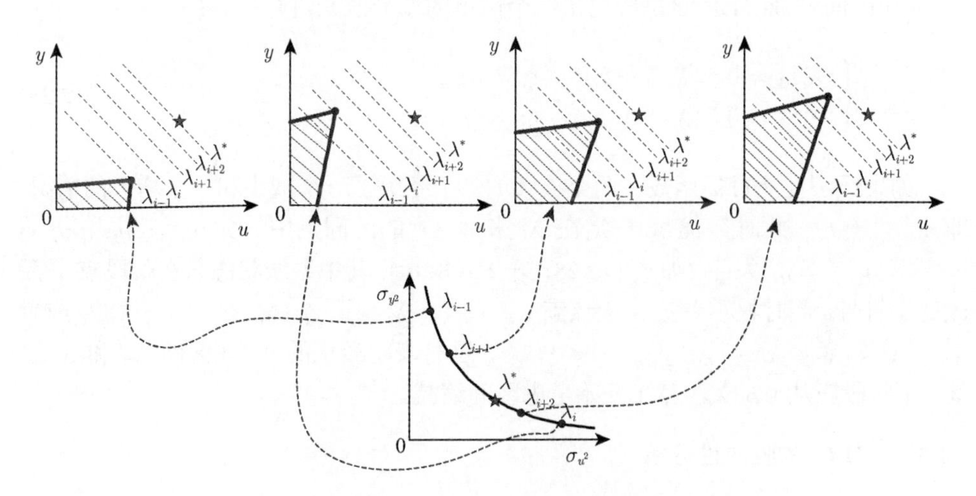

(b) 区间缩减阶段经济性能目标函数波动收敛示意图

图 12.4　不同阶段经济性能函数示意图

(1) 区间定位阶段: 搜索最优权重参数可以通过以下四种情况来进行:

$$\lambda_{i+1} = \lambda_i + l\left(\eta_i, \lambda_i\right)\eta_i \tag{12.25}$$

$$\eta_i = \begin{cases} 1, & B_u > 0, \quad B_y = 0 \\ -1, & B_u = 0, \quad B_y > 0 \\ 0, & B_u > 0, \quad B_y > 0 \\ 0, & B_u = 0, \quad B_y = 0 \end{cases} \tag{12.26}$$

$$l(\eta_i,\lambda_i)=\begin{cases} l_1\lambda_i, l_1>1, & \eta_i=1 \\ l_2\lambda_i, 0<l_2<1, & \eta_i=-1 \end{cases} \tag{12.27}$$

其中 η_i 表示对于式 (12.26) 四种情况下系统状态表达。$l(\eta_i)$ 是依赖于系统状态 η_i 学习率。$l(\eta_i)$ 主要考虑了以下两种情况：① $B_u>0$ 且 $B_y=0$；② $B_u=0$ 且 $B_y>0$ 。因为在经济性能目标函数连续增加的时候，权重参数应该单调的增加或者减小即此时 $\eta_{i+1}=\eta_i=\eta_{i-1}=\eta_{i-2}=\cdots$。根据当前的系统状态的学习率，可以判断是否需要通过增加 λ ，或者减小 λ，或者让其不变来增大经济性能目标函数。和传统的 P 型学习率不同，在本章研究中，学习率 (12.25) 不是一个基于误差的连续函数，该学习率是基于约束的违反情况设计的，即输入或者输出约束是否活跃，学习率用来改变 (λ) 的搜索方向 ($\eta_i=1$，$\eta_i=-1$)，以此来扩大输入或者输出约束的区间从而改善经济性能。

(2) 区间缩减阶段: 这里应用了一个简单的二分法来进行搜索：

$$\begin{cases} \lambda_{i+1}=0.5(\lambda_{i-1}+\lambda_i), & \eta_i\neq\eta_{i-1} \\ \lambda_{i+1}=0.5(\lambda_i+\lambda_\tau), & \eta_i=\eta_{i-1}=\cdots=\eta_{\tau+1}\neq\eta_\tau \end{cases} \tag{12.28}$$

如果经济性能目标函数在两个连续的 (λ) 经历了一个减小和一个增大的情况，即 $\eta_{i-1}\neq\eta_i$，此时最优 λ 一定在 λ_i 和 λ_{i-1} 的区间当中。如 $\eta_i=\eta_{i-1}=\eta_{i-2}=\cdots=\eta_{\tau+1}\neq\eta_\tau$ 发生 (如式 (12.28) 第 2 式所示), 其中系统状态只在阶段点 τ 后改变了符号，此时权重参数 λ 应该满 $\lambda_\tau>\lambda^*>\lambda_i>\lambda_{i-1}>\lambda_{i-2}>\cdots>\lambda_{\tau+1}$ 或者 $\lambda_\tau<\lambda^*<\lambda_i<\lambda_{i-1}<\lambda_{i-2}<\cdots<\lambda_{\tau+1}$ 。这时表明最优的 λ^* 在区间 λ_τ 和 λ_i 之间，下阶段应从 $0.5(\lambda_\tau+\lambda_i)$ 开始考虑区间缩减。

12.3.3 ILC 的收敛性分析

本节主要讨论当 $i\to\infty$ 时在 ILC 更新率下，权重参数 λ 的收敛问题。在区间定位阶段，在 $\eta_{j-1}\neq\eta_j$ 发生之前有 $\eta_{j-1}=\eta_{j-2}=\ldots=\eta_0$。经济性能可以单调的变化，此时 $\lambda_0<\lambda_1<\ldots<\lambda_{j-1}<\lambda^*$ 或 $\lambda_0>\lambda_1>\ldots>\lambda_{j-i}>\lambda^*$ 。在区间缩减阶段，当 $\eta_{j-1}\neq\eta_j$ 发生，需要进一步缩减区间，相应的权重参数也需要进一步调整。假设在当前阶段 j，λ_j 和 λ_{j-1} 之间的差值为 $|\lambda_j-\lambda_{j-1}|=d$。显然有以下的结果:

$$\begin{aligned} |\lambda_{j+1}-\lambda_j| &= 0.5|\lambda_j-\lambda_{j-1}|=\tfrac{1}{2}d \\ |\lambda_{j+1}-\lambda_{j-1}| &= 0.5|\lambda_j-\lambda_{j-1}|=\tfrac{1}{2}d \end{aligned} \tag{12.29}$$

根据式 (12.29) 所示的更新率，显然在阶段 $i\,(i>j)$ 时有

$$|\lambda_{i+1}-\lambda_i|=\frac{d}{2^{i-j}} \tag{12.30}$$

显然以上结论对于式 (12.29) 第一个更新率成立，即 $\lambda_i \leqslant \lambda^* \leqslant \lambda_{i+1}\,(\lambda_{i+1} > \lambda_i)$ 或者 $\lambda_{i+1} \leqslant \lambda^* \leqslant \lambda_i\,(\lambda_{i+1} < \lambda_i)$。对于第二个更新率，可以得出以下结论 $\lambda_\tau \leqslant \lambda^* \leqslant \lambda_{i+1}\,(\lambda_{i+1} > \lambda_\tau)$ 或者 $\lambda_{i+1} \leqslant \lambda^* \leqslant \lambda_\tau\,(\lambda_{i+1} < \lambda_\tau)$ ，同样式 (12.30) 成立。所以 λ^* 的搜索范围在不断变小，在阶段 $j + k(k \to +\infty)$ 时有

$$
\begin{aligned}
&\lim_{k\to\infty} |\lambda_{j+k+1} - \lambda_{j+k}| = \lim_{k\to\infty} \left(\frac{1}{2}\right)^{k+1} d \to 0 \\
or &\lim_{k\to\infty} |\lambda_{j+k+1} - \lambda_{\tau}| = \lim_{k\to\infty} \left(\frac{1}{2}\right)^{k+1} d \to 0
\end{aligned}
\tag{12.31}
$$

权重参数会收敛于 λ^*。相应的经济性能 $(J_{j+k}, k \to \infty)$ 也会收敛。本章所提出的算法步骤总结如下：

(初始步骤)

Step 0　在初始阶段，设定阶段参数 $i = 0$。

(图 12.1 所示的下层迭代学习)

Step 1　从 MPC 中收集当阶段的过程数据以及权重参数，计算输入输出方差和均值。估计当前经济性能 J_i。

(图 12.1 所示的上层迭代学习)

Step 2　(更新设定点) 根据估计的输入输出方差，求解最优化问题 P3 来得到更新的输入和输出的设定点，$\Delta y^s_{i,p}\,(p = 1, \cdots, P)$ 以及 $\Delta u^s_{i,n}\,(n = 1, \cdots, N)$ 。

Step 3　(方差关系调整) 检测所有拉格朗日参数向量 $\boldsymbol{\beta}$ 的元素，根据式 (12.17) 和式 (12.18) 来得到当前系统状态 (η_i)。根据式 (12.28) 或者式 (12.25)，利用 ILC 学习率来更新权重参数 $(\lambda_{i+1}\ )$。

Step 4　根据上层的优化结果，在下一阶段 $i + 1$ 为下层 MPC 控制器设定新的操作点 $y^s_{i+1,p} = y^s_{i,p} + \Delta y^s_{i,p}$，$p = 1, \cdots, P$ ，同时更新权重参数 λ_{i+1}。

(收敛性检测)

Step 5　当阶段 i 向前更新的时候，如果经济性能收敛，就停止迭代，否则，返回 Step 1。收敛性是根据约束的满足情况来检测的，即 $\eta_k = 0$ 或者 $\|\boldsymbol{b} - \boldsymbol{A}\boldsymbol{u}\| < \varepsilon$。

12.4　仿真测试

为了验证本章所提出的基于 ILC 在线提升经济性能算法的有效性，这里用两个仿真算例进行测试。在第一个仿真中，选用了一个简单的单输入单输出系统，它可以用来与传统的 LQG 控制进行比较。另外一个例子是表示蒸馏过程的多输入多输出过程。

12.4.1　单输入单输出系统

一个简单的单输入单输出过程可以表示如下:

$$\begin{aligned} y_k &= G_p u_k + G_d a_k \\ &= \frac{0.6299z^{-1}}{1-0.8899z^{-1}}u_{k-2} + \frac{1-0.8z^{-1}}{1-0.993z^{-1}}a_k \end{aligned} \tag{12.32}$$

G_p 和 G_d 表示过程和扰动模型；a_k 是具有 0 均值和单位方差的不可测白噪声。这里用了一个如式 (12.15) 的 MP 控制器对其进行控制，其中相关参数为 $Q=1$,$R=1$ 以及 $\lambda=400$。同时预测时域 $N=15$，起始的输出设定值为 $y^s=2.9$ 。

通过以上迭代设计，输入输出的轨迹如图 12.5 所示。每个阶段的过程数据都是每 2500 个采样时间收集一次。起始阶段的输入输出的方差分别 0.0207 和 1.9463。为了进一步提升经济性能，最优操作点可以通过求解以下经济性能优化问题得到:

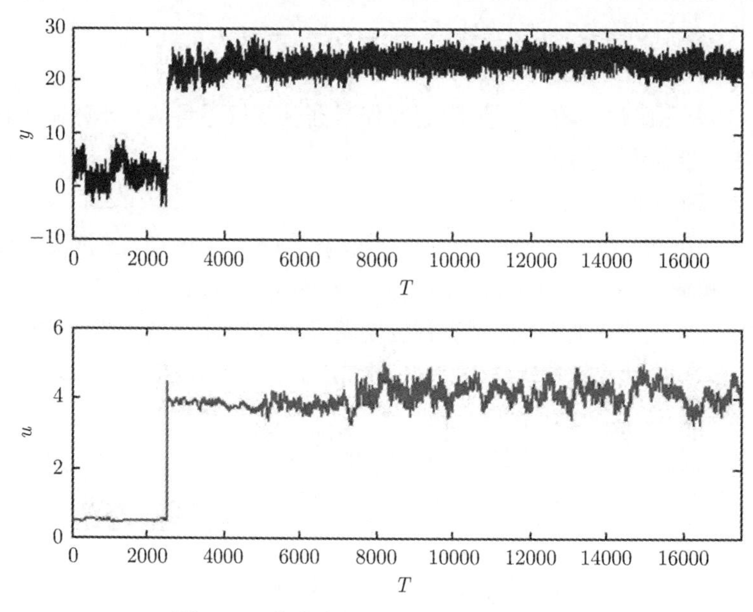

图 12.5　仿真案例 1 中输入输出轨迹图

$$\begin{aligned} &\max_{\Delta u^s,\Delta y^s} 2\Delta y^s \\ &\text{s.t.} \\ &\Delta y^s = 5.72\Delta u^s \\ &y_{\min}+3\sigma_y-y^s \leqslant \Delta y^s \leqslant y_{\max}-3\sigma_y-y^s \\ &u_{\min}+3\sigma_u-u^s \leqslant \Delta u^s \leqslant u_{\max}-3\sigma_u-u^s \end{aligned} \tag{12.33}$$

其中输入输出的上下界分别为 $u_{\max}=5$，$u_{\min}=-5$，$y_{\max}=28$ 以及 $y_{\min}=-28$。

在这个仿真中，假设输入输出约束都满足置信概率 $1-\alpha=0.997$，即 $z_{\alpha/2}=3$。在初始阶段后，可以计算得到 $\Delta y^s=20.6548$，$\Delta u^s=3.2978$，最优经济性能为 46.4859，与初始的经济性能 5.3508 相比得到了显著的提升。当改变了设定值以后，基于灵敏度分析的 ILC 可以用来更新权重参数 $r(\lambda)$，从而扩大输入或者输出的边界范围。对于 ILC 设定的学习率取为 $l_1=-0.75$，$l_2=3$。系统约束通过权重参数调整之后，存在经济性能更优的设定点。

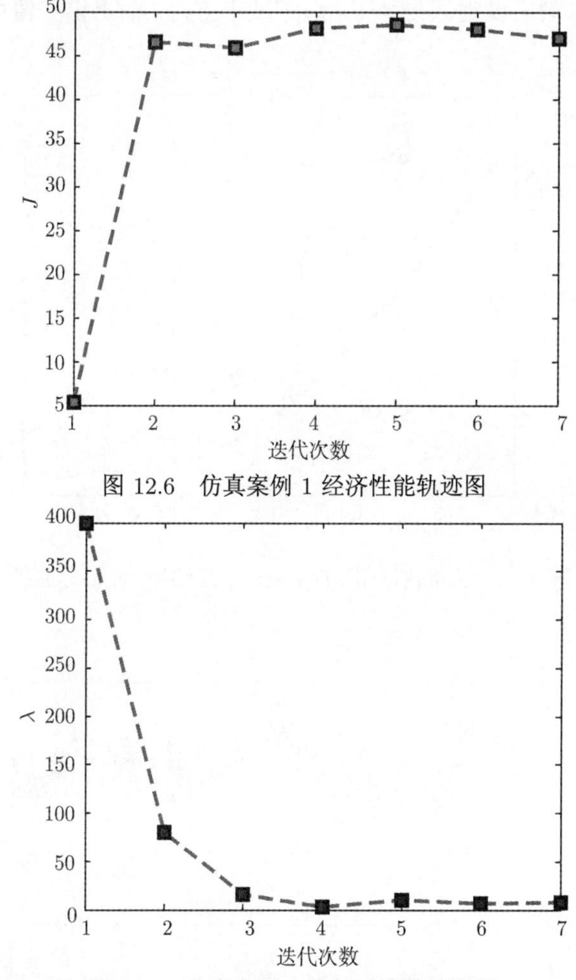

图 12.6　仿真案例 1 经济性能轨迹图

图 12.7　仿真案例 1 中权重参数轨迹图

根据上层的优化结果，MPC 控制器更新相应的操作点和权重参数。不断重复这样过程，直到系统达到最优经济性能。图 12.6 中表示的经济性能随着阶段迭代提升的图。图中显示了在 7 个阶段之后，经济性能收敛到了最优。最优的设定点为 $y^s=23.4231$，$u^s=4.0317$ ，此时输出输入的标准差分别为 $\sigma_{y^s}=1.6987$ 和

$\sigma_{u^s} = 0.0889$。图 12.7 表示的是权重参数随着阶段迭代的轨迹图。可见权重参数单调减少直到到达最优。图 12.8 表示每阶段输入输出方差关系，方差关系是根据 MPC 控制器收集的过程数据计算得到的。为了和传统 LQG 方差关系对比，图 12.8 中画出了 LQG 的关系曲线，从图中可以看出实际方差关系均在 LQG 曲线之上，可见 LQG 是一个理想的控制器，其控制性能往往不可达。为了可以更清楚观察方差变化，图 12.9 给出了输入输出在起始阶段和在第 7 个阶段的轨迹，这期间输出方差减小了，同时输出设定值提升了。通过减小方差，输出设定值可以更加靠近输出约束的边界。

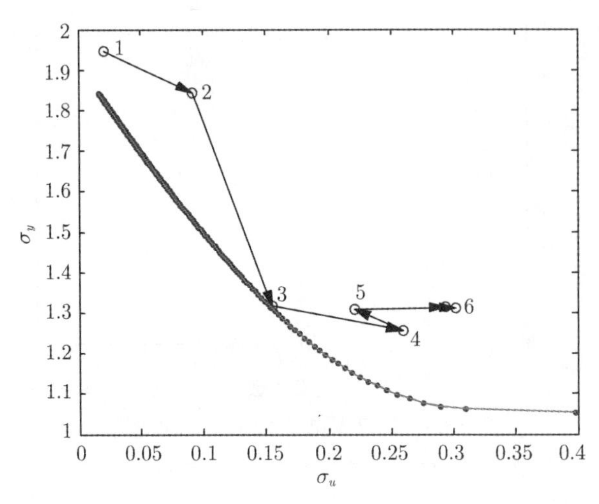

图 12.8　仿真案例 1 方差关系轨迹图（数字表示阶段编号，左下方曲线为 LQG 曲线）

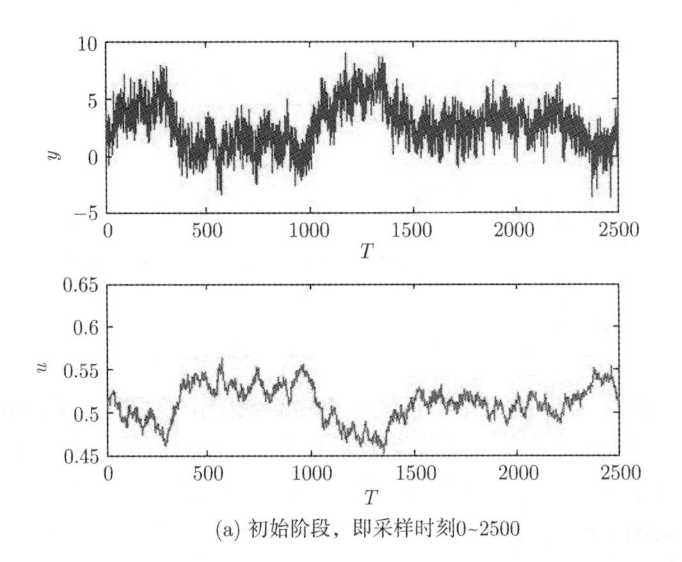

(a) 初始阶段，即采样时刻0~2500

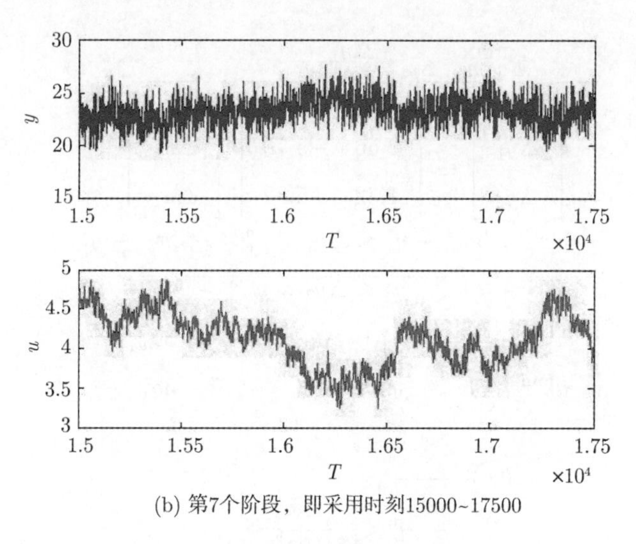

(b) 第7个阶段，即采用时刻15000~17500

图 12.9　仿真案例 1 中输入输出轨迹图

12.4.2　多输入多输出系统

通过一个分离过程来进一步测试算法的有效性。系统的示意图如图 12.10 所示，系统包括两个输入：回流速度 u_1，蒸汽流量 u_2 ；两个输出：蒸馏产物 y_1，底部产物 y_2 ，同时还有一个扰动：供料量 d。系统模型可以表示如下：

$$\begin{bmatrix} y_1 \\ y_2 \end{bmatrix} = \begin{bmatrix} \dfrac{2.56\mathrm{e}^{-s}}{16.7s+1} & \dfrac{-5.76\mathrm{e}^{-3s}}{21s+1} \\ \dfrac{1.32\mathrm{e}^{-7s}}{10.9s+1} & \dfrac{-5.82\mathrm{e}^{-3s}}{14.4s+1} \end{bmatrix} \begin{bmatrix} u_1 \\ u_2 \end{bmatrix} + \begin{bmatrix} \dfrac{3.8\mathrm{e}^{-8s}}{14.9s+1} \\ \dfrac{4.9\mathrm{e}^{-7s}}{13.2s+1} \end{bmatrix} d \tag{12.34}$$

其中 d 是 0 均值单位方差的白噪声。同样的，用 MPC 控制器来控制这个系统：权重矩阵选 $\boldsymbol{Q} = \mathrm{diag}\begin{bmatrix} 10 & 1 \end{bmatrix}$ 以及 $\boldsymbol{R} = \mathrm{diag}\begin{bmatrix} 3 & 3 \end{bmatrix}$ ，预测时域选择 $N = 20$，MPC 的输入约束选择 $-1 \leqslant \Delta u_1 \leqslant 1$ 以及 $-5 \leqslant \Delta u_2 \leqslant 5$，输出的初始设定点选择为 $y_1^s = 0.975$, $y_2^s = 0.85$, 初始权重参数选择为 $\lambda_0 = 0.01$。在初始阶段，即采样时间从 0~3000（如图 12.11 所示），输入输出标准差为 $\sigma_{u_1} = 0.645$，$\sigma_{u_2} = 0.645$，$\sigma_{y_1} = 0.033$ 以及 $\sigma_{y_1} = 0.199$。经济性能目标是最大化顶部分离产品（ y_1^s ）。所以，线性规划问题可以表示如下：

$$
\begin{aligned}
&\max_{\Delta u_1,\Delta u_2,\Delta y_1,\Delta y_2} -\Delta y_1\\
&\text{s.t.}\\
&\begin{bmatrix}\Delta y_1\\ \Delta y_2\end{bmatrix}=\begin{bmatrix}2.56 & -5.76\\ 1.32 & -5.82\end{bmatrix}\begin{bmatrix}\Delta u_1\\ \Delta u_2\end{bmatrix}\\
&y_1^{\min}+3\sigma_{y_1}-y_1^s\leqslant \Delta y_1\leqslant y_1^{\max}-3\sigma_{y_1}-y_1^s\\
&y_2^{\min}+3\sigma_{y_2}-y_2^s\leqslant \Delta y_2\leqslant y_2^{\max}-3\sigma_{y_2}-y_2^s\\
&u_1^{\min}+3\sigma_{u_1}-u_1^s\leqslant \Delta u_1\leqslant u_1^{\max}-3\sigma_{u_1}-u_1^s\\
&u_2^{\min}+3\sigma_{u_2}-u_2^s\leqslant \Delta u_2\leqslant u_2^{\max}-3\sigma_{u_2}-u_2^s
\end{aligned}
\tag{12.35}
$$

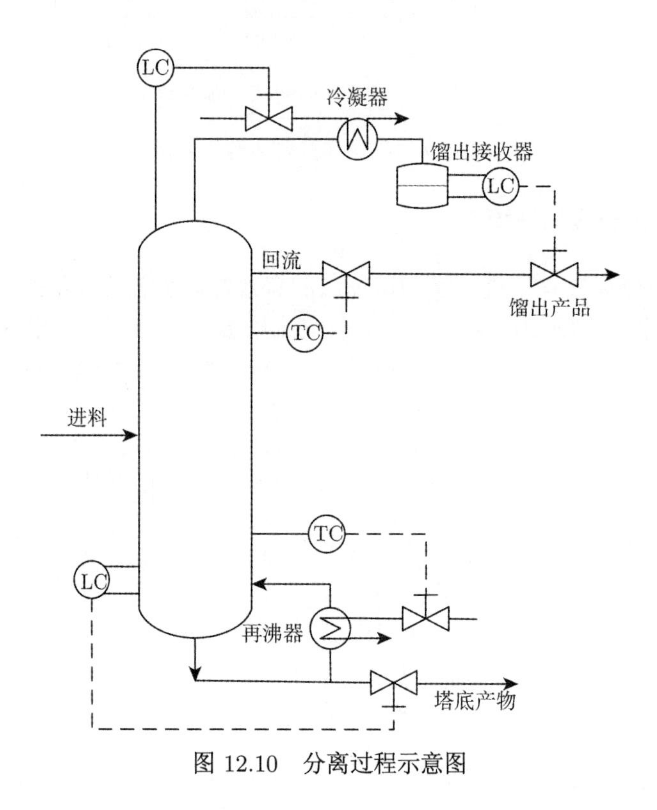

图 12.10　分离过程示意图

其中对于 y_1^s 和 y_2^s 的置信水平取 $\alpha_i=99.7\%$。输入输出的上下边界取值如下：

$$
\begin{aligned}
&u_1^{\max}=3,\quad u_1^{\min}=-3,\quad u_2^{\max}=5,\quad u_2^{\min}=-5\\
&y_1^{\max}=15,\quad y_1^{\min}=-15,\quad y_2^{\max}=15,\quad y_2^{\min}=-15
\end{aligned}
\tag{12.36}
$$

ILC 的学习率设置为 $l_1=-0.75$ 和 $l_2=3$ 。与仿真案例 1 类似，可以不断在线更新设定点和权重参数。图 12.11 表示整个迭代过程中输入和输出的轨迹。可见设定点在每个阶段不断的提升，图中起始阶段输入总是在边界上是由于权重参数选择不合适所致。通过 ILC 迭代，图 12.11 中输入方差逐渐减小，原因是权重参数的不断增大（如图 12.12 所示）。所以输出设定点可以提升，从而经济性能不断提升（如图 12.13 所示）。

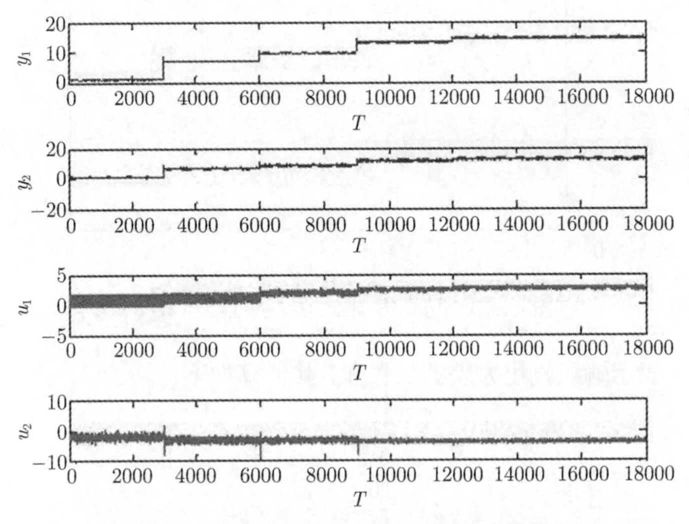

图 12.11　仿真案例 2 中输入输出轨迹图

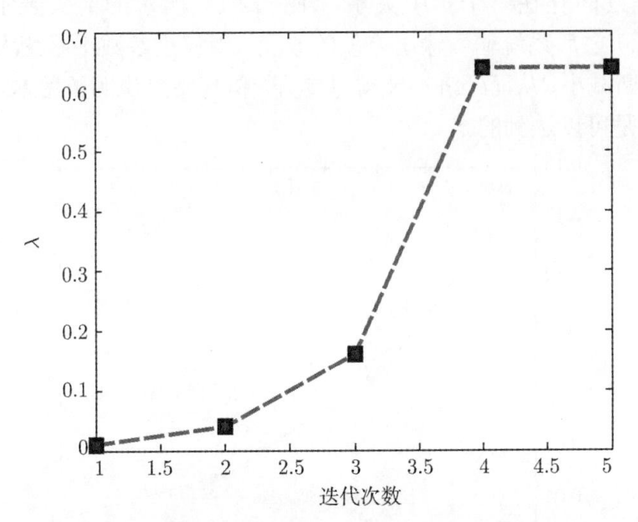

图 12.12　仿真案例 2 中权重参数轨迹图

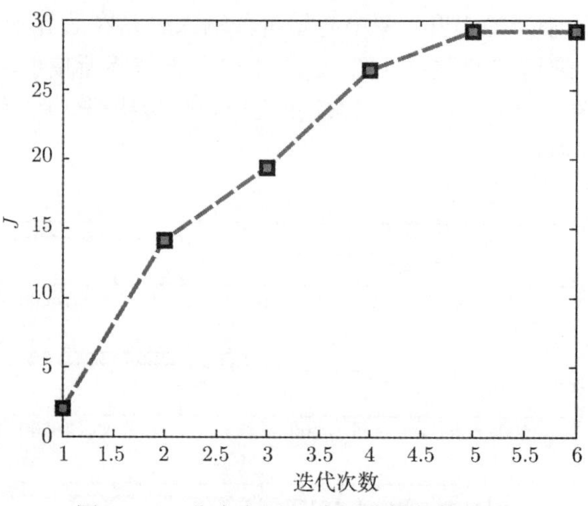

图 12.13　仿真案例 2 中经济性能轨迹图

图 12.14 表示输入输出方差的加权和，其计算如下：

$$\begin{aligned}\sigma_{\boldsymbol{u}} &= \frac{1}{2}\sigma_{u_1} + \frac{1}{2}\sigma_{u_1} \\ \sigma_{\boldsymbol{y}} &= \frac{10}{11}\sigma_{y_1} + \frac{1}{11}\sigma_{y_2}\end{aligned} \tag{12.37}$$

输入输出方差之间存在一个折中关系。图 12.14 所示的箭头表示在调整权重（图 12.12 所示）之后系统输入输出方差的改变。当权重参数不断变大时，图 12.11 中输入方差不断减小，从而经济性能得以提升。仿真结果说明了用本章方法计算的最优经济性能是可以达到的。

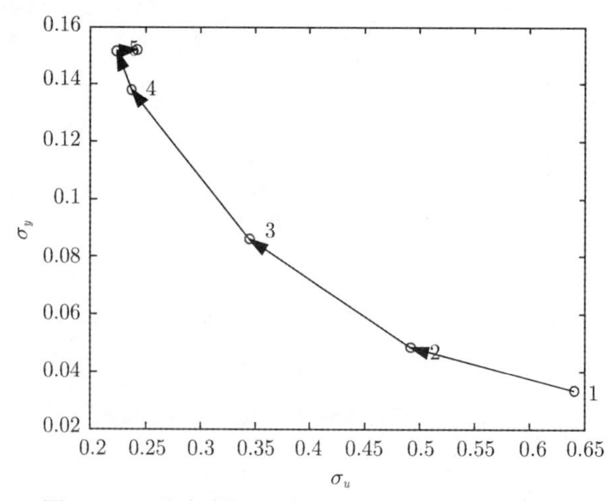

图 12.14　仿真案例 2 中输入输出加权方差轨迹图

12.5 本章小结

MPC 在工业上被广泛的用来处理带有约束的多变量系统的控制问题。尽管 MPC 控制器在动态性能，稳定性和设定点追踪方面有其优势，可是目前基于 MVC 和基于 LQG 的经济性能评估对其监控并不合适。这些性能评估方法无法都考虑实际控制器的结构和设计。

在本章中，主要考虑了 MPC 经济性能的最优设计问题，该研究把 EPD 的迭代学习控制与在线 MPC 结合在一起考虑，得到一种在线不断提升 MPC 控制器经济性能的方法。与传统 LQG 经济性能评估依赖求解非线性规划问题不用，EPD 根据当前数据，通过 ILC 和线性规划问题来给出新的设定点以及权重参数。所以，在线的 MPC 控制器可以不断地去抑制噪声并且追踪新的设定点来提升控制系统的经济性能。这其中 EPD 设计与 MPC 的结合是通过迭代学习控制来实现的。本章只考虑了 MPC 控制器下经济性能的在线提升，对于其他控制器的经济性能在线提升问题可以在未来研究中考虑。

12.6 本章附录

这里灵敏度分析是用来考虑方差变化对 EPD 问题解的影响。通过一个简单的变换，最优化问题 P3 可以写成以下简洁的形式：

$$\begin{gathered}\max \boldsymbol{c}^{\mathrm{T}}\boldsymbol{u}\\ \boldsymbol{A}\boldsymbol{u}\leqslant \boldsymbol{b}\end{gathered}\tag{12.38}$$

因为通过调整 λ，不等式约束 (12.17) 和 (12.18) 将会改变。上式不等式约束右边变为 $\boldsymbol{b}+\Delta\boldsymbol{b}$。

用 $\boldsymbol{\beta}$ 来表示拉格朗日参数，拉格朗日函数可以表示为 $L(\boldsymbol{u},\beta)=-\boldsymbol{c}^{\mathrm{T}}\boldsymbol{u}-\beta^{\mathrm{T}}(\boldsymbol{b}-\boldsymbol{A}\boldsymbol{u})$。通过 KKT 条件，当优化问题 (12.38) 达到最优解的时 $\boldsymbol{u}^*$ 以及 β^* 需要满足以下的式子：

$$\nabla_{\boldsymbol{u}}(\boldsymbol{u}^*,\beta^*)=-\boldsymbol{c}+\boldsymbol{A}^{\mathrm{T}}\beta^*=0\tag{12.39}$$

$$\boldsymbol{b}-\boldsymbol{A}\boldsymbol{u}^*\geqslant 0\tag{12.40}$$

$$\beta^*\geqslant 0\tag{12.41}$$

$$\beta^{*\mathrm{T}}(\boldsymbol{b}-\boldsymbol{A}\boldsymbol{u}^*)=0\tag{12.42}$$

考虑向量的一个小的变化 $\boldsymbol{b}$ 为 $\Delta\boldsymbol{b}$ ，假设向量 $\Delta\beta^*$ 和 $\Delta\boldsymbol{b}-\boldsymbol{A}\Delta\boldsymbol{u}^*$ 与 β^* 和 $\boldsymbol{b}-\boldsymbol{A}\boldsymbol{u}^*$ 在相同的位置有元素 0。所以，可以得到

$$(\Delta\beta^*)^{\mathrm{T}}(\boldsymbol{b}-\boldsymbol{A}\boldsymbol{u}^*)=\beta^{*\mathrm{T}}(\Delta\boldsymbol{b}-\boldsymbol{A}\Delta\boldsymbol{u}^*)=0 \tag{12.43}$$

此时 KKT 条件又可以表示为

$$\nabla_{\boldsymbol{u}}(\boldsymbol{u}^*+\Delta\boldsymbol{u}^*,\beta^*+\Delta\beta^*)=-\boldsymbol{c}+\boldsymbol{A}^{\mathrm{T}}(\beta^*+\Delta\beta^*)=0 \tag{12.44}$$

$$\boldsymbol{b}+\Delta\boldsymbol{b}-\boldsymbol{A}\boldsymbol{u}^*-\boldsymbol{A}\Delta\boldsymbol{u}^*\geqslant 0 \tag{12.45}$$

$$\beta^*+\Delta\beta^*\geqslant 0 \tag{12.46}$$

$$(\beta^*+\Delta\beta^*)^{\mathrm{T}}(\boldsymbol{b}+\Delta\boldsymbol{b}-\boldsymbol{A}\boldsymbol{u}^*-\boldsymbol{A}\Delta\boldsymbol{u}^*)=0 \tag{12.47}$$

所以，由于扰动 $\Delta\boldsymbol{b}$，最优目标函数的改变为

$$\begin{aligned}\Delta J&=\boldsymbol{c}^{\mathrm{T}}\Delta\boldsymbol{u}^*\\&=(\beta^*+\Delta\beta^*)^{\mathrm{T}}\boldsymbol{A}\Delta\boldsymbol{u}^*\\&=(\beta^*+\Delta\beta^*)^{\mathrm{T}}(\boldsymbol{b}+\Delta\boldsymbol{b}-\boldsymbol{A}\boldsymbol{u}^*)\\&=\beta^{*\mathrm{T}}\Delta\boldsymbol{b}+\Delta\beta^{*\mathrm{T}}\Delta\boldsymbol{b}\\&=(\beta^*+\Delta\beta^*)^{\mathrm{T}}\Delta\boldsymbol{b}\end{aligned} \tag{12.48}$$

参考文献

[1] Harris T J. Assessment of control loop performance. The Canadian Journal of Chemical Engineering, 1989, 67(5):856–861.

[2] Isaksson A J, Horch A, Dumont G A. Event-triggered deadtime estimation from closed-loop data//American Control Conference, 2001. Proceedings of the 2001. IEEE, 2001, 4: 3280–3285.

[3] Box G E P, Jenkins G M. Time series analysis: Forecasting and control//Holden-Day series in time series analysis. Holden-Day, 1976.

[4] Huang B, Shah S L. Performance Assessment of Control Loops: Theory and Applications. New York: Springer-Verlag, 1999.

[5] Kozub D J. Controller performance monitoring and diagnosis: Experiences and challenges. AIChE Symposium Series, 1997, 93: 83–96.

[6] Horch A, Isaksson A J. A modified index for control performance assessment. Journal of Process Control, 1999, 9(6): 475–483.

[7] Yu J, Qin S J. Statistical MIMO controller performance monitoring. Part I: Data-driven covariance benchmark. Journal of Process Control, 2008, 18(3):277–296.

[8] Thornhill N F, Hagglund T. Detection and diagnosis of oscillation in control loops. Control Engineering Practice. 1997, 5(10):1343–1354.

[9] Forsman K, Stattin A. A new criterion for detecting oscillations in control loops// Control Conference (ECC), 1999 European. IEEE, 1999: 2313–2316.

[10] Harris T J, Seppala C T, Desborough L D. A review of performance monitoring and assessment techniques for univariate and multivariate control systems. Journal of Process Control. 1999, 9(1): 1–17.

[11] Ingimundarson A, Hagglund T. Closed-loop performance monitoring using loop tuning. Journal of Process Control. 2005;15(2): 127–133.

[12] Kinney T, Hubertus W. Performance monitor raises service factor of MPC. Proceedings of the ISA. 2003.

[13] Xia C, Howell JS. Isolating multiple sources of plant-wide oscillations via independent component analysis. Control Engineering Practice. 2005, 13(8):1027–1035.

[14] Uduehi D, Ordys A, Xia H, et al. Controller Benchmarking Algorithms: Some Technical Issues. London: Springer, 2007.

[15] Ray M S. Process Control Systems: Application, Design, and Tuning. 4th edn. New York: McGraw-Hill Inc. 1996. Developments in Chemical Engineering and Mineral Processing, 1996, 4(3-4): 255–255.

[16] Swanda A, Seborg D E. Evaluating the performance of PID-type feedback control loops using normalized settling time. ADCHEM, 1997, 97: 9–11.

[17] Swanda A P, Seborg D E. Controller performance assessment based on setpoint re-

sponse data. American Control Conference, 1999, 6: 3863–3867.

[18] Ziegler J G, Nichols N B. Optimum settings for automatic controllers. trans ASME. 1942, 64(11): 759–765.

[19] Strejc V. Approximation aperiodischer Übertragungscharakteristiken. Regelungstechnik. 1959, 7: 124–128.

[20] Yuwana M, Seborg D E. A new method for on-line controller tuning. AIChE Journal, 1982, 28(3):434–440.

[21] Rangaiah G, Krishnaswamy P. Estimating second-order dead time parameters from underdamped process transients. Chemical Engineering Science, 1996, 51(7):1149–1155.

[22] Huang C T, Chou C J. Estimation of the underdamped second-order parameters from the system transient. Industrial & engineering chemistry research, 1994, 33(1):174–176.

[23] Huang C T, Clements Jr W C. Parameter estimation for the second-order-plus-dead-time model. Industrial & Engineering Chemistry Process Design and Development, 1982, 21(4):601–603.

[24] Rangaiah G P, Krishnaswamy P R. Estimating second-order plus dead time model parameters. Industrial & engineering chemistry research, 1994, 33(7):1867–1871.

[25] Hägglund T. Automatic detection of sluggish control loops. Control Engineering Practice, 1999, 7(12):1505–1511.

[26] Hägglund T. Industrial implementation of on-line performance monitoring tools. Control Engineering Practice, 2005, 13(11):1383–1390.

[27] Kuehl P, Horch A. Detection of sluggish control loops-experiences and improvements. Control engineering practice, 2005, 13(8):1019–1025.

[28] Hägglund T. A control-loop performance monitor. Control Engineering Practice, 1995, 3(11):1543–1551.

[29] Hägglund T, Åström K J. Supervision of adaptive control algorithms. Automatica, 2000, 36(8):1171–1180.

[30] Cao S, Rhinehart R R. An efficient method for on-line identification of steady state. Journal of Process Control, 1995, 5(6):363–374.

[31] Visioli A. Assessment of tuning of PI controllers for self-regulating processes. Proc IFAC world congress, Czech Republic, 2005.

[32] Shinskey F G. Process Control Systems: Application, Design, and Tuning. New York: McGraw-Hill, 1996.

[33] Bezergianni S, Georgakis C. Controller performance assessment based on minimum and open-loop output variance. Control Engineering Practice, 2000, 8(7):791–797.

[34] Shah S, Mohtadi C, Clarke D. Multivariable adaptive control without a prior knowledge of the delay matrix. Systems & Control Letters, 1987, 9(4):295–306.

[35] Mutoh Y, Ortega R. Interactor structure estimation for adaptive control of discrete-time multivariable nondecouplable systems. Automatica, 1993, 29(3):635–647.

[36] Huang B, Shah S, Fujii H. Identification of the time delay/interactor matrix for MIMO systems using closed-loop data. Proc. 13th IFAC World Congress, 1996, 1000: 355–360.

[37] Peng Y, Kinnaert M. Explicit solution to the singular LQ regulation problem. Automatic Control, IEEE Transactions on, 1992, 37(5):633–636.

[38] Goodwin G C, Sin K S. Adaptive filtering prediction and control. Chicago: Courier Corporation, 2014.

[39] 王树青. 工业过程控制工程. 北京：化学工业出版社, 2002.

[40] 朱豫才. 过程控制的多变量系统辨识. 长沙：国防科技大学出版社, 2005.

[41] Shardt Y, Zhao Y, Qi F, et al. Determining the state of a process control system: Current trends and future challenges. The Canadian Journal of Chemical Engineering, 2012, 90(2):217–245.

[42] Jelali M. An overview of control performance assessment technology and industrial applications. Control Engineering Practice, 2006, 14(5):441 – 466.

[43] Qin S J. Control performance monitoring-a review and assessment. Computers & Chemical Engineering, 1998, 23(2):173 – 186.

[44] Huang B, Kadali R. Dynamic Modeling, Predictive Control and Performance Monitoring: A Data-driven Subspace Approach. London: Springer, 2008.

[45] Ordys A W, Uduehi D, Johnson M A. Process Control Performance Assessment: From Theory to Implementation. London: Springer, 2007.

[46] Shahni F, Malwatkar G M. Assessment minimum output variance with PID controllers. Journal of Process Control, 2011, 21(4):678–681.

[47] Veronesi M, Visioli A. Global Minimum-Variance PID Control. Proc. of the 18th IFAC World Congress, Milano, 2011, 18: 7891–7896.

[48] Harris T J. Assessment of control loop performance. The Canadian Journal of Chemical Engineering, 1989, 67(5):856–861.

[49] Riccardo S. Architectures for distributed and hierarchical Model Predictive Control—A review. Journal of Process Control, 2009, 19(5):723 – 731.

[50] Boyd S P, Barratt C H. Linear Controller Design: Limits of Performance. Upper Saddle River: Prentice-Hall,1991.

[51] Ko B S, Edgar T F. PID control performance assessment: The single-loop case. AIChE Journal, 2004, 50(6):1211–1218.

[52] Sendjaja A Y, Kariwala V. Achievable PID performance using sums of squares programming. Journal of Process Control, 2009, 19(6):1061 – 1065.

[53] Kariwala V. Fundamental limitation on achievable decentralized performance. Automatica, 2007, 43(10):1849 – 1854.

[54] Bertsekas D P. Nonlinear Programming. 2nd ed. Nashua: Athena Scientific, 1999.

[55] Ko B S, Edgar T F. Assessment of achievable PI control performance for linear processes with dead time. Proceedings of the 1998 American Control Conference, Philadelphia, 1998.

[56] Smith JO. Spectral Audio Signal Processing. http://ccrma.stanford.edu/ ~jos/sasp/; 2012.

[57] 陈怀琛. 数字信号处理教程：MATLAB释义与实现. 第 2 版. 北京：电子工业出版社, 2008.

[58] Harris T J. Assessment of control loop performance. The Canadian Journal of Chemical Engineering, 1989, 67(5): 856–861.

[59] Visioli A. Practical PID control. London: Springer-Verlag, 2006.

[60] III JJD, Stubberud A R, Williams I J. Feedback and control systems. New York: McGraw-Hill, 1995.

[61] Brookes M. The Matrix Reference Manual: Hadamard (or Schur) Product. http://www.ee.imperial.ac.uk/hp/staff/dmb/matrix/intro.html; 2011.

[62] Boyd S, Vandenberghe L. Convex Optimization. London: Cambridge University Press, 2004.

[63] Phan A H, Tuan H D, Kha H H, et al. Nonsmooth optimization-based beamforming in multiuser wireless relay networks. 4th International Conference on Signal Processing and Communication Systems (ICSPCS), 2010: 1–4.

[64] Phan A H, Tuan H D, Kha H H, et al. Nonsmooth Optimization for Efficient Beamforming in Cognitive Radio Multicast Transmission. Signal Processing, IEEE Transactions on, 2012, 60(6): 2941–2951.

[65] Henrion D, Tarbouriech S, Šebek M. Rank-one LMI approach to simultaneous stabilization of linear systems. Systems & Control Letters, 1999, 38(2):79 – 89.

[66] Hanna J, Upreti S R, Lohi A, et al. Constrained minimum variance control using hybrid genetic algorithm—An industrial experience. Journal of Process Control, 2008, 18(1): 36–44.

[67] Agrawal P, Lakshminarayanan S. Tuning Proportional-Integral-Derivative Controllers Using Achievable Performance Indices. Industrial & Engineering Chemistry Research, 2003, 42(22):5576–5582.

[68] Stanfelj N, Marlin T E, MacGregor J F. Monitoring and diagnosing process control performance: The single-loop case. Industrial and Engineering Chemistry Research, 1993, 32(2):301–314.

[69] Grant M, Boyd S. CVX: MATLAB Software for Disciplined Convex Programming, version 2.0 beta, 2011.

[70] Sturm J F. Using SeDuMi 1.02, a MATLAB toolbox for optimization over symmetric cones. Optimization Methods and Software, 1999, 11(1):625–653.

[71] Xia H, Majecki P, Ordys A, et al. Performance assessment of MIMO systems based on I/O delay information. Journal of Process Control, 2006, 16(4):373–383.

[72] Huang B, Ding S X, Thornhill N. Practical solutions to multivariate feedback control performance assessment problem: Reduced a-priori knowledge of interactor matrix. Journal of Process Control, 2011, 122(13):1214–1215.

[73] Rogozinski M W, Paplinski A P, Gibbard M J. An algorithm for calculation of a nilpotent interactor matrix for linear multivariable systems. IEEE Transactions on Automatic Control, 1987, 32(3):234–237.

[74] 赵超. 过程控制系统经济性能评估算法的研究. 杭州: 浙江大学博士学位论文, 2009.

[75] 刘小艳. PID 控制器性能监控与评估优化技术研究. 杭州: 浙江大学博士学位论文, 2010.

[76] Huang B, Shah S L. Performance Assessment of Control loops: Theory and Applications. Berlin: Springer Science & Business Media, 2012.

[77] Kadali R, Huang B. Controller performance analysis with LQG benchmark obtained under closed loop conditions. ISA transactions, 2002, 41(4):521–537.

[78] 陈贵, 杨江, 谢磊, 等. 基于子空间方法的模型失配检测研究. 化工学报. 2011, 62(9):2575–2581.

[79] 杨华. 基于子空间方法的系统辨识及预测控制设计. 上海: 上海交通大学博士学位论文, 2007.

[80] Verhaegen M, Dewilde P. Subspace model identification part 1: The output-error state-space model identification class of algorithms. International journal of control, 1992, 56(5):1187–1210.

[81] Verhaegen M, Dewilde P. Subspace model identification part 2: Analysis of the elementary output-error state-space model identification algorithm. International journal of control, 1992, 56(5):1211–1241.

[82] Van Overschee P, De Moor B. N4SID: Subspace algorithms for the identification of combined deterministic-stochastic systems. Automatica, 1994, 30(1):75–93.

[83] Larimore W E. Canonical variate analysis in identification, filtering, and adaptive control. Decision and Control, 1990., Proceedings of the 29th IEEE Conference on. IEEE, Honolulu, 1990.

[84] Viberg M. Subspace-based methods for the identification of linear time-invariant systems. Automatica, 1995, 31(12):1835–1851.

[85] Boyd S P, Barratt C H, Boyd S P, et al. Linear Controller Design: Limits of Performance. New Jersey: Prentice Hall Englewood Cliffs, 1991.

[86] Chao Z, Hongye S, Yong G, et al. A pragmatic approach for assessing the economic performance of model predictive control systems and its industrial application. Chinese Journal of Chemical Engineering, 2009, 17(2): 241–250.

[87] Hendricks E, Jannerup O, Sørensen P H. Linear Systems Control: Deterministic and Stochastic Methods. Berlin: Springer Science & Business Media, 2008.

[88] Kennedy J. Particle swarm optimization.//Encyclopedia of machine learning. Boston: Springer, 2011.
[89] 杨维, 李歧强. 粒子群优化算法综述. 中国工程科学, 2004, 6(5):87–94.
[90] 孙俊. 量子行为粒子群优化算法研究. 无锡: 江南大学博士学位论文, 2009.
[91] 杨江. 基于子空间辨识的控制性能评估研究. 杭州: 浙江大学硕士学位论文, 2011.
[92] Dugard L, Goodwin G, Xianya X. The role of the interactor matrix in multivariable stochastic adaptive control. Automatica, 1984, 20(5):701–709.
[93] Huang B, Shah S, Kwok E. Good, bad or optimal? Performance assessment of multivariable processes. Automatica, 1997, 33(6):1175–1183.
[94] Yu J, Qin S J. Statistical MIMO controller performance monitoring. Part II: Performance diagnosis. Journal of process control, 2008, 18(3):297–319.
[95] Pusha S, Gudi R, Noronha S. Polar classification with correspondence analysis for fault isolation. Journal of Process Control, 2009, 19(4):656–663.
[96] Qin S J, Badgwell T A. A survey of industrial model predictive control technology. Control engineering practice, 2003, 11(7):733–764.
[97] 陈功泉. 多变量模型预测控制器性能监控方法研究. 北京: 中国石油大学硕士学位论文, 2009.
[98] Singhal A, Seborg D E. Pattern matching in historical batch data using PCA. IEEE Control Systems, 2002, 22(5):53–63.
[99] Singhal A, Seborg D E. Pattern matching in multivariate time series databases using a moving-window approach. Industrial & engineering chemistry research, 2002, 41(16):3822–3838.
[100] McNabb C A, Qin S J. Fault diagnosis in the feedback-invariant subspace of closed-loop systems. Industrial & engineering chemistry research, 2005, 44(8):2359–2368.
[101] Martin G, Turpin L, Cline R. Estimating control function benefits. Hydrocarbon processing, 1991, 70(6):68–73.
[102] Zhou Y, Forbes J. Determining controller benefits via probabilistic optimization. International Journal of Adaptive Control and Signal Processing, 2003, 17(7-9):553–568.
[103] Akande S, Huang B, Lee K H. MPC constraint analysis—Bayesian approach via a continuous-valued profit function. Industrial & Engineering Chemistry Research, 2009, 48(8):3944–3954.
[104] Xu Q, Zhao C, Zhang D, et al. Data-driven LQG benchmaking for economic performance assessment of advanced process control systems. American Control Conference (ACC), San Francisco, 2011.
[105] Lee K H, Huang B, Tamayo E C. Sensitivity analysis for selective constraint and variability tuning in performance assessment of industrial MPC. Control Engineering Practice, 2008, 16(10):1195–1215.

[106] 刘誉. 多层结构预测控制系统经济性能评估与优化设计. 杭州：浙江大学硕士学位论文, 2012.

[107] Kassmann D E, Badgwell T A, Hawkins R B. Robust steady-state target calculation for model predictive control. AIChE Journal, 2000, 46(5):1007–1024.

[108] Xu F, Huang B, Akande S. Performance assessment of model pedictive control for variability and constraint tuning. Industrial & Engineering Chemistry Research, 2007, 46(4):1208–1219.

[109] Prett D M, Morari M. The Shell Process Control Workshop. Stoneham: Butterworths, 2013.

[110] Perez T, Goodwin G C. Constrained predictive control of ship fin stabilizers to prevent dynamic stall. Control Engineering Practice, 2008, 16(4):482–494.

[111] Gruber J K, Doll M, Bordons C. Design and experimental validation of a constrained MPC for the air feed of a fuel cell. Control Engineering Practice, 2009, 17(8):874–885.

[112] Kassmann D E, Badgwell T A, Hawkons R B. Robust steady-state target calculation for model predictive control. Aiche Journal, 2000, 46(46):1007–1024.

[113] 邹涛, 丁宝苍, 张端. 模型预测控制工程应用导论. 北京：化学工业出版社, 2010.

[114] Yugeng X, Kang L. Feasibility analysis of constrained multi-objective multidegree-of-freedom optimization control in industrial processes. Control Theory & Applications, 1995, 5.

[115] Xi Y, Gu H. Feasibility analysis and soft constraints adjustment of CMMO. Acta Automatica Sinica, 1998, 24:727–732.

[116] 张惜岭, 王书斌, 罗雄麟, et al. 化工过程约束优化控制的可行性分析及约束处理. 化工学报, 2011, 62(9):2546–2554.

[117] Faísca N P, Dua V, Rustem B, et al. Parametric global optimisation for bilevel programming. Journal of Global Optimization, 2007, 38(4):609–623.

[118] Bard J F. An efficient point algorithm for a linear two-stage optimization problem. Operations Research, 1983, 31(4):670–684.

[119] Dua V, Bozinis N A, Pistikopoulos E N. A multiparametric programming approach for mixed-integer quadratic engineering problems. Computers & Chemical Engineering, 2002, 26(4):715–733.

[120] Fiacco A V. Sensitivity analysis for nonlinear programming using penalty methods. Mathematical programming, 1976, 10(1):287–311.

[121] Huang B. Multivariable model validation in the presence of time-variant disturbance dynamics. Chemical engineering science, 2000, 55(20):4583–4595.

[122] Huang B. On-line closed-loop model validation and detection of abrupt parameter changes. Journal of Process Control, 2001, 11(6):699–715.

[123] Jiang H, Huang B, Shah S L. Closed-loop model validation based on the two-model divergence method. Journal of Process Control, 2009, 19(4):644–655.

[124] Badwe A S, Gudi R D, Patwardhan R S, et al. Detection of model-plant mismatch in MPC applications. Journal of Process Control, 2009, 19(8):1305–1313.

[125] Van Overschee P, De Moor B. Subspace Identification for Linear Systems: Theory — Implementation — Applications. Dordrecht: Kluwer Academic Publishers Group, 2012.

[126] Harrison C A, Qin S J. Discriminating between disturbance and process model mismatch in model predictive control. Journal of Process Control, 2009, 19(10):1610–1616.

[127] Basseville M. On-board component fault detection and isolation using the statistical local approach. Automatica, 1997.

[128] Zhang Q, Basseville M, Benveniste A. Early warning of slight changes in systems. Automatica, 1994, 30(1):95–113.

[129] Ljung L. System Identification: Theory for the User. London: Englewood Cliffs, 1987.

[130] Hardle W, Simar L. Applied Multivariate Statistical Analysis. Berlin: Springer, 2007.

[131] Benveniste A, Fuchs J J. Single sample modal identification of a nonstationary stochastic process. Automatic Control, IEEE Transactions on, 1985, 30(1):66–74.

[132] Moustakides G V, Benveniste A. Detecting changes in the AR parameters of a nonstationary ARMA process. Stochastics: An International Journal of Probability and Stochastic Processes, 1986, 16(1-2):137–155.

[133] Kammer L C, Gorinevsky D, Dumont G A. Semi-intrusive multivariable model invalidation. Automatica, 2003, 39(8):1461–1467.

[134] Selvanathan S, Tangirala A K. Diagnosis of poor control loop performance due to model-plant mismatch. Industrial & Engineering Chemistry Research, 2010, 49(9):4210–4229.

[135] Webber J R, Gupta Y P. A closed-loop cross-correlation method for detecting model mismatch in MIMO model-based controllers. Isa Transactions, 2008, 47(4):395–400.

[136] Shannon C E. A Mathematical Theory of Communication. New York: McGraw-Hill, 1974.

[137] Zhang L F, Longden Q M Z A. A set of novel correlation tests for nonlinear system variables. International Journal of Systems Science, 2007, 38(1):47–60.

[138] Zhang L F, Zhu Q M, Longden A. A correlation-test-based validation procedure for identified neural networks. IEEE Transactions on Neural Networks, 2009, 20(1):1–13.

[139] Kraskov A, Stögbauer H, Grassberger P. Estimating mutual information. Physical Review E Statistical Nonlinear & Soft Matter Physics, 2004, 69(6 Pt 2):279–307.

[140] Moon Y I, Rajagopalan B, Lall U. Estimation of mutual information using kernel density estimators. Physical Review E Statistical Physics Plasmas Fluids & Related Interdisciplinary Topics, 1995, 52(3):2318–2321.

[141] Shiraj K, Sharba B, Ganguly A R, et al. Relative performance of mutual information estimation methods for quantifying the dependence among short and noisy data.

Physical Review E, 2007, 76(2):62–85.

[142] Papana A, Kugiumtzis D. Evaluation of mutual information estimators for time series. International Journal of Bifurcation & Chaos, 2011, 19(12):4197–4215.

[143] Roulston M S. Significance testing of information theoretic functionals. Physica D Nonlinear Phenomena, 1997, 110(s 1-2):62–66.

[144] Paluš M, Vejmelka M. Directionality of coupling from bivariate time series: How to avoid false causalities and missed connections. Physical Review E Statistical Nonlinear & Soft Matter Physics, 2007, 75(5): 1–14.

[145] Schreiber T, Schmitz A. Improved surrogate data for nonlinearity tests. Physical Review Letters, 1996, 77(4):635–638.

[146] Schreiber T, Schmitz A. Surrogate time series. Physica D Nonlinear Phenomena, 2000, 142(3-4):346 - 382.

[147] Joe H. Relative entropy measures of multivariate dependence. Journal of the American Statistical Association, 1989, 84(405):157–164.

[148] Estevez P A, Tesmer M, Perez C A, et al. Normalized mutual information feature selection. Neural Networks IEEE Transactions on, 2009, 20(2):189–201.

[149] Guo Z, Xie L, Ye T, et al. Online detection of time-variant oscillations based on improved ITD. Control Engineering Practice, 2014, 32:64–72.

[150] Stanfelj N, Marlin T E, Macgregor J F. Monitoring and Diagnosing Process Control Performance: The Single-Loop Case. American Control Conference, Boston, 1991.

[151] Jiang H, Huang B, Shah S L. Closed-loop model validation based on the two-model divergence method. Decision and Control, 2007 46th IEEE Conference, New Orleans, 2007.

[152] Nowak R D, Van Veen B D. Random and pseudorandom inputs for volterra filter identification. IEEE Transactions on Signal Processing, 1994, 42(8):2124–2135.

[153] Arefi M M, Montazeri A, Poshtan J, et al. Wiener-neural identification and predictive control of a more realistic plug-flow tubular reactor. Chemical Engineering Journal, 2008, 138(1-3):274–282.

[154] Vörös J. Parameter identification of Wiener systems with discontinuous nonlinearities. Systems & Control Letters, 2001, 44(5):363–372.

[155] Hasiewicz Z, Mzyk G. Combined parametric-nonparametric identification of Hammerstein systems. IEEE Transactions on Automatic Control, 2004, 49(8):1370–1375.

[156] Zhu Y. Multivariable system identification for process control. International Journal of Modelling Identification & Control, 2001, 6(1):335–344.

[157] PalušM, Komárek V, Hrnčíř Z, et al. Synchronization as adjustment of information rates: Detection from bivariate time series. Physical Review E Statistical Nonlinear & Soft Matter Physics, 2001, 63(4 Pt 2):046211.

[158] Stine R A. Analysis of observed chaotic data. Technometrics, 2012, 39(3):334–335.

[159] Grüne L, Pannek J. Nonlinear model predictive control. Process Automation Handbook, 2013, 3(3-4):43–66.

[160] Bauer M, Craig I K. Economic assessment of advanced process control–A survey and framework. Journal of Process Control, 2008, 18(1):2–18.

[161] Trierweiler J O, Farina L A. RPN tuning strategy for model predictive control. Journal of Process Control, 2003, 13(7):591–598.

[162] Uchiyama M. Formation of high-speed motion pattern of a mechanical arm by trial. Transactions of the Society of Instrument and Control Engineers, 1978, 14:706–712.

[163] Arimoto S, Kawamura S, Miyazaki F. Bettering operation of dynamic systems by learning: A new control theory for servomechanism or mechatronics systems. Decision and Control, 1984. The 23rd IEEE Conference on. IEEE, Las Vegas, 1984.

[164] Lee J H, Lee K S. Iterative learning control applied to batch processes: An overview. Control Engineering Practice, 2007, 15(10):1306–1318.

[165] Lee K S, Chin I S, Lee H J, et al. Model predictive control technique combined with iterative learning for batch processes. AIChE Journal, 1999, 45(10):2175–2187.

[166] Wang Y, Gao F, Doyle F J. Survey on iterative learning control, repetitive control, and run-to-run control. Journal of Process Control, 2009, 19(10):1589–1600.

[167] Zhao C, Zhao Y, Su H, et al. Economic performance assessment of advanced process control with LQG benchmarking. Journal of Process Control, 2009, 19(4):557–569.

索　　引